高等学校文科类专业"十二五"计算机规划教材

丛书主编 卢湘鸿

U0378081

大学计算机应用基础
（第2版）

廖云燕　王丽君　主　编

吴克捷　王昌晶　倪海英　甘朝红　傅清平　李雪斌　副主编

清华大学出版社
北　京

内 容 简 介

本书编者在教育部相关教学指导委员会专家的指导和建议下,做了大量市场调研,并邀请多位从事高校计算机基础教学的骨干教师进行研讨,最后规划并编写了本教材。本教材适合于高校非计算机专业的计算机公共课程教学使用,尤其能满足艺术类专业的公共课教学需求。

全书共 8 章,可分为 4 篇,软硬件基础篇内容包括计算机基础知识、操作系统 Windows 7,办公信息化篇内容包括文字处理软件 Word 2010、演示文稿软件 PowerPoint 2010,网络与多媒体篇内容包括计算机网络基础、多媒体技术,专业软件应用篇内容包括电子表格软件 Excel 2010、绘谱软件 Overture 4.1。

本书的特点是内容实用,适应新的教学要求;基础知识讲解与案例演练有机结合;教学方法新颖,适当介绍最新技术;课后练习题型多样,难度适中。

图书在版编目(CIP)数据

大学计算机应用基础/廖云燕,王丽君主编. --2 版. --北京:清华大学出版社,2015 (2023.9 重印)
高等学校文科类专业"十二五"计算机规划教材
ISBN 978-7-302-41580-0

Ⅰ. ①大… Ⅱ. ①廖… ②王… Ⅲ. ①电子计算机-高等学校-教材 Ⅳ. ①TP3

中国版本图书馆 CIP 数据核字(2015)第 215300 号

责任编辑:焦 虹 李 晔
封面设计:傅瑞学
责任校对:时翠兰
责任印制:杨 艳

出版发行:清华大学出版社
    网 址:http://www.tup.com.cn,http://www.wqbook.com
    地 址:北京清华大学学研大厦 A 座   邮 编:100084
    社 总 机:010-83470000   邮 购:010-62786544
    投稿与读者服务:010-62776969,c-service@tup.tsinghua.edu.cn
    质量反馈:010-62772015,zhiliang@tup.tsinghua.edu.cn
    课件下载:http://www.tup.com.cn,010-83470236
印 装 者:三河市龙大印装有限公司
经 销:全国新华书店
开 本:185mm×260mm   印 张:20.75   字 数:471 千字
版 次:2010 年 9 月第 1 版 2015 年 10 月第 2 版   印 次:2023 年 9 月第 10 次印刷
定 价:58.90 元

产品编号:064315-03

丛 书 序

满足社会(包括就业)需要的专业与创新型人才应有的计算机应用能力已成为合格的大学毕业生必须具备的素质。

文科类专业与信息技术的相互结合、交叉、渗透,是现代科学技术发展趋势的重要方面,是不可忽视的新学科的一个生长点。加强文科类(包括文史哲法教类、经济管理类与艺术类)专业的计算机教育,开设具有专业特色的计算机课程是培养能够满足信息化社会对文科类人才要求的重要举措,是培养跨学科、复合型、应用型的文科通才的重要环节。

为了更好地指导文科类各专业的计算机教学工作,教育部高等教育司组织编写的《高等学校文科类专业大学计算机教学要求》(下面简称《教学要求》)把大文科的本科计算机教学,按专业门类分为文史哲法教类、经济管理类与艺术类等三个系列。大文科计算机教学的知识体系由计算机软硬件基础、办公信息处理、多媒体技术、计算机网络、数据库技术、程序设计、美术与设计类计算机应用,以及音乐类计算机应用 8 个知识领域组成。知识领域分为若干知识单元,知识单元再分为若干知识点。

大文科各专业对计算机知识点的需求是相对稳定、相对有限的。由属于一个或多个知识领域的知识点构成的课程则是不稳定、相对活跃、难以穷尽的。课程若按教学层次可分为计算机大公共课程(也就是大学计算机公共基础课程)、计算机小公共课程和计算机背景专业课程三个层次。

第一层次的教学内容是文科各专业学生应知应会的。这些内容可为文科学生在与专业紧密结合的信息技术应用方面进一步深入学习打下基础。这一层次的教学内容是对文科大学生信息素质培养的基本保证,起着基础性与先导性的作用。

第二层次是在第一层次之上,为满足同一系列某些专业的共同需要(包括与专业相结合而不是某个专业所特有的)而开设的计算机课程。其教学内容,或者在深度上超过第一层次的教学内容中的某一相应模块,或者拓展到第一层次中没有涉及的领域。这是满足大文科不同专业对计算机应用需要的课程。这部分教学内容在更大程度上决定了学生在其专业中应用计算机解决问题的能力与水平。

第三层次,也就是使用计算机工具,以计算机软、硬件为背景而开设的为某一专业所特有的课程。其教学内容就是专业课。如果没有计算机作为工具支撑,这门课就开不起来。这部分教学内容显示了学校开设特色专业的能力与水平。

清华大学出版社推出的面向高等院校大文科各类专业的大学计算机规划教材，就是根据《教学要求》编写而成的。它可以满足大文科各类专业计算机各层次教学的基本需要。

　　对教材中的不足或错误之处，敬请同行和读者批评指正。

卢湘鸿

于北京中关村科技园

　　卢湘鸿　北京语言大学信息科学学院计算机科学与技术系教授、原教育部高等学校文科计算机基础教学指导委员会副主任、秘书长，现任教育部高等学校文科计算机基础教学指导分委员会顾问，全国高等院校计算机基础教育研究会名誉常务理事、全国高等院校计算机基础教育研究会文科专业委员会常务副主任兼秘书长。

前　　言

编写背景

党的二十大报告提出"实施科教兴国战略，强化现代化建设人才支撑"。深入实施人才强国战略，培养造就大批德才兼备的高素质人才，是国家和民族长远发展的大计。为贯彻落实党的二十大精神，筑牢政治思想之魂，编者在牢牢把握这个原则的基础上编写了本书。

由于地域差距、城乡差异和专业差别，高等学校新生的计算机水平参差不齐。针对这种现状，高等学校在本科计算机基础教学中普遍采用的改革方案是根据新生实际水平进行分类、分级教学，实行"因材施教"。但是，对于高校的特殊类专业(包括音乐、美术和体育等)，计算机基础教学多数沿用高等学校非计算机专业或高等学校文科计算机基础课程的教学规划。

为此，我们在教育部相关教学指导委员会专家的指导和建议下，做了大量市场调研，并邀请多位从事高等学校计算机基础教学的骨干教师进行了研讨，在此基础上规划并编写了本教材，以满足高等院校音乐、体育类专业计算机课程教学的需要。

本书特色

本书的宗旨是满足现代高等学校计算机基础教育快速发展的需要，介绍最新的教学改革成果，培养具有较高专业技能的应用型人才。本书特色主要体现在以下几个方面。

(1) 内容实用，适应新的教学要求：本书针对高校音乐和体育类专业的教学特点，以"简单实用、专业够用"为度，淡化理论，注重实践，削减过时、用不上的知识，内容体系更趋合理。

(2) 教学方法新颖，适当介绍最新技术：尽量采用具体实例、图示方式来讲解知识点，降低学习难度，重点介绍计算机应用中最常用和实用的知识，避免深奥难懂的不常用知识，且在编写过程中，注重吸收新知识和新技术。

(3) 基础知识讲解与案例演练有机结合：本书将必须掌握的基础知识与案例演练相结合，以"实践能力"为原则，通过精心挑选的案例来演示知识点，专注于解决问题的方法和流程，且在每章最后提供综合案例，培养学生综合应用知识、解决实际问题的能力。

(4) 难度适中的课后练习：本书除配有大量例题、综合案例外，还提供课后练习，包括知识巩固和动手实践两部分。前一部分以填空题、选择题、问答题的形式出现；后一部分则根据所学内容设计了若干操作题，真正体现学以致用。

内容提要

本书分为8章，各章主要内容如下：

第1章是计算机基础知识。首先介绍了计算机的基本概念、计算机系统组成和计算机的硬件系统，在此基础上进一步介绍了信息及信息在计算机中的表示、键盘的操作方法、计算机系统安全、病毒及其防治。重点是计算机系统组成、计算机的硬件设备和计算机系统安全。

第 2 章是操作系统 Windows 7。重点介绍用 Windows 7 管理计算机的软硬件资源，以及"资源管理器"和"控制面板"等。

第 3 章是文字处理软件 Word 2010。介绍 Word 的文档管理功能、编辑功能、排版功能、表格处理、图形处理、高级功能、打印功能及任务窗格、智能标记和剪贴板等。重点介绍文字处理、表格处理和排版技巧。

第 4 章是演示文稿软件 PowerPoint 2010。介绍演示文稿软件 Microsoft Office PowerPoint 2010 的用户界面和与该软件有关的基本概念及所提供的基本功能。

第 5 章是计算机网络基础。介绍计算机网络概念、分类与功能、网上邻居的应用、Internet 的概念、IP 地址和域名地址、Internet 的应用以及网络浏览器——IE 的使用。

第 6 章是多媒体技术。介绍多媒体概述、多媒体计算机系统的组成、多媒体的信息处理以及常用多媒体软件。

第 7 章是电子表格软件 Excel 2010。主要介绍 Excel 工作表的建立、编辑和格式化以及图表的创建和数据的处理，并通过制作成绩表、成绩分析、年龄计算、竞赛项目自动评分、运动会成绩统计等实例，帮助学生快速掌握 Excel 2010 在实际生活和工作中的应用。

第 8 章是绘谱软件 Overture 4.1。主要介绍计算机与音乐、Overture 的入门知识、乐谱的输入、乐谱的编辑、音色速度的调整、装饰音的设置、乐谱的试听及打印、VST 插件和该软件的实际应用。

使用指南

本书全部内容需要的讲课学时数为 36 学时，实验学时数为 30 学时。音乐类专业学习第 1～6 章以及第 8 章，体育类专业学习第 1～7 章。建议每章的学时分配如下：第 1 章 4 学时，第 2 章 5 学时，第 3 章 5 学时，第 4 章 4 学时，第 5 章 3 学时，第 6 章 3 学时，第 7 章 6 学时，第 8 章 6 学时。

本书作者

本书是由多年从事计算机基础教学并具有丰富教学经验的一线骨干教师执笔，在总结多年教学与实践经验的基础上编写而成。本书第 1 章由吴克捷编写，第 2 章由王昌晶编写，第 3 章由倪海英编写，第 4 章由甘朝红编写，第 5 章由傅清平编写，第 6 章由李雪斌编写，第 7 章由王丽君编写，第 8 章由廖云燕编写。全书由廖云燕和王丽君统稿，由王明文教授和杨印根教授主审。

致谢

编者在本书的编写过程中参考了一些相关资料和出版物，由于无法在此一一列举，现谨向这些资料和出版物的作者表示衷心的感谢。本书的编写还得到了学校和学院有关领导的关心与支持，同时敖小玲、熊刚、李建元、王国纬、罗坚、王萍、徐文胜、聂伟强、刘洪、徐培、张婕、罗玮、万芳、罗文兵等老师也提出了许多有益的建议，在此一并表示感谢。

由于编者水平有限，书中难免有疏漏和不妥之处，恳请各位专家、同仁和读者不吝赐教，我们在此表示特别感谢。

目　　录

第一篇

软硬件基础篇

第1章 计算机基础知识

本章首先介绍计算机的基本概念、计算机系统组成和微机的硬件系统，在此基础上进一步介绍信息及信息在计算机中的表示、计算机系统安全、病毒及其防治。本章重点是计算机系统组成、微机的硬件设备和计算机系统安全，在学习的过程中要有意识地培养计算思维，还要增强道德观念、法制意识和自我保护意识。

本章主要内容
- 计算机的分类和应用
- 计算机的组成
- 二进制
- 计算机安全

1.1 计算机概述

计算机（Computer）俗称电脑，是一种用于高速计算的电子计算机器，可以进行数值计算，又可以进行逻辑计算，还具有存储记忆功能。是能够按照程序运行，自动、高速处理海量数据的现代化智能电子设备。

计算机的应用在中国越来越普遍。中国互联网络信息中心（CNNIC）发布了《第35次中国互联网络发展状况统计报告》。报告中显示，截至2014年12月，我国网民规模达6.49亿，全年共计新增网民3117万人；互联网普及率为47.9%，较2013年底提升了2.1个百分点。

当今，科学技术发展迅猛，计算机的广泛应用，推动了社会的发展与进步，对人类社会生产、生活的各个领域产生了极其深刻的影响。近年来，计算思维的提出，表明计算机文化已融入到了人类文化当中，成为人类文化不可缺少的一部分。因此，我们学习计算机基础课程的目的不仅仅是要掌握计算机操作的技能，更重要的是培养科学的思维能力。

科学界一般认为，科学方法分为理论、实验和计算三大类。与三大科学方法相对的是三大科学思维，理论思维以数学为基础，实验思维以物理等学科为基础，计算思维以计算机科学为基础，科学思维构成如图1-1所示。

理论源于数学，理论思维支撑着所有的学科领域。正如数学一样，定义是理论思维的灵魂，定理和证明则是它的精髓。公理化方法是最重要的理论思维方法，科学界一般认为，公理化方法是世界科学技术革命推动

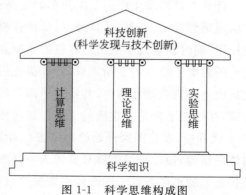

图1-1 科学思维构成图

的源头。用公理化方法构建的理论体系称为公理系统,如欧氏几何。

以理论为基础的学科主要是指数学,数学是所有学科的基础。

与理论思维不同,实验思维往往需要借助于某些特定的设备(科学工具),并用它们来获取数据以供后期的分析。

以实验为基础的学科有物理、化学、地学、天文学、生物学、医学、农业科学、冶金、机械,以及由此派生的众多学科。

计算思维是运用计算机科学的基础概念进行问题求解、系统设计以及人类行为理解等涵盖计算机科学之广度的一系列思维活动。

计算思维是每个人的基本技能,不仅仅属于计算机科学家。我们每个人在培养解析能力时不仅要掌握阅读、写作和算术(Reading,Writing,and Arithmetic——3R),还要学会计算思维。正如印刷出版促进了 3R 的普及,计算和计算机也以类似的正反馈促进了计算思维的传播。

计算思维最根本的内容,即其本质是抽象(Abstraction)与自动化(Automation)。

计算思维中的抽象完全超越物理的时空观,并完全用符号来表示,其中,数字抽象只是其中的一类特例。

与数学和物理科学相比,计算思维中的抽象显得更为丰富,也更为复杂。数学抽象的重大特点是抛开现实事物的物理、化学和生物学等特性,而仅保留其量的关系和空间的形式,而计算思维中的抽象却不仅仅如此。

1.1.1　计算机的发展史

1946 年 2 月世界上第一台数字式电子计算机电子数字积分计算机(Electronic Numerical Integrator And Computer,ENIAC)在美国宾夕法尼亚大学诞生。这台计算机主要用于解决第二次世界大战时军事上弹道的高速计算问题,它可以进行每秒 5000 次加法运算,使用了 18000 个电子管,占地 170 平方米,重达 30 吨,耗电 140 千瓦,造价达 49 万美元。它的问世,开辟了提高运算速度的新途径,也标志着计算机时代的到来。

1. 电子计算机的发展

计算工具的演化经历了由简单到复杂、从低级到高级的不同阶段,例如从"结绳记事"中的绳结到算筹、算盘、计算尺、机械计算机等。它们在不同的历史时期发挥了各自的历史作用,同时也启发了电子计算机的研制和设计思路。

随着电子技术的不断发展,计算机先后以电子管、晶体管、集成电路、大规模和超大规模集成电路为主要元器件,共经历了四代的变革。每一代的变革在技术上都是一次新的突破,在性能上都是一次质的飞跃。目前使用的计算机都属于第四代计算机。从 20 世纪80 年代开始,发达国家开始研制第五代计算机,研究的目标是能够打破以往计算机固有的体系结构,使计算机能够具有像人一样的思维、推理和判断能力,向智能化方向发展,实现接近人的思考方式。四个阶段的演变过程如表 1-1 所示。

表 1-1　计算机发展的演变过程

年代　　性能	第一代 1946—1957 年	第二代 1958—1964 年	第三代 1965—1969 年	第四代 1970 年至今
电子器件	电子管	晶体管	中、小规模集成电路	大规模和超大规模集成电路
主存储器	磁芯、磁鼓	磁芯、磁鼓	磁芯、磁鼓、半导体存储器	半导体存储器
外部辅助存储器	磁带、磁鼓	磁带、磁鼓	磁带、磁鼓、磁盘	磁带、磁盘、光盘
操作系统		监控程序连续处理作业	多道程序实时处理	实时、分时处理网络操作系统
程序语言	机器语言 汇编语言	高级语言	高级语言	高级语言
运算速度	5000～30000 次/秒	几万至几十万次/秒	百万至几百万次/秒	几百万至万亿次/秒

2. 微型计算机的发展

微型计算机,简称微机或 PC,是 1971 年出现的,属于第四代计算机。它的一个突出特点是将运算器和控制器做在一块集成电路芯片上,这个芯片一般称为微处理器,简称 CPU。根据微处理器的集成规模和功能,又形成了微机的不同发展阶段,如 Intel 80486、Pentium、PⅡ 以及当前流行的 P3、P4 等。

2005 年后 Intel 公司推出了酷睿(core)系列微处理器,在 2012 年 Ivy Bridge(IVB)处理器问世。2013 年 6 月 4 日 Intel 发表四代 CPU Haswell,Haswell 拥有更优秀的功耗控制、核芯显卡得到进一步强化;集成了完整的电压调节器,降低了主板供电部分的设计难度;8 系主板采用小型封装,芯片 TDP 更低。

微机具有体积小、重量轻、功耗小、可靠性高、对使用环境要求低、价格低廉、易于成批生产等特点。所以,微机一出现,就显示出它强大的生命力。

3. 智能机和平板电脑的发展

智能手机,是指像个人电脑一样,具有独立的操作系统,独立的运行空间,可以由用户自行安装软件、游戏、导航等第三方服务商提供的程序,并可以通过移动通信网络来实现无线网络接入手机类型的总称。在移动互联网的推动下,智能手机几乎成为了目前个人必备的数字终端。

平板电脑也叫平板计算机(Tablet Personal Computer,简称 Tablet PC、Flat Pc、Tablet、Slates),是一种小型、方便携带的个人电脑,以触摸屏作为基本的输入设备。它拥有的触摸屏(也称为数位板技术)允许用户通过触控笔或数字笔来进行作业而不是传统的键盘或鼠标。用户可以通过内建的手写识别、屏幕上的软键盘、语音识别或者一个真正的键盘(如果该机型配备的话)实现输入。

《2015—2020 年中国智能手机市场供需及投资评估报告》中的统计数据表明:2012

年、2013 年我国智能手机出货量分别达到了 25 433 万部和 42 225 万部,同比增长 66.02%,占全球智能手机出货量的 35.08%、42.06%;2012 年、2013 年我国手机出货量分别达到了 45 779 万部和 57 716 万部,同比增长 26.07%,占全球手机出货量的 26.34%、31.68%。我国智能手机出货量占我国手机出货量的比例 2012 年、2013 年、2014 年 1~8 月分别为 55.56%、73.16%、86.55%。

1.1.2　计算机的分类与特点

1. 计算机的分类

计算机可以按处理方式、规模、用途和工作模式进行分类。按处理方式分类,可以把计算机分为模拟计算机、数字计算机以及数字模拟混合计算机。按照规模大小和功能强弱分类,有巨型机、大型机、中型机、小型机、微型机。按照设计目的和用途分类,可以分为通用计算机和专用计算机两种。人们日常使用的微机就是通用计算机;专门与某些设备配套使用的计算机就是专用计算机。按照其工作模式分类,可分为服务器和工作站。

2. 计算机的特点

计算机作为一种通用的智能工具,具有运算速度快、运算精度高、通用性强和高度自动化的特点,特别是它具有记忆功能、逻辑判断能力以及程序控制能力。

1.1.3　计算机的应用领域与发展趋势

计算机具有存储容量大、处理速度快、工作全自动、可靠性高、逻辑推理和判断能力强等特点,所以已被广泛地应用于各种学科领域,并迅速渗透到人类社会的各个方面。

1. 计算机的主要应用

计算机的应用主要表现在以下几方面:

1) 科学计算

科学计算包括气象预报、发射导弹、水利土木工程中大量的力学计算等。

2) 信息处理

在计算机应用中比重最大。

3) 过程控制

计算机的过程控制包括高炉炼铁等。

4) 计算机辅助设计和辅助制造

计算机辅助设计和辅助制造简称 CAD 和 CAM。

5) 现代教育

计算机现代教育主要包括计算机辅助教学(CAI)、计算机模拟、多媒体教室、网上教学和电子大学。

6) 家庭管理与娱乐

7) 人工智能

计算机的人工智能主要包括:

(1) 机器人:分为工业机器人和智能机器人。

(2) 专家系统:用于模拟专家智能。

（3）模式识别：分为文字识别、声音识别、邮件自动分检、指纹识别、机器人景物分析等。

（4）智能检索：具有一定的推理能力。

8）云计算

云计算是继20世纪80年代大型计算机到客户端——服务器的大转变之后的又一种巨变。其基本概念是通过互联网将庞大的计算处理任务自动分拆成无数个较小的子任务，再交由多部服务器所组成的庞大系统计算，经搜寻、计算分析之后将处理结果回传给用户。通过云计算技术，网络服务提供者可以在数秒之内，聚集起具有超大计算能力的计算机群，能够处理数以千万甚至亿计的信息，提供具有甚至超过"超级计算机"计算能力的网络服务。

2. 计算机的发展趋势

目前，科学家们正在使计算机朝着巨型化、微型化、网络化、多媒体化和智能化的方向发展。巨型机的研制、开发和利用，代表着一个国家的经济实力和科学水平；微型机的研制、开发和广泛应用，则标志着一个国家科学普及的程度。

1.2　计算机系统构成

一个完整的计算机系统是由硬件系统和软件系统两部分组成的。硬件系统是组成计算机系统的各种物理设备的总称，是计算机系统的物质基础。硬件是计算机的躯体，而软件是灵魂。没有安装软件的计算机称为"裸机"，这种"裸机"不能直接使用。用户所面对的是经过若干层软件"包装"的计算机，计算机的功能不仅仅取决于硬件系统，更大程度上是由所安装的软件所决定。计算机系统的组成如图1-2所示。

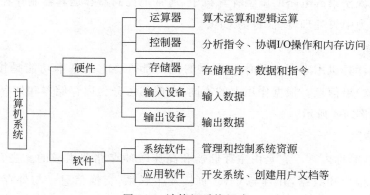

图1-2　计算机系统组成

1.2.1　计算机硬件系统

第一台计算机ENIAC的诞生仅仅表明了人类发明了计算机，从而进入了"计算"时代。对后来的计算机在体系结构和工作原理上具有重大影响的是在同一时期由美籍匈牙利数学家冯·诺依曼同他的同事们研制的EDVAC计算机。在EDVAC中采用了"存储程序"的概念。其主要特点可以归结为：

（1）计算机硬件由五个基本组成部分：控制器、运算器、存储器、输入设备和输出设备。

（2）程序和数据以同等地位存放在存储器中，并按地址寻访。

（3）程序和数据以二进制形式表示。

如图 1-3 所示，列出了一个计算机系统的基本硬件结构。

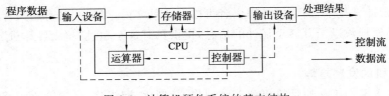

图 1-3 计算机硬件系统的基本结构

1. 运算器

运算器是执行算术运算和逻辑运算的部件，完成对信息的加工处理。运算器是由算术逻辑单元（ALU）、累加器、状态寄存器和通用寄存器组等组成。

2. 控制器

控制器是计算机的神经中枢。控制器是由程序计数器、指令寄存器、指令译码器、时序控制电路以及微操作控制电路等组成。

控制器的工作特点是采用"存储程序控制方式"进行的。

控制器控制全机执行一条指令所需的时间叫作一个机器周期。

在采用大规模集成电路的微型计算机中，通常把控制器和运算器制作在一块芯片上，这个芯片被称为中央处理器，简称为 CPU。

3. 存储器

存储器是计算机用来存放程序和数据的记忆部件。它的基本功能是按指定位置存（写）入或取（读）出信息。根据作用上的不同，存储器可分为内存储器和外存储器两大类。存储器分类如图 1-4 所示。

1）内存储器

内存储器，简称内存。它是由主存储器和高速缓冲存储器组成的。主存储器用于存放现行程序的指令和数据，并且与 CPU 直接发生联系，交换信息。与外存储器相比，这类存储器容量较小，成本较高，但存取速度较快。从结构上看，一个存储器是由存储体、存储器地址寄存器（MAR）、存储器缓冲寄存器（MBR）以及存储器时序控制电路等四个部分构成。

按照存取方式，主存储器可分为随机存取存储器（RAM）和只读存储器（ROM）。

（1）随机存储器（RAM）：就是我们通常称的内存，主要参数是存储容量和工作频率。

（2）只读存储器（ROM）：只读不能写，一般用于存放计算机启动所需的最基本程序。

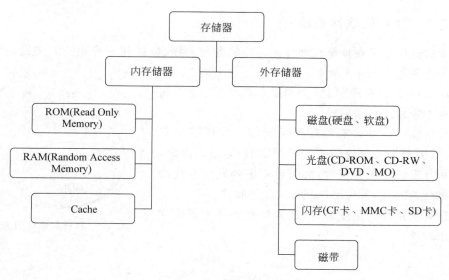

图 1-4　存储器分类

（3）高速缓冲存储器（Cache），用于存放一些最常用的程序与数据。其速度最快，一般集成于 CPU 中。

从计算机诞生以来，内存储器先后经过磁鼓、磁芯存储器和半导体存储器阶段。

2）外存储器

外存储器又称辅助存储器，它是作为主存储器的后备和补充而被人们使用的。常用的外存储器有磁带存储器、磁盘存储器和光盘存储器等。特点是存储容量大、成本低、存取速度较慢，可以永久脱机保存信息，用于存放暂时不参加运算的程序、数据和中间结果，与 CPU 不直接交换信息，而是必要时成批地与主存储器进行信息交换。存放在外存储器中的程序和数据都必须以文件的形式进行存取。其中，磁带是属于顺序存取介质，而磁盘和光盘则属于随机存取介质。

4. 输入设备

计算机和外界进行联系要通过输入输出设备才能实现。输入输出设备是计算机的终端设备，输入输出设备和外存储器统称为计算机的外部设备。

输入设备是用来向计算机输入命令、程序、数据、文本、图形、图像、音频和视频等信息的。其主要功能是将原始数据、程序和控制信息等，通过输入通道接口转换成计算机所能识别的二进制形式的电信号，并把它们送入计算机的存储器中。

常用的输入设备有键盘、鼠标器、图形输入板、数字坐标化仪、扫描仪等。

5. 输出设备

输出设备的主要功能是把计算机的运算结果或中间结果以人们所能识别的各种形式，如数字、字母、符号、图形、图像或声音等表示出来。

常见的输出设备有显示器、打印机、绘图仪和音箱等。

1.2.2 计算机软件系统

计算机软件是指在计算机硬件上运行的各种程序、数据和一些相关的文档、资料等。软件与硬件关系如图 1-5 所示。

程序是指令的有序集合,文档是软件开发、使用和维护过程中建立的技术资料。

一台性能优良的计算机硬件系统能否发挥其应有的功能,取决于为之配置的软件是否完善、丰富。因此,在使用和开发计算机系统时,必须要考虑到软件系统的发展与提高,必须熟悉与硬件配套的各种软件。

从计算机系统的角度划分,计算机软件分为系统软件和应用软件。

图 1-5　软件与硬件的关系

1. 系统软件

系统软件是由计算机厂家作为计算机系统资源提供给用户使用的软件总称。其主要功能是管理和维护计算机的软、硬件资源,主要是一些为软件开发和应用程序运行提供支持的程序。系统软件最接近计算机硬件。系统软件主要包括操作系统、语言处理程序、数据库管理系统、网络软件和实用程序等。

1) 操作系统(Operating System,OS)

操作系统管理计算机系统的全部硬件资源、软件资源及数据资源;控制程序运行;改善人机界面;为其他应用软件提供支持等,操作系统使计算机系统所有资源最大限度地发挥作用,为用户提供方便、有效、友善的服务界面。

操作系统是用户和计算机之间的接口。操作系统是最底层的系统软件,它是对硬件系统的首次扩充。它实际上是一组程序,用于统一管理计算机资源,合理地组织计算机的工作流程,协调计算机系统的各部分之间、系统与用户之间、用户与用户之间的关系。由此可见,操作系统在计算机系统占有重要的地位,所有其他软件(包括系统软件与应用软件)都是建立在操作系统的基础之上,并得到它的支持和取得它的服务。从用户的角度来看,当计算机配置了操作系统后,用户不再直接操作计算机硬件,而是利用操作系统所提供的命令和服务去操作计算机,也就是说,操作系统是用户与计算机之间的接口。

操作系统是一个庞大的管理控制程序,大致包括 5 个方面的管理功能:进程与处理机管理、作业管理、存储管理、设备管理、文件管理。

根据操作系统使用环境和对作业处理的方式的不同,操作系统一般可分为:批处理操作系统、分时操作系统、实时操作系统、个人计算机操作系统、网络操作系统和分布式操作系统。

目前常用的操作系统有：Windows 7、UNIX、LINUX、OS/2 等。

智能手机具有独立的操作系统，像个人计算机一样支持用户自行安装软件、游戏等第三方服务商提供的程序，并通过此类程序不断对手机的功能进行扩充，同时可通过移动通信网络来实现无线网络接入。

目前智能手机上使用的主要操作系统有谷歌 Android、苹果 iOS、Windows Phone、黑莓 Blackberry、塞班 Symbian、三星 bada、米狗 MeeGo 和泰泽 Tizen。

2）程序设计语言与语言处理程序

程序设计语言是用来编制程序的计算机语言，它是人们与计算机之间交换信息的工具，也是人们指挥计算机工作的工具。通常用户在用程序设计语言编写程序时，必须要满足相应语言的文法格式，并且逻辑要正确。只有这样，计算机才能根据程序中的指令做出相应的动作，最后完成用户所要求完成的各项工作。程序设计语言是软件系统的重要组成部分，一般它可分为机器语言、汇编语言、高级语言。

$$程序设计语言\begin{cases}机器语言：计算机系统唯一能够识别的、不需要翻译\\汇编语言：机器语言的“符号化”\\高级语言：大大提高了编程效率\end{cases}$$

（1）机器语言：是由二进制代码组成的完全面向机器的指令序列。用机器语言编写的程序称为机器语言程序，又称为目标程序。

（2）汇编语言：汇编语言不再使用难以记忆的二进制代码，而是使用比较容易识别、记忆的助记符号，所以汇编语言也叫符号语言。

（3）高级语言：接近于自然语言、易于理解、面向问题的程序设计语言。机器语言和汇编语言都是面向机器的低级语言，它们对机器的依赖性很大，用它们开发的程序通用性很差，而且要求程序的开发者必须熟悉和了解计算机硬件的每一个细节，因此，它们面对的用户是计算机专业人员，普通的计算机用户是很难胜任这一工作的。而高级语言与计算机具体的硬件无关，其表达方式接近于被描述的问题，接近于自然语言和数学语言，易被人们掌握和接受。目前，计算机高级语言已有上百种之多，如 BASIC、FORTRAN、Pascal、C、COBOL、C++、PROLOG 等。

语言处理程序是将用汇编语言或高级语言编写的源程序转换成机器语言的形式，以便计算机能够运行的翻译程序。翻译程序除了要完成语言间的转换外，还要进行语法、语义等方面的检查，翻译程序统称为语言处理程序，翻译程序共有三种：汇编程序、编译程序和解释程序。

汇编程序：汇编程序将用汇编语言编写的程序（源程序）翻译成机器语言程序（目标程序），这一翻译过程称为汇编。汇编过程示意图如图 1-6 所示。

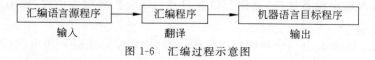

图 1-6　汇编过程示意图

编译程序：编译程序将用高级语言编写的程序(源程序)翻译成机器语言程序(目标程序)。这一翻译过程称为编译。图 1-7 为编译过程示意图。

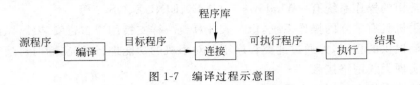

图 1-7　编译过程示意图

解释程序：解释程序是边扫描源程序边翻译边执行的翻译程序,解释过程不产生目标程序。解释程序将源语句一句一句读入,对每个语句进行分析和解释,然后执行。

3）数据库管理系统

数据库是指按照一定联系存储的数据集合,可为多种应用共享。数据库管理系统则能够对数据库进行加工、管理的系统软件。数据库系统主要由数据库(DB)、数据库管理系统(DBMS)以及相应的应用程序组成。

数据库技术是计算机技术中发展最快、应用最广的一个分支。可以说,在今后的计算机应用开发中大都离不开数据库。

数据库管理系统是一组大型计算机程序,用于控制、组织、生成、维护和使用数据库的专用系统软件。它有五种主要功能：数据库开发、数据字典、数据库查询、数据库维护和应用与开发等。

4）实用程序

实用程序指一些公用的工具性程序,以方便用户对计算机的使用和管理人员对计算机的维护管理。主要的服务程序有：编辑程序、连接装配程序、测试诊断程序、反病毒程序、卸载程序和文件压缩程序等。

2. 应用软件

除了系统软件以外的所有软件都称为应用软件,是由计算机生产厂家或软件公司为支持某一应用领域、解决某个实际问题而专门研制的应用程序。例如,Office 套件、标准函数库、计算机辅助设计软件、各种图形处理软件、解压缩软件、反病毒软件等。用户通过这些应用程序完成自己的任务。例如,利用 Office 套件创建文档、利用反病毒软件清理计算机病毒、利用解压缩软件解压缩文件、利用 Outlook 收发电子邮件、利用图形处理软件绘制图形等。

1.2.3　微型计算机硬件系统

微型计算机的硬件分为主机和外部设备两部分,如图 1-8 所示。

1. 主机

主机是安装在一个主机箱内所有部件的统一体,是微型计算机系统的核心,主要由 CPU、内存、输入输出设备接口(简称 I/O 接口)、总线和扩展槽等构成,如图 1-9 所示。

2. 主板

主板(Main Board)也叫母板(Mother Board),主板实际上是一块电路板,它是所有电子部件和外设的基地,计算机中几乎所有的零部件,不是直接安装在主板上,就是利用数

```
                    ┌ 控制器
         ┌ 中央处理器 ┤ 运算器
         │  (CPU)   └ 寄存器
   ┌ 主机 ┤
   │     │          ┌ 只读存储器(ROM)
   │     └ 内存储器 ┤ 随机读写存储器(RAM)
硬件 ┤                └ 高速缓冲存储器(Cache)
   │
   │          ┌ 外存储器(软盘、硬盘、光盘、磁带等)
   └ 外部设备 ┤ 输入设备(键盘、鼠标、光笔、图形扫描仪等)
              │ 输出设备(显示器、打印机、绘图仪等)
              └ 其他(网卡、调制解调器、声卡、显卡、视频卡等)
```

图 1-8　微型计算机的组成

图 1-9　主机箱

据线与主板相连。主板主要由芯片组、CPU 插槽、内存条插槽、软盘插槽、硬盘插槽、PCI
插槽、AGP 插槽、外部接口、电源接口、BIOS 等组成。典型的主板如图 1-10 所示。

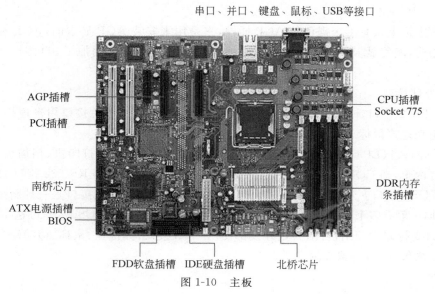

图 1-10　主板

主板主要由以下部件组成。

1）芯片组

芯片组是主板的主要部件，是 CPU 与各种设备连接的桥梁。现在大多数主板上，芯片组一般被分为南桥和北桥。南桥芯片负责管理 PCI、USB、COM、LPT 以及硬盘和其他外设的数据传输；北桥芯片负责管理 CPU、Cache 和内存以及 AGP 接口之间的数据传输等功能。

2）CPU 插座

CPU 插座一般是方形的白色引脚接口。其中一个角缺针，边上有一根推杆。安装 CPU 时只要抬起推杆，将 CPU 缺针的一角对准插座缺针的一角，轻轻放入，然后压下推杆，固定 CPU。目前市场上的 CPU 有多种接口，如 Pentium 4 用的是 Socket 478；而 Athlon XP 用的则是 Socket A，两者是不一样的。CPU 插座要和 CPU 配套，否则就无法安装 CPU。

3）内存插槽

内存插槽一般位于 CPU 插座的旁边，用于安装内存条。现在的主板上都有两到三根内存插槽，便于扩展。安装内存时，将两端的卡子扳开，将内存条的缺口对准定位点，垂直用力插入插槽中，插槽两端的卡子会自动竖立并卡住内存条两端的缺口。

4）软驱接口和 IDE 接口

在主板上都能找到 1 个软驱（FDD）接口和 2 个 IDE 接口。在 IDE 接口的旁边，一般会标注该接口的序号，如 IDE 一般用来连接硬盘，而 IDE2 则用来连接光驱。软驱接口用来连接软驱用的，两者的连接线采用不同根数的扁平电缆。FDD 用的是 34 根扁平线，而 IDE 用的则是 40 根扁平线。

5）PCI 插槽

外部器件互连总线（Peripheral Component Internet，PCI）是一种局部总线标准。用于声卡、网卡等的连接。主板上一般都有两个白色的 PCI 插槽，中间有间断。

6）AGP 插槽

通常主板上只有 1 个褐色的 AGP 插槽，它是用来安装 AGP 显卡的，AGP 插槽直接与北桥相连，能使显卡上的图形处理芯片直接与系统内存连接，增加了 3D 图形数据传输速度。

7）外部接口

（1）PS/2 接口。PS/2 接口共有两个，呈圆形接口，其中蓝色接口用来连接键盘，绿色接口用来连接鼠标。

（2）并行口（LPT）和串行口（COM）。并行口 1 个，用来连接打印机、扫描仪等设备。串行口有两个，即 COM1 和 COM2，主要用于连接外置 Modem 等 RS-232 接口的设备。

（3）USB 接口。通用串行总线（Universal Serial BUS，USB）接口是一种新型的外设接口标准，一般有多个。它的传输速度为：USB 1.1 可达 12Mb/s，USB 2.0 可达 480Mb/s。USB 接口支持即插即用，目前大量外设都使用 USB 接口，如键盘、鼠标、移动硬盘、优盘、打印机扫描仪等，应用越来越广泛。

8) 基本输入输出 BIOS 和 CMOS

BIOS(Basic Input-Output System)为计算机基本输入输出系统,它是一组固化在计算机主板上的一个 ROM 芯片上的程序。BIOS 内容包括计算机开机自检程序、CMOS 设置程序、系统启动自举程序、基本输入输出程序等。ROM 芯片早期采用 EPROM(紫外线可擦只读 ROM),现在采用 EEPROM(电可擦只读 ROM)。常见的 BIOS 芯片有 Award, AMI,Phoenix,MR 等。

CMOS(互补金属氧化物半导体存储器)是主板上的一块可读写的 RAM 芯片,主要用来保存当前系统的硬件配置和操作人员对某些参数的设定。它由系统通过后备电池供电,因此在关机状态后信息也不会丢失。

由于 CMOS 芯片本身只是一块存储器,只具有保存数据的功能,所以对 CMOS 中各项参数的设定要通过专门的程序。目前多数厂家将 CMOS 设置程序做在 BIOS 芯片中了,在开机时通过按下某个特定键就可进入 CMOS 设置程序而非常方便地对系统进行设置。

BIOS 中的系统设置程序是完成 CMOS 参数设置的手段;CMOS 则是 BIOS 设定系统参数的存放场所。

3. 中央处理器(CPU)

中央处理器,又称为微处理器(MPU),是一个超大规模集成电路器件,是微型计算机的心脏。它起到控制整个微型计算机工作的作用,产生控制信号对相应的部件进行控制,并执行相应的操作。不同型号的微型计算机,其性能的差别首先在于其微处理器性能的不同,而微处理器的性能又与它的内部结构、硬件配置有关。每种微处理器具有专门的指令系统。但无论哪种微处理器,其内部结构是基本相同的,主要由运算器、控制器及寄存器等组成,CPU 芯片如图 1-11 所示。CPU 芯片的型号决定计算机的型号和性能。

Ivy Bridge   Haswell

图 1-11 CPU 芯片

4. 内存储器

内存储器是直接与 CPU 相联系的存储设备,是微型计算机工作的基础。通常,内存储器分为只读存储器、随机读/写存储器和高速缓冲存储器三种。

1) 只读存储器(Read Only Memory,ROM)

ROM 是指只能从该设备中读数据,而不能往里写数据。ROM 中的数据是由设计者和制造商事先编制好固化在里面的一些程序,使用者不能随意更改。ROM 主要用于检查计算机系统的配置情况并提供最基本的输入输出(I/O)控制程序,如存储 BIOS 参数的 CMOS 芯片。ROM 的特点是计算机断电后存储器中的数据仍然存在。

2) 随机读/写存储器(Random Access Memory,RAM)

RAM 是计算机工作的存储区,一切要执行的程序和数据都要先装入该存储器内。随机读/写的含义是指既能从该设备中读数据,也可以往里写数据。CPU 在工作时直接从 RAM 中读数据。

RAM 的特点主要有两个：一是存储器中的数据可以反复使用，只有向存储器写入新数据时存储器中的内容才被更新；二是 RAM 中的信息随着计算机的断电自然消失。所以说 RAM 是计算机处理数据的临时存储区，要想使数据长期保存起来，必须将数据保存在外存中。

目前微型计算机中的 RAM 大多采用半导体存储器，基本上是以内存条的形式进行组织，其优点是扩展方便，用户可根据需要随时增加内存，内存条如图 1-12 所示。常见的内存条有 512MB 和 1GB、2GB 等很多种规格。使用时只要将内存条插在主板的内存插槽上即可。

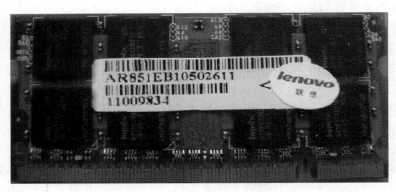

图 1-12   内存条

3）高速缓冲存储器（Cache）

Cache 是指在 CPU 与内存之间设置一级或两级高速小容量存储器，称之为高速缓冲存储器，固化在主板上。在计算机工作时，系统先将数据由外存读入 RAM 中，再由 RAM 读入 Cache 中，然后 CPU 直接从 Cache 中取数据进行操作。Cache 的容量在 32～256KB 之间，存/取速度在 15～35ns（纳秒）之间，而 RAM 存/取速度一般要大于 80ns。

5. 总线

总线是一组连接各个部件的公共通信线，即系统各部件之间传送信息的公共通道。总线是由一组物理导线组成，按其传送的信息可分为数据总线、地址总线和控制总线三类。按总线接口类型来划分，有 ISA 总线、PCI 总线和 AGP 总线等。不同的 CPU 芯片，数据总线、地址总线和控制总线的根数也不同。总线示意图如图 1-13 所示。

1）数据总线（Data Bus，DB）

用来传送数据信息，是双向总线。CPU 既可通过 DB 从内存或输入设备读入数据，又可通过 DB 将内部数据送至内存或输出设备。它决定了 CPU 和计算机其他部件之间每次交换数据的位数。80486 CPU 有 32 条数据线，每次可以交换 32 位数据。

2）地址总线（Address Bus，AB）

地址总线用于传送 CPU 发出的地址信息，是单向总线。传送地址信息的目的是指明与 CPU 交换信息的内存单元或 I/O 设备。一般存储器是按地址访问的，所以每个存储单元都有一个固定地址，要访问 1MB 存储器中的任一单元，需要给出 1MB 个地址，即

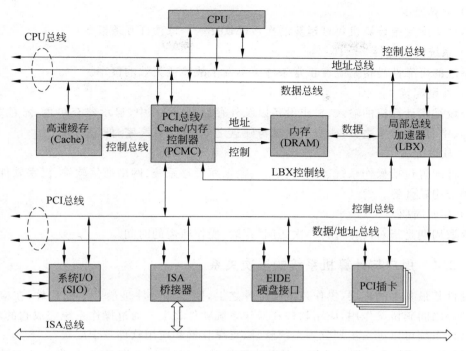

图 1-13　总线示意图

需要 20 位地址（2^{20} B≈1MB）。因此,地址总线的宽度决定了 CPU 的最大寻址能力。80286 CPU 有 24 根地址线,其最大寻址范围为 16MB。

3) 控制总线(Control Bus,CB)

控制总线用来传送控制信号、时序信号和状态信息等。其中有的是 CPU 向内存或外部设备发出的信息,有的是内存或外部设备向 CPU 发出的信息。显然,CB 中的每一根线的方向是一定的、单向的,但作为一个整体则是双向的。所以,在各种结构框图中,凡涉及控制总线 CB,均是以双向线表示。

6. 微型计算机主要性能指标

1) 字长

字长是指 CPU 能够同时处理的比特(bit)数目。它直接关系到计算机的计算精度、功能和速度。字长越长,计算精度越高,处理能力越强。常见的微型机字长有 8 位、16 位、32 和 64 位。

2) 主频(时钟频率)

主频是指时钟脉冲发生器所产生的时钟信号频率(MHz)。它在很大程度上决定了计算机的运行速度。

3) 内存容量

内存容量是指内存储器中能够存储信息的总字节数,一般以 KB、MB 为单位,反映了内存储器存储数据的能力。

4）运算速度

运算速度是指计算机每秒运算的次数（MIPS——每秒百万条指令）。

5）系统的可靠性

系统的可靠性是指系统在正常条件下不发生故障或失效的概率。

6）外设配置

外设是指计算机的输入、输出设备以及外存储器等，其中，显示器有单色、彩色之分，也有高、中、低分辨率之分，磁盘有软盘与硬盘之分，软盘有高密、低密之分。

7）软件配置

软件配置包括操作系统、计算机语言、数据库管理系统、网络通信软件、汉字软件及其他各种应用软件等。

8）存取周期

存取周期是指对内存进行一次访问（存取）操作所需的时间。

1.2.4 用户与计算机系统的层次关系

硬件是最基本的底层，操作系统在硬件之上，紧挨着硬件是最基本的软件，在应用软件和硬件之间起桥梁作用，应用软件在操作系统软件之上。通过操作系统完成它的功能。

软件系统可以进一步划分为系统软件、支撑软件和应用软件三个层次。

（1）系统软件是计算机系统中基础的软件系统，它包括操作系统、编译系统和数据库等。其中操作系统在软件系统的最下层，紧接着底层硬件。

（2）支撑软件包括网络通信程序、多媒体支持软件、硬件接口程序、实用软件工具以及软件开发工具等。

（3）应用软件工具则提供了多种系统维护和操作的手段，而软件开发工具为程序设计人员编写代码提供了良好、便捷的环境。

用户与计算机系统的层次关系如图1-14所示。

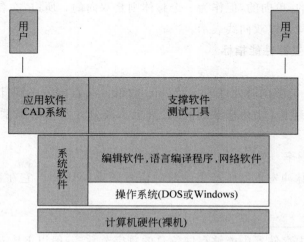

图 1-14 用户与计算机系统的层次关系

1.3 计算机中信息的表示和存储单位

计算机最主要的功能是处理各种各样的信息,比如数值、文字、声音、图形和图像等。在计算机内部,各种信息都必须经过数字化编码后才能被传送、存储和处理。因此,掌握信息编码的概念与处理技术是至关重要的。

计算机内部电路只有两种状态,因此内部数据只能采用二进制表示,外部输入的各种数据需通过编译器转化为二进制数。数据在计算机中的表示如图 1-15 所示。

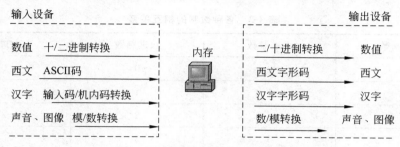

图 1-15 数据在计算机中的表示

1.3.1 进位记数制

1. 计算机为什么采用二进制

在计算机中,广泛采用的是只有 0 和 1 两个基本符号组成的二进制数,而不使用人们习惯的十进制数,原因如下:

(1)二进制数在物理上最容易实现。例如,可以只用高、低两个电平表示 1 和 0,也可以用脉冲的有无或者脉冲的正负极性表示它们。

(2)二进制数用来表示的二进制数的编码、记数、加减运算规则简单。二进制数的运算规则如表 1-2 所示。

表 1-2 二进制数的运算规则

算术运算	加	$0+0=0$ $1+0=0+1=1$ $1+1=10$(有进位)
	减	$0-0=0$ $1-0=1$ $1-1=0$ $0-1=1$(有借位)
	乘	$0\times0=0\times1=1\times0=0$ $1\times1=1$
	除	$0/1=0$ $1/1=1$
逻辑运算	与	$0\wedge0=0$ $0\wedge1=0$ $1\wedge0=0$ $1\wedge1=1$
	或	$0\vee0=0$ $0\vee1=1$ $1\vee0=1$ $1\vee1=1$
	非	非 0 为 1 非 1 为 0

(3)二进制数的两个符号 1 和 0 正好与逻辑命题的两个值是和否或称真和假相对应,为计算机实现逻辑运算和程序中的逻辑判断提供了便利的条件。

由于二进制数书写冗长、易错、难记，所以一般用十六进制数或八进制数作为二进制数的缩写。

2. 进位记数制

按进位的原则进行的记数方法称为进位记数制。

在采用进位记数的数字系统中，如果用 r 个基本符号（例如：$0,1,2,\cdots,r-1$）表示数值，则称其为基 r 数制（Radix-r Number System），r 成为该数制的基（Radix）。如日常生活中常用的十进制数，就是 $r=10$，即基本符号为 $0,1,2,\cdots,9$。如取 $r=2$，即基本符号为 $0,1$，则为二进制数。各种数制的相互关系见表 1-3。

表 1-3　各种数制的相互关系

二进制数	十进制数	八进制数	十六进制数
0	0	0	0
1	1	1	1
10	2	2	2
11	3	3	3
100	4	4	4
101	5	5	5
110	6	6	6
111	7	7	7
1000	8	10	8
1001	9	11	9
1010	10	12	A
1011	11	13	B
1100	12	14	C
1101	13	15	D
1110	14	16	E
1111	15	17	F
10000	16	20	10

对于不同的数制，它们的共同特点是：

（1）每一种数制都有固定的符号集。如十进制数制，其符号有十个：$0,1,2,\cdots,9$；二进制数制，其符号有两个：0 和 1。

（2）都是用位权表示法，即处于不同位置的数符所代表的值不同，与它所在位置的权值有关。

例如：十进制可表示为：

$$1234.567 = 1 \times 10^3 + 2 \times 10^2 + 3 \times 10^1 + 4 \times 10^0 + 5 \times 10^{-1} + 6 \times 10^{-2} + 7 \times 10^{-3}$$

可以看出,各种进位记数制中权的值恰好是基数的某次幂。因此,对任何一种进位记数制表示的数都可以写出按其权展开的多项式之和,式中 10^3、10^2、10^1、10^0、10^{-1} 等即为该位的位权,每一位上的数码与该位权的乘积,就是该位的数值。按位权展开的多项式之和的一般形式为:

$$N = d_{n-1}b^{n-1} + d_{n-2}b^{n-2} + d_{n-3}b^{n-3} + \cdots + d_{-m}b^{-m}$$

式中:n——整数的总位数

m——小数的总位数

$d_{下标}$——该位的数码

b——基数

$b^{上标}$——位权

在十进位记数制中,是根据"逢十进一"的原则进行记数的。一般地,在基数为 b 的进位记数制中,是根据"逢 b 进一"或"逢基进一"的原则进行记数的。如表 1-4 所示给出了计算机中不同记数制的基数、数码、进位关系和表示方法。

表 1-4　计算机中不同记数制的基数、数码、进位关系和表示方法

记数制	基数	数　码	进位关系	表　示　方　法
二进制	2	0、1	逢二进一	1010B 或 $(1010)_2$
八进制	8	0、1、2、3、4、5、6、7	逢八进一	247O 或 $(247)_8$
十进制	10	0、1、2、3、4、5、6、7、8、9	逢十进一	598D 或 $(598)_{10}$
十六进制	16	0、1、2、3、4、5、6、7、8、9、A、B、C、D、E、F	逢十六进一	7C2FH 或 $(7C2F)_{16}$

3. 不同进制数之间的转换

不同进制之间的数值转换如图 1-16 所示。

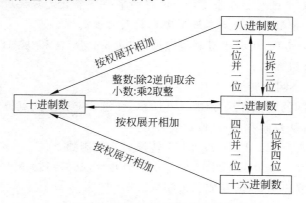

图 1-16　不同进制之间的数值转换图

1) 非十进制整数与十进制整数之间的转换

非十进制整数转换成十进制整数,可以采用把非十进制按权展开求和的方法;而十进制整数转换成非十进制整数的方法较多,通常在整数转换中使用"除基数取余"的方法。

请看下面举例：

(1) 二进制整数转换成十进制整数。

$$(110110)_2 = 1\times 2^5 + 1\times 2^4 + 0\times 2^3 + 1\times 2^2 + 1\times 2^1 + 0\times 2^0$$
$$= 32 + 16 + 0 + 4 + 2 + 0$$
$$= (54)_{10}$$

(2) 八进制整数转换成十进制整数。

$$(165)_8 = 1\times 8^2 + 6\times 8^1 + 5\times 8^0$$
$$= 64 + 48 + 5$$
$$= (117)_{10}$$

(3) 十六进制整数转换成十进制整数。

$$(32CF)_{16} = 3\times 16^3 + 2\times 16^2 + 12\times 16^1 + 15\times 16^0$$
$$= 12288 + 512 + 192 + 15$$
$$= (13007)_{10}$$

2) 十进制整数转换成非十进制整数

(1) 十进制整数转换成二进制整数。

一般使用"除 2 取余"法。

把 $(75)_{10}$ 转换成二进制数。

```
2 | 75      1  ↑
  2 | 37     1  |
    2 | 18    0  |
      2 | 9    1  |
        2 | 4   0  |
          2 | 2   0  |
            2 | 1   1  |
              0
```

结果：$(75)_{10} = (1001011)_2$

注意：被转换的十进制整数除 2 取余所得的第一个余数是转换后二进制整数数列的最低位，而最后一个余数是转换后二进制整数数列的最高位。

(2) 根据同样的道理，可将十进制整数通过"除 8 取余"法和"除 16 取余"法转换成相应的八、十六进制整数数列。

3) 非十进制数之间的转换

非十进制数之间的转换方法如图 1-16 所示，注意：应从小数点位置开始。整数部分从右向左、小数部分从左向右，不足位数要补 0。

(1) 将二进制数 100110110111.00101 转换成八进制数。

$$(100\ 110\ 110\ 111\ .\ 001\ 01)_2 = (4667.12)_8$$

(2) 将八进制数 604.05 转换成二进制数。

$$(604.05)_8 = (110\ 000\ 100.000\ 101)_2$$

(3) 将二进制数 11011010101 转换成十六进制数。

$$(11011010101)_2 = (6D5)_{16}$$

(4) 将十六进制数 F05D.7A1 转换为二进制数。

$$(F05D.7A1)_{16} = (1111\ 0000\ 0101\ 1101.0111\ 1010\ 0001)_2$$

1.3.2 信息的存储单位

信息是人们对客观世界的认识,即对客观世界的一种反映。

数据是表达现实世界中各种信息的一组可以记录、可以识别的记号或符号。它是信息的载体,是信息的具体表现形式。数据形式可以是字符、符号、表格、声音、图像等。数据可以在物理介质上记录或传输,并通过输入设备传送给计算机处理加工。数据的单位分为以下几种。

1. 位(b)

计算机中最小的数据单位,二进制的一个数位,称为比特位,简称位。

1位二进制只能表示两种状态,即 0 或 1。n 位二进制能表示 2^n 种状态。

2. 字节(B)

相邻的 8 个比特位组成一个字节,用 B 表示。字节是计算机中用来表示存储容量大小的基本单位。常用的单位有 KB、MB、GB 甚至 TB。其换算关系如下:

$$1B = 8bits$$
$$1KB = 2^{10}B = 1024B$$
$$1MB = 2^{20}B = 1024KB$$
$$1GB = 2^{30}B = 1024MB$$
$$1TB = 2^{40}B = 1024GB$$

3. 字(Word)

在计算机中作为一个整体被存取、传送、处理的二进制数位叫作一个字,每个字中二进制位数的长度,称为字长。一个字通常由一个或多个(一般是字节的整数位)字节构成。例如 286 微机由 2 个字节组成,它的字长为 16 位;486 微机的字由 4 个字节组成,它的字长为 32 位。计算机的字长决定了其 CPU 一次操作处理实际位数的多少,由此可见计算机的字越大,其性能越优越。现在已经有不少的 64 位微机。

1.3.3 字符在计算机中的表示

1. 西文字符在计算机中的表示

目前计算机中用得最广泛的字符集及其编码,是由美国国家标准局(ANSI)制定的美国标准信息交换码(American Standard Code for Information Interchange,ASCII),它已被国际标准化组织(ISO)定为国际标准,称为 ISO 646 标准。ASCII 码为 7 位,占一个字节(最高位为 0),可以表示 128 个字符。表 1-5 列出了 ASCII 码的编码表。

表中用英文字母缩写表示的"控制字符"在计算机系统中起各种控制作用,它们在表中占前两列,加上 SP 和 DEL,共 34 个;其余的是 10 个阿拉伯数字、52 个英文大小写字母、32 个专用符号等"图形字符",可以显示或打印出来,共 94 个。各控制字符的含义如表 1-6 所示。

表 1-5　ASCII 码的编码表

b7b6b5b4 ＼ b3b2b1b0	000	001	010	011	100	101	110	111
0000	NUL	DLE	SP	0	@	P	`	p
0001	SOH	DC1	!	1	A	Q	a	q
0010	STX	DC2	"	2	B	R	b	r
0011	ETX	DC3	#	3	C	S	c	s
0100	EOT	DC4	$	4	D	T	d	t
0101	ENQ	ANK	%	5	E	U	e	u
0110	ACK	SYN	&	6	F	V	f	v
0111	BEL	ETB	'	7	G	W	g	w
1000	BS	CAN	(	8	H	X	h	x
1001	HT	EM	)	9	I	Y	i	y
1010	LF	SUB	*	:	J	Z	j	z
1011	VT	ESC	+	;	K	[	k	{
1100	FF	FS	,	<	L	\	l		
1101	CR	GS	—	=	M	]	m	}
1110	SO	RS	.	>	N	^	n	~
1111	SI	US	/	?	O	_	o	DEL

表 1-6　ASCII 编码表中控制字符的含意

字符	功能	字符	功能	字符	功能
NUL	空	FF	走纸控制	CAN	作废
SOH	标题开始	CR	回车	EM	纸尽
STX	正文结束	SO	移位输出	SUB	减
ETX	本文结束	SI	移位输入	ESC	换码
EOT	传输结束	DLE	数据链换码	FS	文字分隔符
EDQ	询问	DC1	设备控制 1	GS	组分隔符
ACK	确认	DC2	设备控制 2	RS	语录分隔符
BEL	报警符	DC3	设备控制 3	US	单元分隔符
BS	退一格	DC4	设备控制 4	SP	空格
HT	横向列表	NAK	否定	DEL	作废
LF	换行	SYN	空转同步		
VT	垂直制表	ETB	信息组传输结束		

2. 汉字在计算机中的表示

具有汉字信息处理能力的计算机系统,除了配备必要的汉字设备和接口外,还应该装配有支持汉字信息输入、输出和处理的操作系统。计算机处理汉字信息的前提条件是对每个汉字进行编码,这些编码统称为汉字代码。计算机中为了输入输出和处理汉字需要用到的汉字编码有汉字机内码、汉字输入码和汉字输出码,汉字的编码与汉字处理过程如图 1-17 所示。

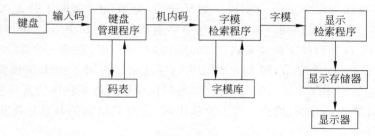

图 1-17　汉字的编码与汉字处理过程

1) 汉字机内码

汉字机内码是汉字处理系统内部处理和存储汉字时,统一使用的代码。计算机内部运行的是二进制代码,因而我们使用的汉字或字符必须以二进制代码的形式在计算机内存储、处理。一个西文字符的机内码占一个字节,而一个汉字及字符(中文符号)的机内码则占两个字节。

我国的国标《通迅用汉字字符集(基本集)及其交换码标准》GB2312-80 包含了 682 个图形符号和 6763 个汉字。其中汉字按其使用的频度分为一级常用汉字(3755 个)和二级汉字(3008 个)。全部的字符与汉字按一定的规则排列成一个 94 行、94 列的矩阵。矩阵中的每一行称为一个区,每一列称为一个位,即为 94 区,每区 94 位的汉字字符集。每个汉字的区码和位码一起构成该字的区位码。每个汉字的区位码为 4 位十进制数。每个汉字唯一对应一个区位码,每个区位码也唯一对应一个汉字。

汉字的机内码是考虑了汉字系统的中西文兼容性后在区位码的基础上演变而来的。

2) 汉字输入码

汉字输入码是汉字输入到计算机中的各种方案的编码。它位于人机界面上,面向用户,其编码原则是简单易记、操作方便、有利于提高输入速度。主要的方案是:

(1) 汉字的编码输入。

汉字编码输入方案是利用西文键盘上的英文字母或数字的组合使汉字转换为汉字机内码。我国已有几百种汉字输入的编码方案,主要可分类为:

① 音码。利用汉字的读音进行编码,如拼音码。

② 形码。利用汉字的字形进行编码,如五笔字型。

③ 音形结合码。利用汉字的读音和字形混合编码,如自然码。

④ 流水码。由四位数字对汉字编码,如区位码、电报码等。

(2) 汉字的非键盘输入。

非键盘输入是指计算机通过一定的输入设备(除键盘外)将汉字的语音或字形直接转

换为汉字机内码的自然输入法。这种方法对用户来说方便快捷,不需要专门学习和训练,已经得到了广泛使用。非键盘输入有语音输入、扫描输入和手写输入等几种方式。

3) 汉字输出码

汉字输出码又称字模,由很多的汉字字形码构成。汉字字形码是一个汉字字形点阵的代码。由于汉字字型复杂,每个汉字犹如一幅图画,而且同一汉字因其字体、字型、字号的不同,构成若干个不同字型码。也就是说,同一汉字可以有多个字型码。所有汉字的字型码的集合还被称为汉字库。由于汉字数量众多,导致汉字字库十分庞大。存储一个16×16的汉字点阵16×16/8=32字节,汉字字形码如图1-18所示。按8000个汉字计算,一个16×16点阵的汉字库需要占用256KB的存储空间;存储一个24×24的汉字点阵需要24×24/8=72个字节,即24×24点阵汉字库需要占用580KB的磁盘空间。

综上所述,我们用汉字输入法输入汉字,通过汉字输入处理程序使其转换为相应的汉字机内码,在计算机内存储、处理。当需要输出时,通过其机内码从汉字库里调出相应的汉字字形码。

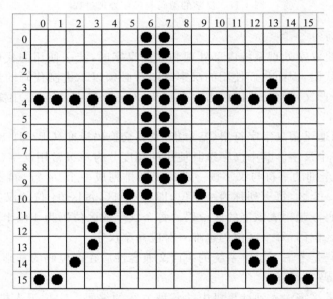

图1-18 "大"字的汉字字形码

4) 其他汉字编码

除了GB码外,目前常用的汉字编码还有UCS码、Unicode码、GBK码和BIG5码等。

1.4 计算机信息安全

计算机网络的开放性、互连性和共享性程度越大,特别是Internet的普及,使网络的重要性和对社会的影响也越来越大。随着电子商务、电子现金、数字货币、网络银行等新兴业务的兴起,资源共享被广泛地应用于各行各业及各个领域。网络的用户来自于各个阶层和部门,大量在网络中存储和传输的数据需要加以保护,这些数据在存储和传输过程中,不能因为偶然的或恶意的原因而遭到破坏、丢失或更改。另外,计算机系统本身也可能存在某些不完善的因素,硬件故障、网络软件中的臭虫或软件遭到恶意程序的攻击而使整个系统瘫痪,由此而造成的经济损失是巨大的。

计算机系统安全威胁多种多样,来自各个方面,主要是自然因素和人为因素。自然因素是一些意外事故,如服务器突然断电以及台风、洪水、地震等破坏了计算机网络等。人为因素主要来自于计算机"黑客"、计算机犯罪和计算机病毒。

1.4.1 计算机病毒及其防治

1. 计算机病毒的定义

计算机病毒是指编制或者在计算机程序中插入的,其目的是破坏计算机功能或者毁坏数据、影响计算机使用、并能自我复制的一组计算机指令或者程序代码。简单地说,计算机病毒是一种特殊的危害计算机系统的程序,它能在计算机系统中驻留、繁殖和传播,它具有与生物学中病毒某些类似的特征,如传染性、潜伏性、破坏性、变种性。

2. 计算机病毒的起源与发展

计算机病毒的发展历史可以划分为 4 个阶段。

(1) 第一代病毒(1986—1989)。

第一代病毒产生的年限大约在 1986—1989 年之间,这一期间出现的病毒可以称之为传统的病毒,是计算机病毒的萌芽和滋生时期。

(2) 第二代病毒(1989—1991)。

第二代病毒又称为混合型病毒,其产生的年限在 1989—1991 年之间,它是计算机病毒由简单发展到复杂、由单纯走向成熟的阶段。

(3) 第三代病毒(1992—1995)。

第三代病毒称为"多态性"病毒或"自我变形"病毒,其产生的年限在 1992—1995 年之间。这个时期是病毒的成熟发展阶段。

(4) 第四代病毒(1996 年至今)。

第四代病毒是 20 世纪 90 年代中后期产生的病毒。随着 Internet 的开通,病毒流行面更加广泛,病毒的流行迅速突破地域的限制。

由各大病毒软件 2013 上半年计算机病毒的相关报告来看,计算机病毒主要以木马病毒为主,这是由于盗号、隐私信息贩售两大黑色产业链已形成规模。QQ、网游账号密码、个人隐私及企业机密都已成为黑客牟取暴利的主要渠道。与木马齐名的蠕虫病毒也有大幅增长的趋势。后门病毒复出,综合蠕虫、黑客功能于一体,其危害不容小觑。例如现在流行的 Backdoor.Win32.Rbot.byb,会盗取 FTP、Tftp 密码及电子支付软件的密码,造成用户利益损失。

3. 计算机病毒的分类

1) 按破坏性分类

(1) 良性病毒:通常表现为显示信息、发出声响,能自我复制,但是不影响系统运行。

(2) 恶性病毒:使用户无法正常工作,甚至中止系统的运行。

（3）极恶性病毒：造成死机、系统崩溃，删除程序或系统文件，破坏系统配置导致无法重启。

（4）灾难性病毒：破坏分区表信息等，甚至格式化硬盘。

2）按传染方式分类

（1）引导区型病毒：引导区型病毒主要通过软盘在操作系统中传播，感染引导区，蔓延到硬盘，并能感染到硬盘中的"主引导记录"。

（2）文件型病毒：文件型病毒是文件的感染者，也称为寄生病毒。它运行在计算机存储器中，通常感染扩展名为 COM、EXE、SYS 等类型的文件。

（3）混合型病毒：混合型病毒具有引导区型病毒和文件型病毒两者的特点。

（4）宏病毒：宏病毒是指用 Basic 语言编写的病毒程序，寄存在 Office 文档上的宏代码。宏病毒影响对文档的各种操作。

3）按连接方式分类

（1）源码型病毒：它攻击高级语言编写的源程序，在源程序编译之前插入其中，并随源程序一起编译、连接成可执行文件。

（2）入侵型病毒：入侵型病毒可用自身代替正常程序中的部分模块或堆栈区。因此这类病毒只攻击某些特定程序，针对性强。一般情况下也难以被发现，清除起来也较困难。

（3）操作系统型病毒：操作系统型病毒可用其自身部分加入或替代操作系统的部分功能。因其直接感染操作系统，这类病毒的危害性也较大。

（4）外壳型病毒：外壳型病毒通常将自身附在正常程序的开头或结尾，相当于给正常程序加了个外壳。大部分的文件型病毒都属于这一类。

4．计算机病毒的特点

1）传染性

计算机病毒的传染性是指病毒具有把自身复制到其他程序中的特性。病毒可以附着在程序上，通过磁盘、光盘、计算机网络等载体进行传染，被传染的计算机又成为病毒生存的环境及新传染源。

2）潜伏性

计算机病毒的潜伏性是指计算机病毒具有依附其他媒体而寄生的能力。计算机病毒可能会长时间潜伏在计算机中，病毒的发作是由触发条件来确定的，在触发条件不满足时，系统没有异常症状。

3）破坏性

计算机系统被计算机病毒感染后，一旦病毒发作条件满足时，就在计算机上表现出一定的症状。其破坏性包括：占用 CPU 时间、占用内存空间、破坏数据和文件；干扰系统的正常运行。病毒破坏的严重程度取决于病毒制造者的目的和技术水平。

4）变种性

某些病毒可以在传播过程中自动改变自己的形态，从而衍生出另一种不同于原版病毒的新病毒，这种新病毒称为病毒变种。有变形能力的病毒能更好地在传播过程中隐蔽自己，使之不易被反病毒程序发现及清除。有的病毒能产生几十种变种病毒。

5. 计算机病毒的表现形式

在使用计算机时,有时会碰到一些莫名其妙的现象,如计算机无缘无故地重新启动,运行某个应用程序突然出现死机,屏幕显示异常,硬盘中的文件或数据丢失等。这些现象有可能是因硬件故障或软件配置不当引起,但多数情况下是由计算机病毒引起的,计算机病毒的危害是多方面的,归纳起来,大致可以分成如下几方面:

(1)破坏硬盘的主引导扇区,使计算机无法启动。

(2)破坏文件中的数据,删除文件。

(3)对磁盘或磁盘特定扇区进行格式化,使磁盘中的信息丢失。

(4)产生垃圾文件,占据磁盘空间,使磁盘空间逐步减少。

(5)占用 CPU 运行时间,使运行效率降低。

(6)破坏屏幕正常显示,破坏键盘输入程序,干扰用户操作。

(7)破坏计算机网络中的资源,使网络系统瘫痪。

(8)破坏系统设置或对系统信息加密,使用户系统紊乱。

6. 计算机病毒的发展趋势

1)病毒与黑客程序相结合

随着网络的普及和网速的提高,计算机之间的远程控制越来越方便,传输文件也变得非常快捷,正因为如此,病毒与黑客程序(木马病毒)结合以后的危害更为严重,病毒的发作往往伴随着用户机密资料的丢失。

2)蠕虫病毒更加泛滥

其表现形式是邮件病毒会越来越多,这类病毒是由受到感染的计算机自动向用户的邮件列表内的所有人员发送带毒文件,往往在邮件当中附带一些具有欺骗性的话语,由于是熟人发送的邮件,接受者往往没有戒心。

3)病毒破坏性更大

近年来的计算机病毒主要对密码、账号进行窃取,或使数据受到远程控制、系统(网络)无法使用、浏览器配置被修改等。用户密码、账号是病毒瞄准的主要资源,例如近年来出现的支付大盗、传奇私服劫持者、网购木马等木马病毒,会在窃取用户信息后,分类打包或对窃取信息进行深度挖掘,之后出售谋取经济利益。经济利益驱动是病毒制造者编制病毒的主要因素,并且这一态势还将持续。

4)制作病毒的方法更简单

由于网络的普及,使得编写病毒的知识越来越容易获得。用户通过网络甚至可以获得专门编写病毒的工具软件,只需要通过简单的操作就可以生成破坏性的病毒。

5)病毒传播速度更快,传播渠道更多

目前上网用户已不再局限于收发邮件和网站浏览,此时,文件传输成为病毒传播的另一个重要途径。

6)病毒的实时检测更困难

对待病毒应以预防为主,因此有必要对网上传输的文件进行实时病毒检测。

7. 计算机病毒防治技术

1）计算机病毒检测

（1）人工检测。

人工检测计算机是否感染病毒是保证系统安全必不可少的措施。利用某些实用工具软件（如 DOS 中的 DEBUG、PC TOOLS、NORTON 等）提供的有关功能，可以进行病毒的检测。这种方法的优点是可以检测出一切病毒（包括未知的病毒）；缺点是不易操作，容易出错，速度也比较慢。

（2）自动检测。

自动检测是指使用专用的病毒诊断软件（包括防病毒卡）来判断一个系统或一张磁盘是否感染病毒的一种方法，具有操作方法易于掌握、速度较快的优点，缺点是容易错报或漏报变种病毒和新病毒。

检测病毒最好的办法是人工检测和自动检测并用，先进行自动检测，而后进行人工检测，相互补充，可收到较好的效果。

2）计算机病毒清除

（1）人工处理方法。

覆盖感染文件，删除被感染的文件，格式化磁盘。

（2）反病毒软件。

常用的反病毒软件有诺顿、KV3000、瑞星等。

3）计算机病毒的预防

在用户进行安全管理时，应安装防病毒软件和防火墙，并且对信息内容和垃圾邮件过滤。近年来新兴的云安全服务，如 360 云安全、瑞星云安全探针也得到了普及。2013 年 6 月爆发的"棱镜门"事件，广泛引发了民众对自身隐私信息安全的担忧，说明随着全民信息时代的到来，用户对网络安全形势的复杂性有较为明确的认识。防病毒软件免费化及不遗余力的宣传也带动了用户使用的热潮，很多防病毒软件，如 360 杀毒、瑞星、金山毒霸等已经成为装机必备。

由于采用特征库的判别法疲于应付日渐迅猛的网络病毒大军。融合了并行处理、网格计算、未知病毒行为判断等新兴技术和概念的云安全服务，将成为与之抗衡的新型武器。识别和查杀病毒不再仅仅依靠本地硬盘中的病毒库，而是依靠庞大的网络服务，实时进行采集、分析以及处理。整个互联网就是一个巨大的"杀毒软件"，参与者越多，每个参与者就越安全，整个互联网就会更安全。可以预见，随着云计算，云储存等一系列云技术的普及，云安全技术必将协同这些云技术一道，成为为用户系统信息安全保驾护航的有力屏障。

1.4.2 网络安全

从广义来说，凡是涉及网络上信息的保密性、完整性、可用性、真实性和可控性的相关技术和理论都是网络安全的研究领域。

1. 什么是黑客

黑客始于 20 世纪 50 年代，最早是出现在麻省理工学院里，一群在贝尔实验室里专门钻研高级计算机技术的人,他们精力充沛,热衷于解决难题。

20世纪60年代他们反对技术垄断;20世纪70年代他们提出计算机应该为民所用;20世纪80年代他们又提出信息共享,可以说今天的全球信息化他们也有一份功劳;20世纪90年代,技术不再是少数人的专有权力,越来越多的人都掌握了这些技术。现在的黑客已经成了利用技术手段进入其权限以外的计算机系统的人。

黑客具备侵入计算机系统的基本技巧,如破解口令;开天窗;走后门;安放特洛伊木马等。

总而言之,计算机黑客就是在别人不知情的情况下进入他人的计算机体系,并可能进而控制计算机的人。他们是精通计算机网络的高手,从事于窃取情报、制造事端、散布病毒和破坏数据等犯罪活动。其主要的犯罪手段有:数据欺骗、采用潜伏机制来执行非授权的功能、意大利香肠战术、超级冲杀、"活动天窗"和"后门"、清理垃圾等。一个黑客闯入网络后,可以在计算机网络系统中引起连锁反应,使其运行的程序"崩溃",存储的信息消失,情报信息紊乱,造成指挥、通信瘫痪,武器系统失灵或窃取军事、政治、经济情报。

2. 黑客工具

黑客工具一般是指由黑客或者恶意程序安装到用户的计算机中,用来盗窃信息、引起系统故障和完全控制计算机的恶意程序。著名的黑客工具有:流光、x-can、明小子注入3.5等。

3. 黑客攻击的主要方式

黑客对网络的攻击方式是多种多样的,一般来讲,攻击总是利用"系统配置的缺陷"、"操作系统的安全漏洞"或"通信协议的安全漏洞"来进行的。到目前为止,已经发现的攻击方式超过2000种,其中对绝大部分黑客攻击手段已经有相应的解决方法,这些攻击大概可以划分为以下六类:

1) 拒绝服务攻击

一般情况下,拒绝服务攻击是通过使被攻击对象(通常是工作站或重要服务器)的系统关键资源过载,从而使被攻击对象停止部分或全部服务。目前已知的拒绝服务攻击就有几百种,它是最基本的入侵攻击手段,也是最难对付的入侵攻击之一,典型示例有SYN Flood攻击、Ping Flood攻击、Land攻击、WinNuke攻击等。

2) 非授权访问尝试

非授权访问尝试是攻击者对被保护文件进行读、写或执行的尝试,也包括为获得被保护访问权限所做的尝试。

3) 预探测攻击

在连续的非授权访问尝试过程中,攻击者为了获得网络内部的信息及网络周围的信息,通常使用这种攻击尝试,典型示例包括SATAN扫描、端口扫描和IP半途扫描等。

4) 可疑活动

可疑活动是通常定义的"标准"网络通信范畴之外的活动,也可以指网络上不希望有的活动,如IP Unknown Protocol和Duplicate IP Address事件等。

5) 协议解码

协议解码可用于以上任何一种非期望的方法中,网络或安全管理员需要进行解码工作,并获得相应的结果,解码后的协议信息可能表明期望的活动,如 FTU User 和 Portmapper Proxy 等解码方式。

6)系统代理攻击

这种攻击通常是针对单个主机发起的,而并非整个网络,通过 RealSecure 系统代理可以对它们进行监视。

4．防止黑客攻击的策略

防止黑客攻击主要有以下几个策略:

1)数据加密

保护系统的数据、文件、口令和控制信息等。

2)身份验证

身份验证是对用户身份的正确识别与检验。

3)建立完善的访问控制策略

设置入网访问权限、网络共享资源的访问权限、目录安全等级控制。

4)审计

记录系统中和安全有关的事件,保留日志文件。

5)其他安全措施

安装具有实时检测、拦截和查找黑客攻击程序用的工具软件,做好系统的数据备份工作,及时安装系统的补丁程序。

5．防火墙的应用

1)防火墙简介

所谓防火墙,指的是一个由软件和硬件设备组合而成,在内部网和外部网之间、专用网与公共网之间的界面上构造的保护屏障,是一种获取安全性方法的形象说法。它是一种计算机硬件和软件的结合,使 Internet 与 Intranet 之间建立起一个安全网关(Security Gateway),从而保护内部网免受非法用户的侵入。防火墙主要由服务访问规则、验证工具、包过滤和应用网关四个部分组成,内部网中的计算机流入流出的所有网络通信和数据包均要经过此防火墙。防火墙的作用示意图如图 1-19 所示。

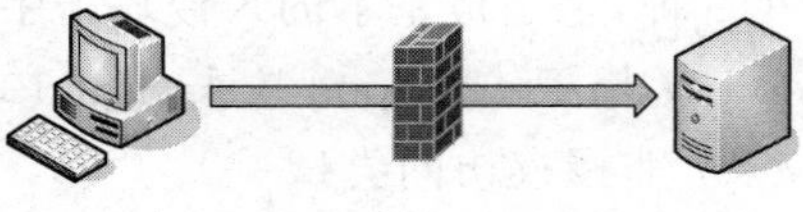

图 1-19　防火墙的作用示意图

2)防火墙的发展历程

(1)第一阶段:基于路由器的防火墙。

(2)第二阶段:用户化的防火墙工具套。

(3)第三阶段:建立在通用操作系统上的防火墙。

(4)第四阶段:具有安全操作系统的防火墙。

3)防火墙的作用

(1)过滤进出网络的数据包。

(2)管理进出网络的访问行为。

(3)封堵某些禁止的访问行为。

(4)记录通过防火墙的信息内容和活动。

(5)对网络攻击进行检测和警告。

4）防火墙的主要类型

（1）包过滤防火墙。

在网络层对数据包进行分析、选择和过滤。

（2）应用代理防火墙。

网络内部的客户不直接与外部的服务器通信。防火墙内外计算机系统间应用层的连接由两个代理服务器之间的连接来实现。

（3）状态检测防火墙。

在网络层由一个检查引擎截获数据包，并抽取出与应用层状态有关的信息，并以此作为依据决定对该数据包是接受还是拒绝。

5）防火墙的局限性

（1）不能防范恶意的知情者。

防火墙可以禁止系统用户经过网络连接发送专有的信息，但用户可以将数据复制到磁盘、磁带上，放在公文包中带出去。如果入侵者已经在防火墙内部，防火墙是无能为力的。内部用户可以窃取数据，破坏硬件和软件，并且巧妙地修改程序而不接近防火墙。

（2）不能防范不通过它的连接。

防火墙能够有效地防止通过它的传输信息，然而它却不能防止不通过它而传输的信息。例如，如果站点允许对防火墙后面的内部系统进行拨号访问，那么防火墙就没有办法阻止入侵者进行拨号入侵。

（3）不能防备全部的威胁。

防火墙是被动性的防御系统，用来防备已知的威胁。如果是一个很好的防火墙设计方案，就可以防备新的威胁，但没有一扇防火墙能自动防御所有新的威胁。

（4）防火墙不能防范病毒。

防火墙一般不能消除网络上的病毒、木马、广告插件等。

6）对于防火墙局限性的解决方法

（1）其他的安全产品（IDS，安全审计等）与防火墙的联动。

（2）防毒墙、反垃圾邮件墙联合使用。

（3）防火墙部署的时候，最好不要只使用一家的防火墙，增加一道安全门。

（4）三分技术，七分管理。

1.4.3　信息安全技术

信息安全是指信息网络的软、硬件及其系统中的数据受到保护，不受偶然的或者恶意的原因而遭到破坏、更改、泄露，系统连续可靠正常地运行，信息服务不中断。

信息安全的内涵在不断地延伸，从最初的信息保密性发展到信息的完整性、可用性、可控性和不可否认性，进而又发展为"攻（攻击）、防（防范）、测（检测）、控（控制）、管（管理）、评（评估）"等多方面的基础理论和实施技术。安全问题及相应对策如图1-20所示。

1. 数字加密技术

数据加密的目的是保护网内的数据、文件、口令和控制信息，保护网上传输的数据。数据加密技术主要分为数据传输加密和数据存储加密。数据传输加密技术主要是对传输

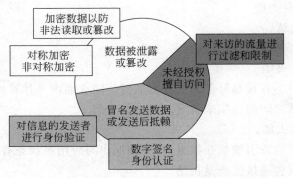

图 1-20　安全问题及相应对策

中的数据流进行加密,常用的有链路加密、节点加密和端到端加密三种方式。链路加密的目的是保护网络节点之间的链路信息安全,节点加密的目的是对源节点到目的节点之间的传输链路提供保护,端到端加密的目的是对源端用户到目的端用户的数据提供保护。

在保障信息安全的各种功能特性的诸多技术中,密码技术是信息安全的核心和关键技术,通过数据加密技术,可以在一定程度上提高数据传输的安全性,保证传输数据的完整性。

一个数据加密系统包括加密算法(一个数学函数)、明文(没有加密的原文)、密文(原文经过加密)以及密钥(一串数字)。

密钥控制加密和解密过程,一个加密系统的全部安全性是基于密钥的,而不是基于算法,所以加密系统的密钥管理是一个非常重要的问题。数据加密过程就是通过加密系统把原始的数字信息(明文),按照加密算法变换成与明文完全不同的数字信息(密文)的过程。密文通过解密算法与解密密钥还原为明文。加密技术=加密算法+密钥。

假设 E 为加密算法,D 为解密算法,则数据的加密解密数学表达式为:

$$P = D(\mathrm{KD}, E(\mathrm{KE}, P))$$

数据加密算法有很多种,密码算法标准化是信息化社会发展的必然趋势,是世界各国保密通信领域的一个重要课题。按照发展进程来分,经历了古典密码、对称密钥密码和公开密钥密码阶段。古典密码算法有替代加密、置换加密;对称加密算法包括 DES 和 AES;非对称加密算法包括 RSA、背包密码、McEliece 密码、Rabin、椭圆曲线、ElGamal 算法等。目前在数据通信中使用最普遍的算法有 DES 算法、RSA 算法和 PGP 算法。

根据收发双方密钥是否相同来分类,可以将这些加密算法分为常规密码算法和公钥密码算法。

在常规密码中,收信方和发信方使用相同的密钥,即加密密钥和解密密钥是相同或等价的。常规密码的优点是有很强的保密强度,且经受住时间的检验和攻击,但其密钥必须通过安全的途径传送。其加密解密过程如图 1-21 所示。

在公钥密码中,收信方和发信方使用的密钥互不相同,而且几乎不可能从加密密钥推导出解密密钥。最有影响的公钥密码算法是 RSA,它能抵抗到目前为止已知的所有密码攻击。在实际应用中通常将常规密码和公钥密码结合在一起使用,利用 DES 或者 IDEA 来加密信息,而采用 RSA 来传递会话密钥。加密解密过程如图 1-22 所示。

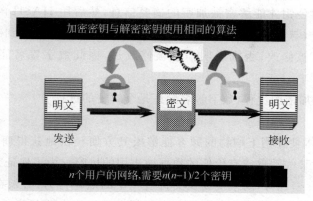

图 1-21 常规密码算法加密解密过程

图 1-22 公钥密码算法加密解密过程

2. 数字签名技术

数字签名的主要功能是保证信息传输的完整性、发送者的身份认证、防止交易中的抵赖发生。

所谓数字签名就是附加在数据单元上的一些数据，或是对数据单元所作的密码变换。这种数据或变换允许数据单元的接收者用以确认数据单元的来源和数据单元的完整性并保护数据，防止被人（例如接收者）进行伪造。它是对电子形式的消息进行签名的一种方法，一个签名消息能在一个通信网络中传输。

基于公钥密码体制和私钥密码体制都可以获得数字签名，目前主要是基于公钥密码体制的数字签名。包括普通数字签名和特殊数字签名。

（1）普通数字签名算法有 RSA、ElGamal、Fiat-Shamir、Guillou-Quisquarter、Schnorr、Ong-Schnorr-Shamir 数字签名算法、Des/DSA，椭圆曲线数字签名算法和有限自动机数字签名算法等。

（2）特殊数字签名有盲签名、代理签名、群签名、不可否认签名、公平盲签名、门限签名、具有消息恢复功能的签名等，它与具体应用环境密切相关。

显然，数字签名的应用涉及法律问题，美国联邦政府基于有限域上的离散对数问题制定了自己的数字签名标准（DSS）。

数字签名技术是将摘要信息用发送者的私钥加密，与原文一起传送给接收者。接收者只有用发送的公钥才能解密被加密的摘要信息,然后用 HASH 函数对收到的原文产生一个摘要信息,与解密的摘要信息对比。如果相同,则说明收到的信息是完整的,在传输过程中没有被修改;否则说明信息被修改过,因此数字签名能够验证信息的完整性。

数字签名是个加密的过程,数字签名验证是个解密的过程。

3. 数字证书

Internet 网技术使在网上购物的顾客能够极其方便轻松地获得商家和企业的信息,但同时也增加了对某些敏感或有价值的数据被滥用的风险。为了保证互联网上电子交易及支付的安全性,保密性等,防范交易及支付过程中的欺诈行为,必须在网上建立一种信任机制。这就要求参加电子商务的买方和卖方都必须拥有合法的身份,并且在网上能够有效无误地被进行验证。

数字证书可用于发送安全电子邮件、访问安全站点、网上证券交易、网上招标采购、网上办公、网上保险、网上税务、网上签约和网上银行等安全电子事务处理和安全电子交易活动。

数字证书的格式一般采用 X.509 国际标准。目前,数字证书主要分为安全电子邮件证书、个人和企业身份证书、服务器证书以及代码签名证书等几种类型证书。

数字证书就是标志网络用户身份信息的一系列数据,用来在网络通信中识别通信各方的身份,即要在 Internet 上解决"我是谁"的问题,就如同现实中我们每一个人都要拥有一张证明个人身份的身份证或驾驶执照一样,以表明我们的身份或某种资格。

数字证书是由权威公正的第三方机构即 CA 中心签发的,以数字证书为核心的加密技术,可以对网络上传输的信息进行加密和解密、数字签名和签名验证,确保网上传递信息的机密性、完整性,以及交易实体身份的真实性、签名信息的不可否认性,从而保障网络应用的安全性。如何判断数字认证中心公正第三方的地位是权威可信的,国家工业和信息化部以资质合规的方式,陆续向天威诚信数字认证中心等 30 家相关机构颁发了从业资质。

数字证书采用公钥密码体制,即利用一对互相匹配的密钥进行加密、解密。每个用户拥有一把仅为本人所掌握的私有密钥(私钥),用它进行解密和签名;同时拥有一把公共密钥(公钥)并可以对外公开,用于加密和验证签名。当发送一份保密文件时,发送方使用接收方的公钥对数据加密,而接收方则使用自己的私钥解密,这样,信息就可以安全无误地到达目的地了,即使被第三方截获,由于没有相应的私钥,也无法进行解密。通过数字的手段保证加密过程是一个不可逆过程,即只有用私有密钥才能解密。在公开密钥密码体制中,常用的一种是 RSA 体制。

用户也可以采用自己的私钥对信息加以处理,由于密钥仅为本人所有,这样就产生了别人无法生成的文件,也就形成了数字签名。采用数字签名,能够确认以下两点:

(1)保证信息是由签名者自己签名发送的,签名者不能否认或难以否认。

(2)保证信息自签发后到收到为止未曾作过任何修改,签发的文件是真实文件。

习 题 1

一、选择题

1. 以下不符合冯·诺依曼的"存储程序"概念的是(　　)。

    A. 计算机有五个基本组成部分：控制器、运算器、存储器、输入设备和输出设备

    B. 程序和数据以同等地位存放在存储器中，并按地址寻访

    C. 程序和数据以二进制形式表示

    D. 在计算机内部，通常用二进制形式来表示数据，用八进制、十六进制表示指令

2. 运算器由算术逻辑单元(简称 ALU)和(　　)组成。

    A. 累加器、状态寄存器   B. 控制器、通用寄存器

    C. 控制器、累加器   D. 寄存器组

3. 以下存储容量计算正确的是(　　)。

    A. $1MB=2^{10}KB$ B. $1KB=2^{20}B$ C. $1B=2^{10}byte$ D. $1GB=2^{20}MB$

4. 第二代电子计算机所采用的逻辑元件和主要采用的编程语言是(　　)。

    A. 晶体管、高级语言   B. 电子管、汇编语言

    C. 集成电路、高级语言   D. 晶体管、机器语言

5. 负责从内存中按一定的顺序取出各条指令，每取出一条指令，就分析这条指令，然后根据指令的功能产生相应的控制时序的部件是(　　)。

    A. 运算器   B. 控制器   C. 存储器   D. 寄存器

6. 断电后会立即丢失数据的存储器是(　　)。

    A. RAM 和 Cache   B. ROM 和 E2PROM

    C. RAM 和 BIOS   D. ROM 和 RAM

7. 以下全部属于输入设备的是(　　)。

    A. 键盘、显示器、打印机   B. 键盘、鼠标、扫描仪

    C. 鼠标、手写笔、绘图仪   D. 光笔、键盘、显示器

8. 以下全部属于输出设备的是(　　)。

    A. 绘图仪、显示器、打印机   B. 键盘、鼠标、扫描仪

    C. 鼠标、手写笔、绘图仪   D. 光笔、键盘、显示器

9. 计算机能直接识别和执行的语言是(　　)。

    A. 高级语言   B. 机器语言   C. 汇编语言   D. 自然语言

10. 存取速度最快的存储器是(　　)。

    A. Cache   B. E2PROM   C. RAM   D. ROM

11. 若用 7 个二进制位表示 ASCII 码字符，则最多可表示(　　)个字符。

    A. 56   B. 112   C. 128   D. 256

12. 若某内存容量为 $64×1024×1024$ 个字节，则下述可表示同样大小的是(　　)。

    A. 64KB   B. 64MB   C. 128KB   D. 64GB

13. 以下对病毒的叙述，错误的是(　　)。

A. 能对计算机造成危害   B. 是一种程序

C. 一般都具有自我复制的特点   D. 只攻击计算机的软件系统

14. 电子管计算机出现在计算机发展的第（   ）个阶段。

A. 1   B. 2   C. 3   D. 4

15. $(123)_{10}$ 的二进制数表示是（   ）。

A. 1111101   B. 1110110   C. 1111011   D. 1101110

16. 若"0"的 ASCII 码值是 48（十进制），则"6"的 ASCII 码值的二进制表示是（   ）

A. 1000010   B. 0101110   C. 0110110   D. 1010101

17. 一个 32×32 点阵的汉字占用的存储空间是（   ）个字节。

A. 256   B. 128   C. 64   D. 32

18. 以下叙述错误的是（   ）。

A. ROM 是一种内存   B. RAM 中的信息一停电就会丢失

C. ROM 中的信息可永久存放   D. RAM 中的信息是只读的

19. 世界上第一台数字电子计算机 ENIAC 是哪一年在什么国家诞生的？（   ）

A. 1946 年   英国   B. 1964 年   美国

C. 1946 年   美国   D. 1958 年   日本

20. 十进制数 199 转换成二进制数和十六进制数分别是（   ）。

A. 11000111   C7   B. 11000101   C5

C. 11000110   C6   D. 11000011   C3

21. 计算机中，字符 A 的 ASCII 码值是 41H，字符 F 的 ASCII 码值是（   ）。

A. 46H   B. 46   C. 64H   D. 64

22. 在计算机中，控制器从（   ）中按顺序取出各条指令，分析并执行。

A. 运算器   B. 内存   C. 外存   D. 文件

23. （   ）是计算机设计制造者提供的使用和管理计算机的软件。

A. 系统软件   B. 应用软件   C. 管理软件   D. 共享软件

24. 以下叙述错误的是（   ）。

A. 外存容量要比内存大   B. 外存上的信息不会因停电而丢失

C. 外存上数据的存取速度要比内存快   D. 光盘和优盘都是外存

二、填空题

1. 数制转换。

$(128)_{10} = \underline{\hspace{2cm}}_2 = \underline{\hspace{2cm}}_8 = \underline{\hspace{2cm}}_{16}$

$(675)_{10} = \underline{\hspace{2cm}}_2 = \underline{\hspace{2cm}}_8 = \underline{\hspace{2cm}}_{16}$

$(11000011)_2 = \underline{\hspace{2cm}}_{10} = \underline{\hspace{2cm}}_8 = \underline{\hspace{2cm}}_{16}$

2. 目前计算机正朝着 _____ 化、_____ 化、_____ 化、_____ 化的方向发展。

3. GB2312—80 汉字字符集共有 6763 个汉字，一个 24×24 点阵汉字占 _____ 个字节。

4. 在计算机中，一个 ASCII 码字符占用 _____ 个字节，一个汉字字符占用

_____个字节。

5. _____是指计算机模拟人脑进行演绎推理和采取决策的思维过程,是计算机应用研究最前沿的学科。

6. 如果在一个 48 倍速光驱上读取数据,数据传输速率可达到_____ MB/s。

7. 优盘是一种移动存储设备,其存储介质为_____,采用_____接口,可热插热拔。

8. 计算机存储器分为两大类,内存和外存,_____存放正在运行的程序和数据,_____存放暂时不用的程序和数据。

9. 计算机硬件系统由运算器、_____、_____、输入设备和输出设备等五大基本部分构成。

10. 计算机语言的发展经历了机器语言、_____和高级语言三个阶段。

11. 计算机病毒具有_____、_____、_____和_____等特点。

12. _____是数字、文字、声音、图形、图像和动画等各种媒体的有机组合。

三、简答题

1. 电子计算机经历了哪几个发展阶段?

2. 谈谈计算机发展趋势。

3. 计算机为什么采用二进制?

4. 什么是计算机硬件?它由哪几部分组成?并说出各部分的功能。

5. 计算机病毒的特点有哪些?

6. 什么是黑客?

7. 黑客攻击有哪些方式?

8. 防火墙的主要类型有哪些?

9. 简述数字加密技术的作用和过程。

10. 简述数字签名技术的主要功能。

11. 简述数字证书的用途。

第 2 章　操作系统 Windows 7

Windows 7 是 Microsoft 公司推出的一种新型操作系统，是当今世界上使用最广泛、最便捷的操作系统。操作系统实质是管理计算机所有软、硬件资源的系统软件，目的是方便用户顺利地使用计算机。本章的难点集中在如何使用 Windows 7 管理计算机的软、硬件资源，具体表现在如何灵活使用"资源管理器"和"控制面板"上。同时，Windows 7 既是支撑应用软件的平台，又是典型的图形用户界面，许多应用软件具有和 Windows 7 统一的操作界面，典型的如 Office 2010，掌握 Windows 7 对将来学习其他应用软件具有深远的意义。加强上机操作是达到熟练掌握 Windows 7 的必经途径。

本章主要内容：

- *Windows 7 基础*
- *程序管理*
- *文件管理*
- *磁盘管理*
- *智能手机操作系统*
- *应用案例*

2.1　Windows 7 基础

2.1.1　Windows 7 概述

1. Windows 的发展历史

自 1983 年 11 月微软公司宣布 Windows 诞生以来，Windows 虽然只有短短的 30 多年历史，但其生动、形象的用户界面，简便的操作方法，吸引着众多的用户，使其成为目前应用最广泛的操作系统。

尽管 Windows 家族产品繁多，但是两个产品线的用户较多：一是面向个人消费者和客户机开发的，如 Windows XP/Vista/7/8 等；二是面向服务器开发的，如 Windows Server 2003/2008/2012。自 2010 年始，微软公司推出了新的产品线，就是为智能手机开发的 Windows Phone，最新的版本是 Windows Phone 8。

Windows 7 于 2009 年 10 月发布。微软首席运行官蒂夫·鲍尔默曾说过，Windows 7 是 Windows Vista 的"改良版"。

Windows 8 于 2012 年 10 月发布，这是具有革命性变化的操作系统。微软公司自称从此触摸革命即将开始。

2. Windows 7 中的新增功能

1）更快、响应性更强的性能

没有人喜欢等待。因此 Windows 7 已关注能够影响用户的 PC 速度的基础因素。Windows 7 启动、关闭、从睡眠状态恢复以及响应的速度更快。

2）改进的任务栏和全屏预览

可以使用屏幕底部的任务栏在打开的程序之间切换。在 Windows 7 中，可以设置任务栏图标的顺序，且它们将保持该顺序。这些图标也会变得更大。如果指向某个图标，用户将看到该页面或程序的一个小预览版本。如果指向此预览，将看到一个全屏预览。若要打开某个程序或文件，请单击图标或其中一个预览。

3）更适合便携式计算机

借助节能功能（包括一段时间内不使用计算机时使显示器变暗），Windows 7 可帮助延长便携式计算机的电池寿命。"位置感知打印"是便携式计算机的另一新的友好功能，它可以在用户从家到学校或工作场所时自动切换默认打印机。

4）跳转列表

借助跳转列表，可以快速找到最近使用过的文件，使效率剧增。右键单击任务栏上的程序图标会看到一个最近打开过的文件列表。还可以将定期使用的文件锁定到跳转列表，某些跳转列表会显示常见任务（如播放音乐或视频）的命令。

5）借助改进的搜索，更快地查找更多的内容

由于改进的搜索，与 Windows 的先前版本相比，可以在更多的位置找到更多内容，并查找得更快。只须在搜索框中输入几个字母就可以看到一个相关项目列表，如文档、图片、音乐和电子邮件。搜索结果按类别分组，且包含突出显示的关键字以使它们易于扫描。

很少有人会将其所有文件再存储到一个位置。Windows 7 用来搜索外部硬盘驱动器、网络上的 PC 和其他位置。通过显示基于先前查询的建议，它还可加快搜索的速度，查看是否被结果所塞满，新的动态筛选器可以按类别（如日期或文件类型）即时减少结果。

6）更易于使用 Windows 的方式

Windows 7 简化了在桌面上使用 Windows 的方式。可用更为直观的方式将其打开、关闭、重设其大小以及排列它们。

通过将窗口的边框拖动到屏幕顶部可最大化窗口，而通过将其从窗口顶部拖开可使窗口返回其原始大小。拖动窗口的底部边框以在垂直方向上扩展它。

若要比较两个窗口的内容，请将这两个窗口拖动到屏幕的相对两侧。每个窗口将重设大小以填充屏幕的一半。

若要看到所有桌面小工具，请将鼠标拖动到桌面的右下角。打开的窗口将变成透明的，使桌面及其上面的小工具立即变得可见。希望最小化所有打开的窗口时，只须一次单击即可完成。如果已移动任务栏，则可以将鼠标拖动到桌面的另一个角以使打开的窗口变成透明的。

7）更好的设备管理

过去，用户必须转到 Windows 中的不同位置来管理不同类型的设备。在 Windows 7 中，存在一个单一的"设备和打印机"位置，用于连接、管理和使用打印机、电话和其他设备。从此处可以与设备交互、浏览文件以及管理设置。将设备连接到 PC 时，只须几下单击就将启动并运行。

8）Windows 家庭组

Windows 家庭组使连接到运行 Windows 7 的其他计算机更为容易,这样用户可以在家中共享文件、照片、音乐和打印机,还可选择要与家庭组的其他成员共享的内容。

9）主题包反映用户的风格

借助 Windows 7,将以一个干净的桌面开始,并接着决定其外观。我们提供模板或主题,然后可以选择颜色或格式。

新的主题包包括丰富的背景、16 种窗口颜色、声音方案和屏幕保护程序。可以下载新主题并创建自己的主题以与朋友和家人共享,存在许多方式可以使其成为自己的主题。

10）控制问题

在 Windows 7 中,将开始选择要查看的消息。操作中心合并来自多个 Windows 功能(包括 Windows Defender)的通知。当 Windows 7 需要用户的关注时,将在通知区域中出现一个“操作中心”图标,并可以通过单击它来查明更多信息。没有时间马上查看警报时,操作中心将保持该信息以供以后查看。

3. Windows 7 的运行环境

运行 Windows 7 中文版的计算机系统应当具备如下最低配置:

(1) 处理器主频:1.6GHz 以上。

(2) 内存:2GB 以上。

(3) 硬盘:20GB 以上。

(4) 显卡显存:512MB 以上。

(5) 带有 WDDM 1.0 或更高版本的驱动程序的 DirectX 9 图形设备。

2.1.2　Windows 7 的启动与退出

1. 启动 Windows 7

正确启动 Windows 7 的步骤:

(1) 打开计算机的电源。

(2) 打开显示器。

(3) 等待几秒钟后会出现 Windows 7 启动标志。一般不超过 20 秒,显示 Windows 7 的登录对话框,输入用户名和口令,单击“确定”按钮。

(4) 用户登录成功后,显示 Windows 7 的桌面,如图 2-1 所示。

☞ 所看到的屏幕可能与这个图有所不同,这是因为在安装时选择了不同的安装组件,或者在安装完成后安装了其他应用软件,或者是安装完成后对屏幕属性进行了设置。

2. 注销 Windows 7

如果要以其他用户身份访问计算机时,需要注销当前用户名,改用其他身份登录。单击“开始”按钮,然后鼠标指向右下角“关机”按钮右边的箭头,弹出“关机”级联子菜单,如图 2-2 所示。在“关机”级联菜单中,可以直接切换用户,然后选取用户名和输入密码后登录。也可以注销当前用户返回登录对话框,再选取用户名和输入密码后登录。

3. 关闭 Windows 7

关闭 Windows 7 是一个非常重要的操作,它会将内存中的信息自动保存到硬盘中,

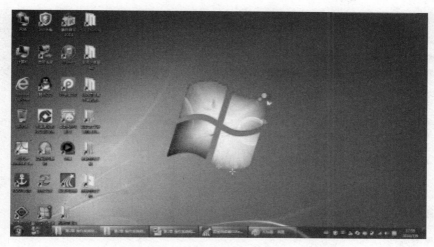

图 2-1　Windows 7 的桌面

为下次启动做好准备。所以当用户不想使用计算机时,要先停止 Windows 7 的运行,然后才能关掉计算机电源。这样可以保证 Windows 7 能把所做的工作保存在磁盘上,并且不丢失数据。

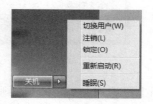

图 2-2　"关机"级联子菜单

正确关闭 Windows 7 的步骤:

(1) 关闭完 Windows 7 下运行的所有程序后,单击"开始"按钮,然后单击"开始"菜单右下角的"关机"按钮。

(2) Windows 7 正在关闭,完成后自行关闭电源。

(3) 关闭显示器。

2.1.3　桌面及其设置

启动 Windows 7 后,呈现在面前的整个屏幕区域称为桌面。桌面是指 Windows 所占据的屏幕空间,即整个屏幕背景。桌面的底部是一个任务栏。用户还可以根据喜好设置符合个人风格的桌面,为常用的程序、文档或打印机添加快捷方式,个性化桌面。

1. 桌面的组成

1) 计算机

使用"计算机"可以查看和管理计算机上的所有资源,进行磁盘、文件夹、文件操作,还可以配置计算机的软、硬件环境。

如果想使用"计算机",双击"计算机"图标,屏幕上出现如图 2-3 所示的窗口。

窗口中每一个图标代表一个系统对象,或称系统设备。

"本地磁盘(C:)"则代表硬盘驱动器,其中"C:"代表硬盘驱动器的盘符,双击它则可以查看硬盘上的内容。如果有多个硬盘分区,将会有多个类似的图标,如"C:"、"D:"、"E:"、"F:"、"G:"、"H:"。

"可移动磁盘(I:)"代表 U 盘驱动器,其中"I:"代表 U 盘驱动器的盘符,如果计算机

图 2-3　计算机

插上可识别 U 盘,双击它则可以查看 U 盘上的内容。当今的计算机,尤其是笔记本电脑,普遍使用 U 盘替代了光盘。

通过选择"计算机"菜单栏下面快捷工具栏上的不同图标,还可以分别进入"系统属性"、"卸载或更改程序"、"映射网络驱动器"、"打开控制面板"等系统程序,我们将在后面详细介绍。

2）回收站

回收站是硬盘上的一块特殊区域。Windows 7 将已删除的文件或文件夹放入桌面上的"回收站"中。当删除文件或文件夹时,Windows 7 会自动把它放到"回收站"里。在需要的时候,可以使用"回收站"来恢复误删除的文件或文件夹。

使用鼠标双击桌面上的"回收站"图标,屏幕上显示如图 2-4 所示的窗口。

图 2-4　回收站

在菜单下面的"名称"表示已删除文件的文件名,"原位置"表示该文件被删除前所在的文件夹,"删除日期"表示删除该文件的日期和时间,"大小"和"项目类型"分别表示该文件的大小和类型,"修改日期"表示该文件最后一次编辑或修改的日期。如果要恢复被删除的文件,比如恢复文件"图 3-1.jpg",首先用鼠标单击"图 3-1.jpg",然后从"文件"菜单下选择"还原"选项即可。

3）网络

"网络"文件夹提供对网络上计算机和设备的便捷访问。可以在"网络"文件夹中查看网络上的计算机和设备,查找共享文件和文件夹,打开"网络和共享中心",还可以查看并安装网络设备,例如打印机。

4）开始菜单和任务栏

（1）开始菜单。"开始"菜单是计算机程序、文件夹和设置的主门户。之所以称之为"菜单",是因为它提供一个选项列表,就像餐馆里的菜单那样。至于"开始"的含义,在于它通常是要启动或打开某项内容的位置。单击"开始"按钮,将会看到如图 2-5 所示的菜单。

图 2-5 "开始"菜单

若要打开"开始"菜单,请单击屏幕左下角的"开始"按钮 ,或者按键盘上的 Windows 徽标键。

"开始"菜单由三个主要部分组成:

① 左边的大窗格显示计算机上程序的一个短列表。计算机制造商可以自定义此列表,所以其确切外观会有所不同。单击"所有程序"可显示程序的完整列表。

② 左边窗格的底部是搜索框,通过输入搜索项可在计算机上查找程序和文件。

③ 右边窗格提供对常用文件夹、文件、设置和功能的访问。在这里还可注销 Windows 或关闭计算机。

(2)任务栏。任务栏是位于屏幕底部的水平长条。与桌面不同的是,桌面可以被打开的窗口覆盖,而任务栏几乎始终可见。它有三个主要部分:

① "开始"按钮,用于打开"开始"菜单。

② 中间部分显示已打开的程序和文件,并可以在它们之间进行快速切换。可能使用任务栏的中间部分最为频繁。无论何时打开程序、文件夹或文件,Windows 都会在任务栏上创建对应的按钮。按钮会显示表示已打开程序的图标,如图 2-6 所示。

图 2-6　任务栏

③ 通知区域,包括时钟以及一些告知特定程序和计算机设置状态的图标。看到的图标集取决于已安装的程序或服务以及计算机制造商设置计算机的方式。

2. 个性化桌面

如果长时间观看计算机屏幕,便知道要看到自己喜欢的东西有多重要。在 Windows 7 中,可以通过创建自己的主题,更改桌面背景、窗口边框颜色、声音和屏幕保护程序以适应您的风格。

用鼠标在桌面空白处右击,在弹出的快捷菜单中选择"个性化",在打开的"个性化"窗口中可以设置个性化桌面,如图 2-7 所示。或者单击"开始"→"控制面板"→"个性化"按钮。

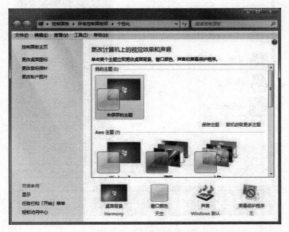

图 2-7　"个性化"窗口

2.1.4　窗口和对话框、菜单和工具栏

1. 窗口和对话框

1）窗口

打开文件夹或库后,将在窗口中看到它。此窗口的各个不同部分旨在围绕 Windows 进行导航,或更轻松地使用文件、文件夹和库。

在以前版本的 Windows 中,管理文件意味着在不同的文件夹和子文件夹中组织这些文件。在 Windows 7 中,还可以使用库组织和访问文件,而不管其存储位置如何。库可以收集不同位置的文件,并将其显示为一个集合,而无须从其存储位置移动这些文件。有四个默认库(文档、音乐、图片和视频),但可以新建库用于其他集合。

下面是一个典型的窗口及其所有组成部分,如图 2-8 所示。

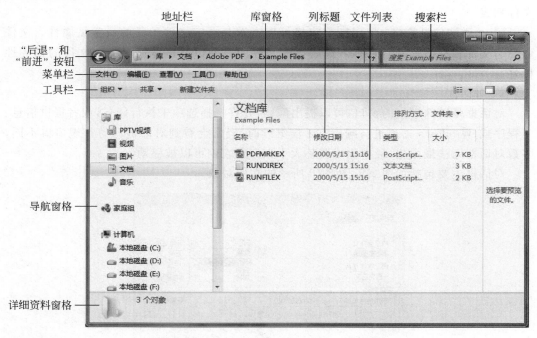

图 2-8　窗口的组成

(1) 导航窗格:使用导航窗格,访问库、文件夹、已保存的搜索,甚至整个硬盘。使用"收藏夹"部分可以打开最常用的文件夹和搜索;使用"库"部分可以访问库。还可以展开"计算机"文件夹浏览文件夹和子文件夹。

(2) 工具栏:使用工具栏可以执行一些常见任务,如更改文件和文件夹的外观、将文件刻录到 CD 或启动数字图片的幻灯片放映。工具栏的按钮可更改为仅显示相关的任务。例如,如果单击图片文件,则工具栏显示的按钮与单击音乐文件时不同。

(3) 菜单栏:列出对当前窗口操作的各项菜单命令,菜单命令是分类组织的。

(4) "后退"和"前进"按钮:单击"后退"和"前进"按钮可以导航至已打开的其他文件夹或库,而无须关闭当前窗口。这些按钮可与地址栏一起使用,例如,使用地址栏更改文

件夹后,可以使用"后退"按钮返回到上一文件夹。

(5) 地址栏:使用地址栏可以导航至不同的文件夹或库,或返回上一文件夹或库。

(6) 库窗格:仅当在某个库(例如文档库)中时,库窗格才会出现。使用库窗格可自定义库或按不同的属性排列文件。

(7) 列标题:使用列标题可以更改文件列表中文件的整理方式。例如,可以单击列标题的左侧以更改显示文件和文件夹的顺序,也可以单击右侧以采用不同的方法筛选文件(注意,只有在"详细信息"视图中才有列标题)。

(8) 文件列表:此为显示当前文件夹或库内容的位置。如果通过在搜索框中输入内容来查找文件,则仅显示与当前视图相匹配的文件(包括子文件夹中的文件)。

(9) 搜索框:在搜索框中输入词或短语可查找当前文件夹或库中的项。一旦输入内容,搜索就开始了。因此,例如,当输入 B 时,所有名称以字母 B 开头的文件都将显示在文件列表中。

(10) 详细信息窗格:使用细节窗格可以查看与选定文件关联的最常见属性。文件属性为文件相关信息,例如作者、最后更改文件的日期以及可能已添加到文件的描述性标签。

2) 对话框

对话框是特殊类型的窗口,可以提出问题,允许选择选项来执行任务,或者提供信息。当程序或 Windows 需要进行响应它才能继续时,经常会看到对话框。与常规窗口不同,多数对话框无法最大化、最小化或调整大小。但是它们可以被移动。

对话框主要包括如图 2-9、图 2-10 所示的常用对象。

图 2-9　对话框常用对象(1)

(1) 标签按钮:单击标签按钮,可查看对话框中不同的"页",称为"标签页"(又称"选项卡")。在如图 2-9 所示的对话框中有"字体"和"高级"两个选项卡。

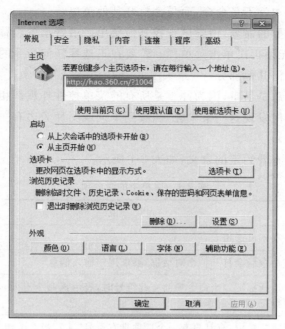

图 2-10　对话框常用对象(2)

（2）列表框：通常在列表框的右侧有一滚动条，通过滚动条可上下查看或选择所需的内容。

（3）"单选"按钮：在多个选项中选择一个选项，选择后该选项按钮上有一个黑点。

（4）复选框：复选框为一开关选项，若使该选项有效，单击该选项，复选框上有对钩。若使该选项无效，再单击该选项，则复选框去掉对钩。

（5）文字框：输入文字，如需要操作的文件名、需要查找的关键字以及备注、说明等。

（6）旋转框：在旋转框内，一般是可选的连续数字，单击上下箭头，可选择所需的数字。

（7）"确定"按钮：确定本对话框的设定，退出对话框。

（8）"取消"按钮：放弃本对话框的设定，退出对话框。

（9）"应用"按钮：确定本对话框的设定，但不退出对话框。

2. 菜单和工具栏

Windows 7 的操作通常可以通过四种途径来实现：菜单命令，工具栏的加速按钮，鼠标右击弹出的快捷菜单，组合快捷键。下面分别进行具体阐述：

1）菜单

大多数程序包含几十个甚至几百个使程序运行的命令（操作）。其中很多命令组织在菜单下面。就像餐厅的菜单一样，程序菜单也显示选择列表。为了使屏幕整齐，会隐藏这些菜单，只有在标题栏下的菜单栏中单击菜单标题之后才会显示菜单。

若要选择菜单中列出的一个命令，请单击该命令。有时会显示对话框，可以从中选择其他选项。如果命令不可用且无法单击，则该命令以灰色显示。

一些菜单项目根本就不是命令,而是会打开其他菜单。

如果没有看到想要的命令,请尝试查找其他菜单。沿着菜单栏移动鼠标指针,上面的菜单会自动打开,而无须再次单击菜单栏。若要在不选择任何命令的情况下关闭菜单,单击菜单栏或窗口的任何其他部分。

菜单的识别并非总是易事,因为并不是所有的菜单控件外观都相似,甚至也不会显示在菜单栏上。那么如何发现这些菜单呢,当看到单词或图片旁边有一个箭头时,则可能会有菜单控件。

菜单中命令项都有着约定的含义,如表 2-1 所示。

表 2-1 菜单中的命令项

命 令 项	说 明
暗淡的	命令项不可选用
带省略号"…"	执行命令后会打开一个对话框,要求用户输入信息
前有符号"√"	是个选择标记。当命令项前有此符号时,表示该命令有效,如果再一次选择,则删除该标记,不再起作用
带符号"·"	在分组菜单中,有且只有一个选项带有符号"·",当在分组菜单中选择某一项时,该项之前带有"·",表示被选中
带组合键	按下组合键直接执行相应的命令,而不必通过菜单
带符号"▶"	当鼠标指向时,会弹出一个子菜单

2）工具栏

大多数 Windows 7 应用程序都有工具栏,工具栏上的按钮在菜单中都有对应的命令,代表了菜单上的最常用命令。它可以加速命令的执行,故又称为"加速"按钮。操作应用程序的最简单方法是用鼠标单击工具栏上的按钮。

当移动鼠标指针指向工具栏上的某个按钮时,稍停留片刻,会显示该按钮的功能名称。

用户可以用鼠标把工具栏拖放到窗口的任意位置,或改变排列方式,例如,变为垂直放置。

3）快捷菜单

选定特定对象后,单击鼠标右键会跳出该对象对应的快捷菜单,快捷菜单列出了下一步将要对该对象进行操作的集合。这极大地方便了用户的操作,即使用户不明确知道如何通过菜单来执行该命令,因此该键又称为"魔键"。当你在对下一步操作感到迷惑时,试着使用它。

4）组合快捷键

前面介绍的各种 Windows 7 的操作都是通过鼠标完成的,但是其中的某些操作通过键盘完成更方便,若干个键盘操作的组合被称为组合快捷键,简称快捷键。如表 2-2 所示,列出了 Windows 7 的常用快捷键及其含义(就一般情况而言)。

表 2-2　常用快捷键

快　捷　键	描　述
Alt＋Tab	在最近打开的两个程序窗口之间进行切换
▦	打开"开始"菜单
▦＋E	打开资源管理器
Alt＋F4	退出程序
Ctrl＋Alt＋Del	强制关闭程序,结束任务
F1	查看被选对象的帮助信息
Ctrl＋A	全部选取
Ctrl＋X	剪切
Ctrl＋C	复制
Ctrl＋V	粘贴
Ctrl＋Z	撤销
Del	删除
Print Screen	复制当前屏幕图像到剪贴板中
Alt＋Print Screen	复制当前窗口、对话框或其他对象(如任务栏)到剪贴板中
Alt＋Enter	让 DOS 程序在窗口和全屏显示方式之间切换
Shift＋Del	立即删除,不放回"回收站"
拖动	移动文件
Ctrl＋拖动	复制文件

2.1.5　控制面板

可以使用"控制面板"更改 Windows 的设置。这些设置几乎控制了有关 Windows 外观和工作方式的所有设置,并允许对 Windows 进行设置,使其适合用户的需要。

进入"控制面板"有两种途径:

(1) 在 Windows 7 的桌面上双击"计算机",在工具栏中选择 "打开控制面板",如图 2-11 所示。

(2) 选择"开始"→ "控制面板"命令。

Windows 7 的"控制面板"窗口中的对象,是随各应用程序的安装而建立的,不能用新建或删除命令自己随意增加或删除"控制面板"窗口中的对象。计算机的硬件配置及安装选项的不同,控制面板上所看到的对象也有所不同。

2.1.6　帮助和支持

在有些时候,可能会遇到一些计算机问题或令人不知所措的任务。若要解决这些问

图 2-11　控制面板

题,就需要了解如何获得正确的帮助。下面对一些最佳技巧进行了概述。

　　Windows 帮助和支持是 Windows 的内置帮助系统。在这里可以快速获取常见问题的答案、疑难解答提示以及操作执行说明。如果需要对不属于 Windows 程序的帮助,则需要查阅该程序的帮助。

　　若要打开 Windows"帮助和支持",请单击"开始"按钮,然后单击"帮助和支持"按钮。

1. 获取最新的帮助内容

　　如果已连接到 Internet,请确保已将 Windows 帮助和支持设置为"联机帮助"。"联机帮助"包括新主题和现有主题的最新版本。步骤如下:

　　(1) 在 Windows 帮助和支持工具栏上,单击"选项"→"设置"按钮。

　　(2) 在"搜索结果"下,选中"使用联机帮助改进搜索结果(推荐)"复选框,然后单击"确定"按钮。当连接到网络时,"帮助和支持"窗口的右下角将显示"联机帮助"一词。

2. 搜索帮助

　　获得帮助的最快方法是在搜索框中输入一个或两个词。例如,若要获得有关无线网络的信息,请输入"无线网络",然后按 Enter 键。将出现结果列表,其中最有用的结果显示在顶部,可以单击其中一个结果以阅读主题,如图 2-12 所示。

3. 浏览帮助

　　您可以按主题浏览帮助主题。单击"浏览帮助"按钮,然后单击出现的主题标题列表中的项目。主题标题可以包含帮助主题或其他主题标题。单击帮助主题将其打开,或单击其他标题更加细化主题列表。

图 2-12　搜索帮助

2.2　程　序　管　理

程序是指计算机为完成某一个任务所必须执行的一系列指令的集合。在计算机上做的几乎每一件事都需要使用程序。例如,如果想要绘图,则需要使用绘图或画图程序。若要写信,需使用字处理程序。若要浏览 Internet,需使用称为 Web 浏览器的程序。在Windows 上可以使用的程序有数千种。

2.2.1　程序文件

程序通常是以文件的形式存储在外储器上。在 Windows 7 中,绝大多数程序文件的扩展名是. exe,如 cmd. exe,少部分具有命令行提示符界面的程序文件扩展名是. com。有两种查找程序所在路径的方法:一是通过这些程序的快捷方式的属性窗口来查看;二是通过"计算机"→"搜索栏"去搜索。如表 2-3 所示为常用应用程序的文件名。

2.2.2　程序的运行与退出

1. 程序的运行

通过"开始"菜单可以访问计算机上的所有程序。若要打开"开始"菜单,请单击"开始"按钮。"开始"菜单的左侧窗格中列出了一小部分程序,其中包括 Internet 浏览器、电子邮件程序和最近使用过的程序。若要运行某个程序,单击它。

表 2-3 常用应用程序的文件名

常用应用程序	文件名	常用应用程序	文件名
Windows 资源管理器	Explorer. exe	Windows Media Player	Wmplayer. exe
记事本	Notepad. exe	Internet Explorer	Iexplore. exe
写字板	Wordpad. exe	Outlook Express	Msimn. exe
画图	Mspaint. exe	剪贴簿查看器	Clipbrd. exe
命令提示符	Cmd. exe	Microsoft Word	Winword. exe

如果未找到要运行的程序,但是知道它的名称,则可在左侧窗格底部的搜索框中输入全部或部分名称。在"程序"下单击一个程序即可运行它。

若要浏览程序的完整列表,请单击"开始"按钮,然后单击"所有程序"按钮。下面是在"所有程序"菜单中运行 Microsoft Visual C++ 6.0 的过程,如图 2-13 所示。

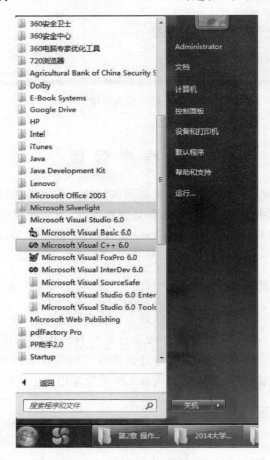

图 2-13 运行 Microsoft Visual C++ 6.0

2. 程序的退出

若要退出程序,请单击程序窗口右上角的"关闭"按钮。或者,单击"文件"菜单,然后单击"退出"按钮。

切记在退出程序之前保存文档。如果试图在有未保存的工作时退出程序,则程序将询问是否保存文档,如图 2-14 所示。

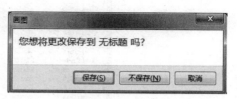

（1）若要保存文档并退出程序,请单击"保存"按钮。

（2）若要退出程序而不保存文档,请单击"不保存"按钮。

图 2-14　退出程序

（3）若要返回程序而不退出,请单击"取消"按钮。

2.2.3　任务管理器

"任务管理器"显示计算机上当前正在运行的程序、进程和服务,可以使用"任务管理器"监视计算机的性能或者关闭没有响应的程序。图 2-15 展示了正在运行的应用程序、图 2-16 展示了正在运行的进程。

图 2-15　正在运行的应用程序

如果与网络连接,还可以使用"任务管理器"查看网络状态以及查看网络是如何工作的。如果有多个用户连接到计算机,可以看到谁在连接、他们在做什么,还可以给他们发送消息。

☞ 打开"任务管理器",可以通过右击任务栏上的空白区域,然后单击"启动任务管理器"按钮;或者通过按 Ctrl+Shift+Esc;或者按 Ctrl+Alt+Del,再单击"启动任务管理器"按钮。

图 2-16　正在运行的进程

2.2.4　程序的安装、卸载或更改

Windows 并不限制用户仅使用计算机所附带的程序，可以购买 CD 或 DVD 上的新程序，或者从 Internet 下载程序（免费或付费）。

"安装"一个程序意味着将其添加到计算机上。程序安装完成后，将显示在"开始"菜单的"所有程序"列表中。有些程序还可能在桌面上添加快捷方式。

1. 程序的安装

使用 Windows 中附带的程序和功能可以执行许多操作，但可能还需要安装其他程序。

如何添加程序取决于程序的安装文件所处的位置。通常，程序从 CD 或 DVD、从 Internet 或从网络安装。

1）从 CD 或 DVD 安装程序的步骤

将光盘插入计算机，然后按照屏幕上的说明操作。如果系统提示输入管理员密码或进行确认，请输入该密码或提供确认。

从 CD 或 DVD 安装的许多程序会自动启动程序的安装向导。在这种情况下，将显示"自动播放"对话框，然后可以进行选择运行该向导。

如果程序不开始安装，请检查程序附带的信息。该信息可能会提供手动安装该程序的说明。如果无法访问该信息，还可以浏览整张光盘，然后打开程序的安装文件（文件名通常为 Setup.exe 或 Install.exe）。

2）从 Internet 安装程序的步骤

（1）在 Web 浏览器中，单击指向程序的链接。

（2）请执行下列操作之一：

① 若要立即安装程序,请单击"打开"或"运行"按钮,然后按照屏幕上的指示进行操作。

② 若要以后安装程序,请单击"保存"按钮,然后将安装文件下载到计算机上。做好安装该程序的准备后,请双击该文件,并按照屏幕上的指示进行操作。这是比较安全的选项,因为可以在继续安装前扫描安装文件中的病毒。

☞ 从 Internet 下载和安装程序时,请确保该程序的发布者以及提供该程序的网站是值得信任的。

2. 程序的卸载或更改

如果不再使用某个程序,或者如果希望释放硬盘上的空间,则可以从计算机上卸载该程序。可以使用"程序和功能"卸载程序,或通过添加或删除某些选项来更改程序配置。步骤如下:

(1) 选择"开始"→"控制面板"→"程序和功能"命令。

(2) 选择程序,然后单击"卸载"按钮。除了卸载选项外,某些程序还包含更改或修复程序选项,但许多程序只提供卸载选项。若要更改程序,请单击"更改"或"修复"按钮,如图 2-17 所示。

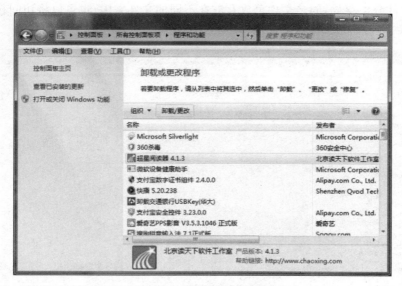

图 2-17 卸载或更改程序

2.3 文 件 管 理

2.3.1 文件系统概述

在操作系统中,负责管理和存取文件信息的部分称为文件系统或信息管理系统。在文件系统的管理下,用户可以按照文件名访问文件,而不必考虑各种存储器的差异,不必了解文件在外存储器上的具体物理位置以及是如何存放的。文件系统为用户提供了一个简单、统一的访问文件的方法,因此它也被称为用户和外存储器的接口。

1. 目录结构

文件是包含信息(例如文本、图像或音乐)的项。文件打开时,非常类似在桌面上或文件柜中看到的文本文档或图片。在计算机上,文件用图标表示,这样便于通过查看其图标来识别文件类型。

文件夹是可以在其中存储文件的容器。如果在桌面上放置数以千计的纸质文件,要在需要时查找某个特定文件几乎是不可能的。这就是人们时常把纸质文件存储在文件柜内文件夹中的原因。计算机上文件夹的工作方式与此相同。

文件夹还可以存储其他文件夹。文件夹中包含的文件夹通常称为"子文件夹"。可以创建任何数量的子文件夹,每个子文件夹中又可以容纳任何数量的文件和其他子文件夹。

一个磁盘上的文件成千上万,为了有效地管理和使用文件,用户通常在磁盘上创建文件夹(目录),在文件夹下再创建子文件夹(子目录),也就是将磁盘上所有文件组织成树状结构,然后将文件分门别类地存放在不同的文件夹中,如图 2-18 所示。这种结构像一颗倒置的树,树根为根文件夹(根目录),树中每一个分枝为文件夹(子目录),树叶为文件。在树状结构中,用户可以将同一个项目中的文件放在同一个文件夹中,也可以按文件类型或用途将文件分类存放;同名文件可以存放在不同的文件夹中;也可以将访问权限相同的文件放在同一个文件夹中,集中管理。

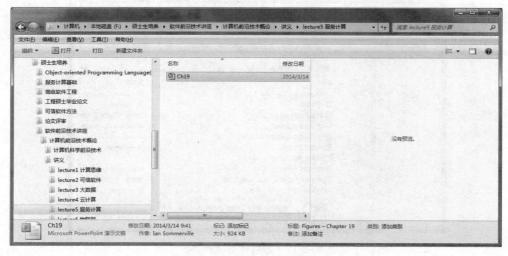

图 2-18　资源管理器目录结构

2. 文件路径

当一个磁盘的目录结构被建立后,所有的文件可以分门别类地存放在所述的文件夹中,接下来的问题是如何访问这些文件。若要访问的文件不在同一个目录中,就必须加上文件路径,以便文件系统可以查找到所需要的文件。

文件路径分为如下两种:

(1)绝对路径。从根目录开始,依序到该文件之前的名称。

(2)相对路径。从当前目录开始到某个文件之前的名称。

在如图 2-18 所示的目录结构中,Ch19.ppt 的绝对路径为：F:\硕士生培养\软件前沿技术讲座\计算机前沿技术概论\讲义\lecture5 服务计算\Ch19.ppt。如果当前目录为"F:\硕士生培养\计算机前沿技术概论\讲义",则 Ch19.ppt 的相对路径为：lecture5 服务计算\Ch19.ppt。

2.3.2 资源管理器

进入资源管理器的途径很多,也很灵活,可以通过以下方式打开资源管理器：
(1) 双击"计算机"按钮。
(2) 单击"开始"→"计算机"按钮。
(3) 右击"开始"按钮,在快捷菜单上,可看到"打开 Windows 资源管理器"命令。
(4) 快捷键⊞+E。
资源管理器的窗口分为左右两个区,左区显示的是导航窗格,右区显示的是当前选定对象所包含的内容。在左区的文件夹结构中,可看到有的文件夹图标左侧有一个"▶"符号,它表示该文件夹中还有子文件夹。单击"▶"符号可展开文件夹所含的子文件夹,再次单击该符号可收缩已展开的文件夹。单击左区的任一文件夹,则在右区显示该文件夹所包含的所有内容。

在打开文件夹或库时,可以更改文件在窗口中的显示方式。例如,可以首选较大(或较小)图标或者首选允许查看每个文件的不同种类信息的视图。若要执行这些更改操作,请单击工具栏中的"视图"按钮。

每次单击"视图"按钮的左侧时都会更改显示文件和文件夹的方式,在五个不同的视图间循环切换：大图标、列表、称为"详细信息"的视图(显示有关文件的多列信息)、称为图块的"小图标"视图以及称为"内容"的视图(显示文件中的部分内容),如图 2-19、图 2-20、图 2-21、图 2-22、图 2-23 所示。

图 2-19   大图标

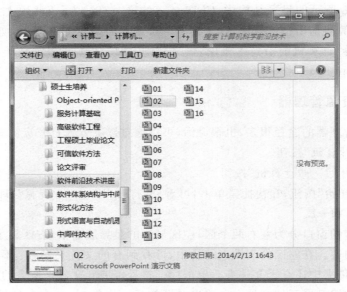

图 2-20　列表

图 2-21　详细信息

如果单击"视图"按钮右侧的箭头,则还有更多选项。向上或向下移动滑块可以微调文件和文件夹图标的大小。随着滑块的移动,可以查看图标更改大小。

在库中,可以通过采用不同方法排列文件更深入地执行某个步骤。例如,假如希望按流派(如爵士和古典)排列音乐库中的文件,步骤如下:

(1) 单击"开始"→"音乐"按钮。

(2) 在库窗格(文件列表上方)中,单击"排列方式"旁边的菜单,然后单击"流派"

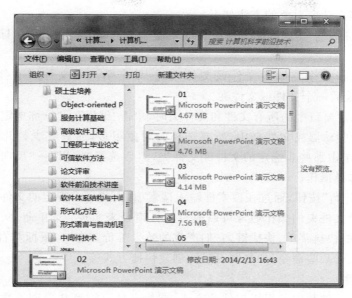

图 2-22　小图标

图 2-23　内容

按钮。

使用"资源管理器",可对 Windows 7 文件系统中的文件和文件夹进行各种操作。

2.3.3　使用文件与文件夹

使用 Windows 的一个显著特点是：先选定操作对象,再选择操作命令。选定对象是最基本的,绝大多数的操作都是从选定对象开始的。只有在选定对象后,才可以对它们执行进一步的操作。选定对象的方法如下：

（1）当要选择多个非连续的文件或文件夹时，按住 Ctrl 键，然后用鼠标单击要选的文件或文件夹。

（2）当要选择多个连续的文件或文件夹时，单击第一个文件或文件夹，然后按住 Shift 键并单击最后一个文件或文件夹。

（3）当要选定窗口中的所有文件和文件夹时，单击"编辑"→"全部选定"命令。

（4）当一个驱动器或文件夹中，所要选择的对象很多，而只有少数几个非选择对象时，可先用鼠标单击那些非选定的文件或文件夹，然后选择"编辑"→"反向选择"命令，则可完成所需的选择操作。

（5）单击"开始"按钮，通过在搜索框输入搜索项，查找所需特定的文件或文件夹。

使用文件及文件夹的操作通常可以通过四种途径来实现：菜单命令、工具栏的加速按钮、右击弹出的快捷菜单、快捷键，它们产生的效果等价。有时，鼠标左右键移动与组合键组合也可以执行某些命令，如复制、移动、创建快捷方式等。

1. 查找文件

根据拥有的文件数以及组织文件的方式，查找文件可能意味着浏览数百个文件和子文件夹，这不是轻松的任务。为了省时省力，可以使用搜索框查找文件，如图 2-24 所示。

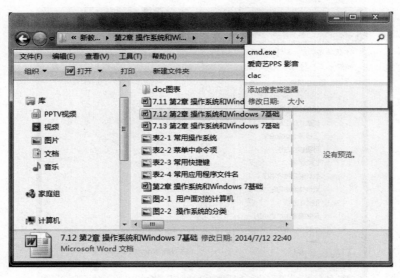

图 2-24　查找文件

搜索框位于每个窗口的顶部。若要查找文件，请打开最可能找到该文件的文件夹或库作为搜索的起点，然后单击搜索框并开始输入文本。搜索框基于所输入文本筛选当前视图。如果搜索字词与文件的名称、标记或其他属性，甚至文本文档内的文本相匹配，则将文件作为搜索结果显示出来。

如果基于属性（如文件类型）搜索文件，可以在开始输入文本前，通过单击搜索框，然后单击搜索框正下方的某一属性来缩小搜索范围。这样会在搜索文本中添加一条"搜索筛选器"（如"类型"），它将提供更准确的结果。

如果没有看到查找的文件,则可以通过单击搜索结果底部的某一选项来更改整个搜索范围。例如,如果在文档库中搜索文件,但无法找到该文件,则可以单击"库"按钮以将搜索范围扩展到其余的库。

2. 复制和移动文件和文件夹

有时,可能希望更改文件在计算机中的存储位置。例如,可能要将文件移动到其他文件夹或将其复制到可移动媒体(如 CD 或内存卡)以便与其他人共享。

大多数人使用称为"拖放"的方法复制和移动文件。首先打开包含要移动的文件或文件夹的文件夹。然后,在其他窗口中打开要将其移动到的文件夹。将两个窗口并排置于桌面上,以便可以同时看到它们的内容。

接着,从第一个文件夹将文件或文件夹拖放到第二个文件夹,这就是要执行的所有操作,如图 2-25、图 2-26 所示。

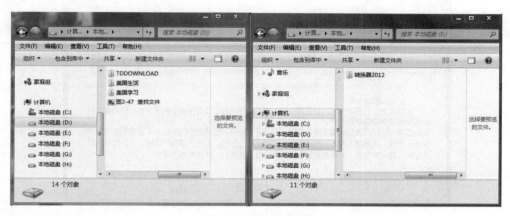

图 2-25 复制操作前

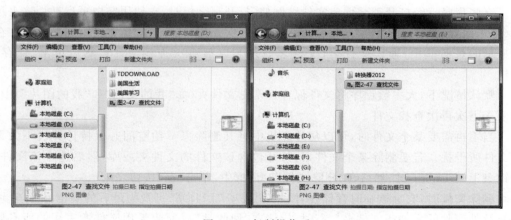

图 2-26 复制操作后

注意:有时是复制文件或文件夹,而有时是移动文件或文件夹。如果在存储在同一个硬盘上的两个文件夹之间拖放某个项目,则是移动该项目,这样就不会在同一位置上创建相同文件或文件夹的两个副本。如果将项目拖放到其他位置(如网络位置)中的文件夹或 CD 之类的可移动媒体中,则会复制该项目。

☞ 在桌面上排列两个窗口的最简单方法是使用"对齐"。

如果将文件或文件夹复制或移动到某个库,该文件或文件夹将存储在库的"默认保存位置"。

复制或移动文件的另一种方法是在导航窗格中将文件从文件列表拖放至文件夹或库,从而不需要打开两个单独的窗口。

3. 创建和删除文件

创建新文件的最常见方式是使用程序。例如,可以在字处理程序中创建文本文档或者在视频编辑程序中创建电影文件,如图 2-27 所示。

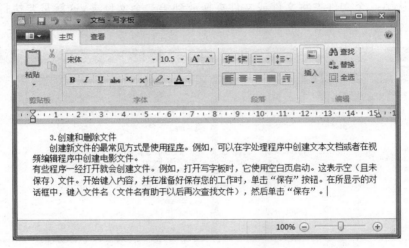

图 2-27　创建新文件

有些程序一经打开就会创建文件。例如,打开写字板时,它使用空白页启动。这表示空(且未保存)文件。开始输入内容,并在准备好保存用户的工作时,单击"保存"按钮。在所显示的对话框中,输入文件名(文件名有助于以后再次查找文件),然后单击"保存"按钮。

默认情况下,大多数程序将文件保存在常见文件夹(如"我的文档"和"我的图片")中,这便于下次再次查找文件。

当不再需要某个文件时,可以从计算机中将其删除以节约空间并保持计算机不为无用文件所干扰。若要删除某个文件,请打开包含该文件的文件夹或库,然后选中该文件。按键盘上的 Delete 键,然后在"删除文件"对话框中,单击"是"按钮。

删除文件时,它会被临时存储在"回收站"中。"回收站"可视为最后的安全屏障,它可恢复意外删除的文件或文件夹。有时,应清空"回收站"以回收无用文件所占用的所有硬盘空间。

4. 打开文件

若要打开某个文件,双击它。该文件将通常在曾用于创建或更改它的程序中打开。例如,文本文件将在字处理程序中打开。

但是并非始终如此。例如,双击某个图片文件通常打开图片查看器。若要更改图片,则需要使用其他程序。右击该文件,单击"打开方式"按钮,然后单击要使用的程序的名称,如图2-28所示。

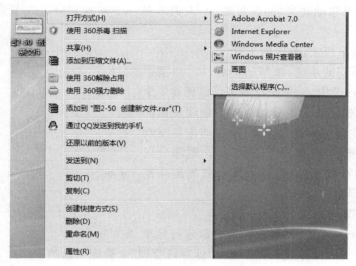

图 2-28　打开方式

5.创建快捷方式

桌面上,左下角带有一个弧形箭头的图标称为快捷方式。为了快速地启动某个应用程序或打开文件,通常在便捷的地方(如桌面或"开始"菜单)创建快捷方式。

快捷方式是连接对象的图标,它不是这个对象本身,而是指向这个对象的指针,这如同一个人的照片。不仅可以为应用程序创建快捷方式,而且可以为 Windows 中的任何一个对象创建快捷方式。例如,可以为程序文件、文档、文件夹、控制面板、打印机或磁盘等创建快捷方式。

创建快捷方式有如下两个方法:

(1) 按住 Ctrl+Shift 键进行拖曳。例如,在桌面上为 Microsoft Word 建立快捷方式,只需按住 Ctrl+Shift 键不放将 Winword.exe 拖曳到桌面上,桌面上就会出现快捷方式图标。

(2) 选择"文件"→"新建"→"快捷方式"命令。

2.4　磁　盘　管　理

磁盘是微型计算机必备的最重要的外存储器,现在可移动磁盘越来越普及。所以,为了确保信息安全,掌握有关磁盘的基本知识和管理磁盘的正确方法是非常必要的。

2.4.1　磁盘分区

在 Windows 7 中,一个新的硬盘(假定出厂时没有进行过任何处理)需要进行如下处理:

(1) 创建磁盘主分区和逻辑驱动器。

(2) 格式化磁盘主分区和逻辑驱动器。

1. 磁盘分区与创建逻辑驱动器

硬盘（包括可移动硬盘）的容量很大，人们常把一个硬盘划分为几个分区，主要原因如下：

(1) 硬盘容量很大，分区便于管理。

(2) 安装不同的系统，如 Windows、Linux 等。

在 Windows 7 中，一个硬盘最多可以创建 3 个主分区，只有创建了 3 个主分区后才能创建后面的逻辑驱动器。主分区不能再细分，所有的逻辑驱动器组成一个扩展分区，如图 2-29 所示。删除分区时，主分区可以直接删除，扩展分区需要先删除逻辑驱动器后再删除。

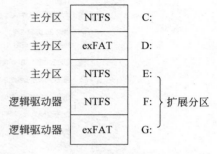

图 2-29　磁盘分区

2. 磁盘管理

在 Windows 7 中，除了在安装时可以进行简单的磁盘管理以外，磁盘管理一般是通过"计算机管理"来管理磁盘的。

启动"计算机管理"管理磁盘分区的方法是：选择"开始"→"运行"命令，然后在"运行"窗口输入"Compmgmt. msc"命令；或右击"计算机"图标，然后在弹出的快捷菜单上选择"管理"命令。在打开的"计算机管理"窗口左区单击"磁盘管理"按钮，如图 2-30 所示。

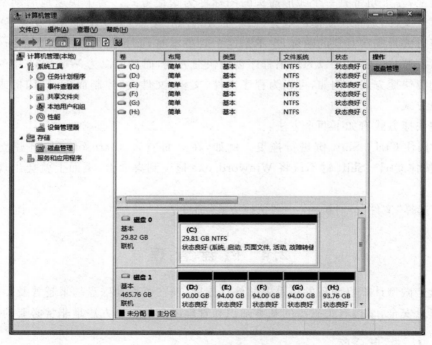

图 2-30　磁盘管理

创建磁盘分区与逻辑驱动器的方法是：在代表磁盘空间的区块上右击，在弹出的快捷菜单中选择"新建简单卷"命令即可。

☞ 创建分区的同时可以指定文件系统、驱动器号和格式化。

2.4.2 磁盘格式化

磁盘分区并创建逻辑驱动器后还不能使用，还需要格式化。格式化的目的如下：

（1）把磁道划分成一个个扇区，每个扇区 512 个字节。

（2）安装文件系统，建立根目录。

旧磁盘也可以格式化。如果对旧磁盘进行格式化，将删除磁盘上原有的信息，因此在对磁盘进行格式化时要特别慎重。

磁盘可以被格式化的条件是：磁盘不能处于写保护状态，磁盘上不能有打开的文件。

图 2-31 所示的是格式化磁盘对话框。

（1）容量：只有格式化软盘时才能选择磁盘的容量。

（2）文件系统：Windows 支持 FAT32、NTFS 和 exFAT 文件系统。

（3）分配单元大小：文件占用磁盘空间的基本单位。只有当文件系统采用 NTFS 时才可以选择；否则只能使用默认值。

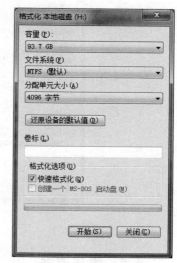

图 2-31　格式化磁盘

（4）卷标：卷的名称，也称为磁盘名称。

如果选定快速格式化，则仅仅删除磁盘上的文件和文件夹，而不检查磁盘的损坏情况。快速格式化只适合于曾经格式化过的磁盘并且磁盘没有损坏的情况。

2.4.3 磁盘碎片整理

磁盘碎片又称文件碎片，是指一个文件没有保存在一个连续的磁盘空间上，而是被分散存放在许多地方。计算机工作一段时间后，磁盘进行了大量的读写操作，如删除、复制文件等，就会产生磁盘碎片。磁盘碎片太多就会影响数据的读写速度，因此需要定期进行磁盘碎片整理，消除磁盘碎片，提高计算机系统的性能。如图 2-32 所示反映了磁盘碎片整理后的情况。

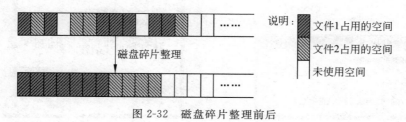

图 2-32　磁盘碎片整理前后

启动"磁盘碎片整理"程序的方法是：选择"开始"→"所有程序"→"附件"→"系统工具"→"磁盘碎片整理程序"命令。如图 2-33 所示是磁盘碎片整理程序窗口。

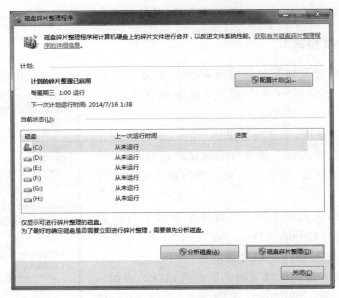

图 2-33　磁盘碎片整理程序

2.4.4　磁盘清理

计算机工作一段时间后，会产生很多的垃圾文件，如已经下载的程序文件、Internet 临时文件等。利用 Windows 提供的磁盘清理工具，可以轻松而又安全地实现磁盘清理，删除无用的文件，释放硬盘空间。

启动"磁盘清理"程序的方法是：选择"开始"→"所有程序"→"附件"→"系统工具"→"磁盘清理"命令。如图 2-34 所示的是"磁盘清理：驱动器选择"窗口，如图 2-35 所示的是"磁盘清理"窗口，显示了要清理的文件。

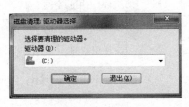

图 2-34　磁盘清理：驱动器选择　　　　　　图 2-35　磁盘清理

2.5 智能手机操作系统

随着移动多媒体时代的到来和 3G、4G 无线通信的兴起,手机已从简单的通话工具迈入智能化时代。智能手机与普通手机的区别是使用操作系统,同时支持第三方软件。智能手机除了具有普通手机的通话功能外,还具有个人数字助理(Personal Digital Assistant,PDA)的大部分功能,以及无线上网浏览、电子通信等功能。

智能手机操作系统管理智能手机的软、硬件资源,为应用程序提供支持。操作系统的采用,使智能手机变成了一台 PC,开发人员为智能手机开发应用软件如同在 PC 上开发一样。

智能手机操作系统很多,常用的有 Google 的 Android、苹果的 iOS 和微软的 Windows Phone。

1. Android

Android(安卓)最初由 Andy Rubin 为手机开发,2005 年由 Google 收购,并进行开发改良,已经扩展到平板计算机及其他领域上。由于免费开源、服务不受限制、第三方软件多等原因,目前是使用最广泛的智能手机操作系统之一。

2. iOS

iOS 是苹果公司为 iPhone、iPad 以及 iPod Touch 等系列产品开发的操作系统,其基础是 Mac OS X 操作系统。iOS 的优点是优秀的图形用户界面、多媒体效果和方便的触控、丰富的软件库,缺点是付费软件库、不支持第三方软件。

3. Windows Phone

Windows Phone 是微软公司为智能手机开发的操作系统,其最新版本是 Windows Phone 8。用史蒂夫·鲍尔默的话来说,Windows Phone 的特点是:"全新的 Windows 手机把网络、个人计算机和手机的优势集于一身,让人们可以随时随地的享受到想要的体验。"

2.6 应 用 案 例

2.6.1 Windows 7 的基本使用

1. 桌面的设置

(1)桌面的个性化设置。

① 设置"风景"为桌面主题,并将桌面背景更改图片时间间隔设置为 1 分钟。

② 使用"画图"程序制作一张精美的图片,并将该图片作为桌面背景。

③ 使用"照片"屏幕保护程序,等待时间为 1 分钟。

④ 若桌面上没有"计算机"、"网络"、"控制面板"图标,则设置。

【提示】 在桌面的快捷菜单中选择"个性化"命令。

(2)查看当前屏幕的分辨率。

【提示】 在桌面的快捷菜单中选择"屏幕分辨率"命令。

（3）查看当前颜色质量。

若当前颜色质量为"真彩色（32位）"，则设置为"增强色（16位）"；否则设为"真彩色（32位）"。

【提示】 在"屏幕分辨率"对话框中单击"高级设置"按钮，再选择"监视器"选项卡。

（4）启动"记事本"和"画图"程序。

对这些窗口进行层叠、堆叠、并排显示窗口操作。

【提示】 右击任务栏，在弹出的快捷菜单中选择。

2．设置任务栏

（1）取消或设置锁定任务栏。

（2）取消或设置自动隐藏任务栏。

【提示】 右击任务栏，在弹出的快捷菜单中选择"属性"命令。

3．使用 Windows 帮助和支持系统

（1）将 Windows 帮助系统中"安装 USB 设备"帮助主题的内容按文本文件的格式保存到桌面，文件名为 Help1. txt 文件。

（2）将 Windows 帮助系统中"打开任务管理器"帮助主题的内容按文本文件的格式保存到桌面，文件名为 Help2. txt 文件。

4．"Windows 任务管理器"的使用

（1）启动"画图"程序，然后打开"Windows 任务管理器"窗口，查看并记录如下信息：

① CPU 使用率。

② 内存使用率。

③ 系统当前进程数。

④ "画图"的线程数。

【提示】 选择"进程"选项卡，然后选择"查看"→"选择列"命令设置显示进程数，如图 2-36 所示。

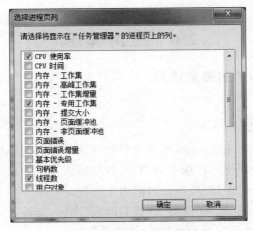

图 2-36　设置显示进程数

（2）选择"Windows 任务管理器"命令终止"画图"程序的运行。

5．在桌面上建立快捷方式

（1）为"Windows 资源管理器"建立一个名为"资源管理器"的快捷方式。

（2）为 Microsoft Excel 创建快捷方式。

（3）为 D:盘建立快捷方式。

（4）为 Windows\Web\Wallpaper\风景中的文件"img9.jpg"创建快捷方式。

【提示】 选择快捷菜单中的"新建"命令。

6．回收站的使用和设置

（1）删除桌面上已经建立的"资源管理器"快捷方式。

【提示】 按 Del 键或选择其快捷菜单中的"删除"命令。

（2）恢复已删除的"资源管理器"快捷方式。

【提示】 先单击"回收站"按钮，然后选定要恢复的对象，最后选择"文件"→"还原"命令。

（3）永久删除桌面上的"Help.txt"文件对象，使之不可恢复。

【提示】 按住 Shift 键时删除的文件将永久删除。

（4）设置各个驱动器的回收站容量，C:盘回收站的最大空间为 10 000MB，其余磁盘的回收站空间为 5000MB。

【提示】 选择"回收站 属性"命令设置。

7．查看并记录下列"Internet 信息服务"组件的安装情况，如表 2-4 所示。请在相应的单元格内打钩

表 2-4 "Internet 信息服务"组件的安装情况

项　　目	全部安装	部分安装	没有安装
FTP 服务器			
Web 管理工具			
万维网服务			

8．查看并记录有关系统信息

（1）Windows 版本。

（2）CPU 型号。

（3）内存容量。

（4）计算机名称。

（5）工作组。

【提示】 选择"控制面板"→"系统"命令或者通过"计算机"属性窗口查看。

9．创建一个新用户 Test，授予计算机管理员权限，并且用自己的学号设置密码

【提示】 选择"控制面板"→"用户账户"命令。

2.6.2　文件和磁盘的管理

假定 Windows 系统安装在 C:盘。

1. 设置文件夹选项

(1) 显示隐藏的文件、文件夹或驱动器。

(2) 隐藏受保护的操作系统文件。

(3) 隐藏已知文件类型的扩展名。

(4) 在同一个窗口中打开每一个文件夹或在不同窗口中打开不同的文件夹。

【提示】 在"工具"菜单中选择"文件夹选项"命令。

2. 浏览 Windows 主目录

(1) 分别选用小图标、列表、详细信息、内容等方式浏览 Windows 主目录,观察各种显示方式的区别。

【提示】 在"查看"菜单中选择相关命令。

(2) 分别按名称、大小、类型和修改时间对 Windows 主目录进行排序,观察四种排序方式的区别。

【提示】 在"查看"菜单中选择"排序方式"命令。

3. 浏览硬盘,在表 2-5 中记录有关 C:盘的信息

4. 每一个用户都有自己独立的"我的文档"和桌面,而且都对应到一个文件夹,记录当前用户的"我的文档"和桌面对应的文件夹及其路径

表 2-5 C:盘有关信息

项　　目	信　　息	项　　目	信　　息
文件系统类型		已用空间	
可用空间		容量(总的空间)	

(1) 桌面。

(2) 我的文档。

5. 在 C:盘根目录下创建两个文件夹 Test1 和 Test2,然后在 Test1 文件夹中创建子文件夹 Sub1、Sub2,在 Test2 文件夹中创建子文件夹 ABC、XYZ

6. 文件的创建、移动和复制

(1) 在桌面上,用记事本建立文本文件 T1.txt,然后在桌面的快捷菜单中选择"新建"→"文本文档"命令创建文本文件 T2.txt。两个文件的内容任意输入。

(2) 将桌面上的 T1.txt 复制到 C:\Test1。

(3) 将桌面上的 T1.txt 复制到 C:\Test1\Sub1。

(4) 将桌面上的 T1.txt 复制到 C:\Test1\Sub2。

(5) 将桌面上的 T2.txt 复制到 C:\Test2\ABC。

(6) 将 C:\Test1\Sub2 文件夹移动到 C:\Test2\ XYZ 中。要求移动整个文件夹,而不是仅仅移动其中的文件,即 Sub2 成为 XYZ 的子文件夹。

(7) 将 C:\Test1\Sub1 用其快捷菜单中的"发送"命令发送到桌面上,观察在桌面上创建了文件夹还是文件夹快捷方式。

7. 文件的删除,回收站的使用

(1) 删除桌面的文件 T1.txt。

（2）恢复刚刚被删除的文件。

（3）按 Shift＋Del 组合键删除桌面上的文件 T1．txt，观察文件是否发送到回收站。

8．查看 C：\Test1\T1．txt 文件属性，并把它设置为"只读"或"隐藏"

9．搜索文件或文件夹，要求如下：

（1）查找 C 盘上所有扩展名为．txt 的文件。

搜索时，可以使用"?"和"＊"。"?"表示任意一个字符，"＊"表示任意一个字符串。在该题中应输入"＊．txt"作为文件名。

（2）查找 C：盘上文件名中第 3 个字符为 a、扩展名为．bmp 的文件。

搜索时输入"??a．bmp"作为文件名。

（3）查找文件中含有文字"Windows"的所有文本文件，并把它们复制到 C：\Test2 中。

（4）查找 C：盘上周内建立或修改过的所有．bmp 文件。

（5）查找计算机上所有 1～16MB 的文件。

10．观察并记录当前系统中磁盘的分区信息，如表 2-6 所示

表 2-6　磁盘分区信息

存储器		盘符	文件系统类型	容量
磁盘 0	主分区 1			
	主分区 2			
	主分区 3			
	扩展分区			
	CD-ROM			

注意：

扩展分区，可能包含 1 或多个逻辑分区。

超极本一般没有 CD-ROM 这一项。

【提示】 在计算机快捷菜单中选择"管理"命令，在弹出的"计算机管理"窗口选择"磁盘管理"命令。

11．将 U 盘上所有文件和文件夹复制到硬盘，然后格式化 U 盘，并用自己的学号设置卷标号，最后将文件重新复制回 U 盘上

注意：U 盘或磁盘不能处于写保护状态，不能有打开的文件。

12．进入"设备管理器"窗口，查看并记录下列信息

（1）DVD/CD-ROM 的型号。

（2）显示适配器的型号。

（3）是否有设备存在问题？

13. 启动"磁盘碎片整理程序",分析 **C:**盘

(1) C:盘文件碎片百分比。

(2) 若时间允许,对 C:盘进行碎片整理。

注意：碎片整理时间较长。

14. 启动"磁盘清理"程序,尝试对 **C:**盘进行清理,查看下列可释放的文件大小

(1) 已下载的程序文件。

(2) Internet 临时文件。

(3) 脱机网页。

(4) 回收站。

注意：一般来说,大学公共机房中计算机安装了写保护卡,不必进行清理。

15. 启动或取消 **Windows** 防火墙

【提示】 选择"控制面板"→"Windows 防火墙"命令进行设置。

习　题　2

一、选择题

1. 操作系统是现代计算机系统不可缺少的组成部分。操作系统负责管理计算机的(　　)。

    A. 程序　　　　　　B. 功能　　　　　　C. 资源　　　　　　D. 进程

2. 下列操作系统中,运行在苹果公司 Macintosh 系列计算机上的操作系统是(　　)。

    A. Mac OS　　　　B. UNIX　　　　C. Novell NetWare　D. Linux

3. 在搜索文件时,若用户输入"∗.∗",则将搜索(　　)。

    A. 所有含有"∗"的文件　　　　　　B. 所有扩展名中含有 ∗ 的文件

    C. 所有文件　　　　　　　　　　　D. 以上全不对

4. 下列操作系统中,不属于智能手机操作系统的是(　　)。

    A. Android　　　　　　　　　　　B. iOS

    C. Linux　　　　　　　　　　　　D. Windows Phone

5. 以下(　　)文件被称为文本文件或 ASCII 文件。

    A. 以 EXE 为扩展名的文件　　　　B. 以 TXT 为扩展名的文件

    C. 以 COM 为扩展名的文件　　　　D. 以 DOC 为扩展名的文件

6. 关于 Windows 直接删除文件而不进入回收站的操作中,正确的是(　　)。

    A. 选定文件后,按 Shift＋Del 键

    B. 选定文件后,按 Ctrl＋Del 键

    C. 选定文件后,按 Del 键

    D. 选定文件后,按 Shift 键,再按 Del 键

7. 在 Windows 中,各应用程序之间的信息交换是通过(　　)进行的。

    A. 记事本　　　　B. 剪贴板　　　　C. 画图　　　　　　D. 写字板

8. 下列关于文件的说法中,正确的是(　　)。

A. 在文件系统的管理下，用户可以按照文件名访问文件

B. 文件的扩展名最多只能有 3 个字符

C. Windows 中，具有隐藏属性的文件一定是不可见的

D. Windows 中，具有只读属性的文件不可以删除

9. 同时按（　　）键可以打开任务管理器。

    A. Ctrl＋Shift   B. Ctrl＋Alt＋Del

    C. Ctrl＋Esc   D. Alt＋Tab

10. 要选定多个连续文件或文件夹的操作为：先单击第一项，然后（　　）再单击最后一项。

    A. 按住 Alt 键   B. 按住 Ctrl 键

    C. 按住 Shift 键   D. 按住 Del 键

11. 以下有关 Windows 删除操作的说法中，不正确的是（　　）。

A. 网络上的文件被删除后不能被恢复

B. U 盘上的文件被删除后不能被恢复

C. 超过回收站存储容量的文件不能被恢复

D. 直接用鼠标拖到回收站的项目不能被恢复

12. 以下关于 Windows 快捷方式的说法中，正确的是（　　）。

A. 一个快捷方式可指向多个目标对象

B. 一个对象可有多个快捷方式

C. 只有文件和文件夹对象可建立快捷方式

D. 不允许为快捷方式建立快捷方式

13. 以下关于快捷方式的说法中，正确的是（　　）。

A. 快捷方式本质上是一种文件，每个快捷方式都有自己独立的文件名

B. 只有指向文件和文件夹的快捷方式才有自己的文件名

C. 建立在桌面上的快捷方式，其对应的文件位于 C:盘根目录上

D. 建立在桌面上的快捷方式，其对应的文件位于 C:\ Windows

14. 关于 Windows 格式化磁盘的操作，以下有关快速格式化磁盘的说法中，正确的是（　　）。

A. 快速格式化只能格式化 U 盘

B. 快速格式化可以对从未格式化过的新磁盘快速处理

C. 快速格式化只能用于曾经格式化过的磁盘或 U 盘

D. 快速格式化不能对有坏扇区的磁盘进行处理

15. 格式化 U 盘，即（　　）。

A. 删除 U 盘上原有信息，建立一种系统可识别的格式

B. 可删除原有信息，也可不是删除

C. 保留 U 盘上原有信息，对剩余空间格式化

D. 删除原有部分信息，保留原有部分信息

16. 选定要删除的文件，然后按（　　）键，即可删除文件。

A. Alt   B. Ctrl   C. Shift   D. Del

17. 如用户在一段时间(　　)，Windows 将启动执行屏幕保护程序。

    A. 没有按键盘

    B. 没有移动鼠标器

    C. 既没有按键盘，也没有移动鼠标器

    D. 没有使用打印机

18. 在资源管理器中要同时选定不相邻的多个文件，使用(　　)键。

    A. Shift   B. Ctrl   C. Alt   D. F8

19. 若将一个应用程序添加到(　　)文件夹中，以后启动 Windows，即会自动启动。

    A. 控制面板   B. 启动   C. 文档   D. 程序

20. 即插即用的含义是指(　　)。

    A. 不需要 BIOS 支持即可使用硬件

    B. 在 Windows 系统所能使用的硬件

    C. 安装在计算机上不需要任何驱动程序就可使用的硬件

    D. 硬件安装在计算机上后，系统会自动识别并完成驱动程序的安装和配置

二、填空题

1. Windows 中，一个硬盘可以分为磁盘主分区和_____。

2. 文件的路径分为绝对路径和_____。

3. Windows 中的用户分成标准用户和_____。

4. 当用户按下_____键，系统弹出"Windows 任务管理器"对话框。

5. Windows 7"资源管理器"可用来查看计算机中所有的内容，它采用的是_____显示方式。

6. 要查找所有第一个字母为 A 且扩展名为 .wav 的文件，应输入_____。

7. 选定多个连续的文件或文件夹，操作步骤为：单击所要选定的第一个文件或文件夹，然后按住_____键，单击最后一个文件或文件夹。

8. 一个文件没有保存在一个连续的磁盘空间上而被分散存放在许多地方，这种现象被称为_____。

9. 目前使用最广泛的智能手机操作系统是_____。

10. 运行在 iPhone、iPad 和 iPod Touch 上的操作系统是_____。

三、简答题

1. 操作系统的主要功能是什么？为什么说操作系统既是计算机硬件与其他软件的接口，又是用户和计算机的接口？

2. 简述 Windows 的文件命名规则与通配符"＊"和"？"的功能。

3. 如何查找 C 盘上所有以 AUTO 开始的文件？

4. "回收站"的功能是什么？什么样的文件删除后不能恢复？

5. 快捷方式和程序文件有什么区别？

6. 绝对路径与相对路径有什么区别？

7. 什么情况下不能格式化磁盘？

四、实验操作题

1. Windows 7 的基本操作

(1) 改变窗口的位置与大小。

打开任意一个软件(例如"画图"),对窗口进行"还原"、"最大化"、"最小化"、移动窗口、改变窗口大小操作,观察窗口变化情况。

(2) 改变窗口的排列方式。

分别打开多个窗口,右击任务栏空白处,逐一选择层叠窗口、堆叠显示窗口、并排显示窗口,观察各窗口形状及位置变化。

(3) 设置任务栏和开始菜单。

设置任务栏为自动隐藏,在通知区域中不显示时钟,任务栏外观使用小图标。

将"记事本"添加到开始菜单的程序列表中,然后将"记事本"锁定在程序列表上方,最后将其解除锁定。

(4) 切换输入法。

先启动"记事本"程序,然后单击任务栏上的"输入法标志"按钮,切换各种输入法,进行输入汉字的练习。也可用 Ctrl+Shift 组合键进入输入法切换。

(5) 使用 Windows 的系统帮助。

单击"开始"→"帮助和支持"按钮,进入 Windows 的帮助系统,然后进行浏览帮助内容。

2. 资源管理器、文件和文件夹的管理

(1) 用不同方法在桌面上创建"计算器"、"画图"和"写字板"三个快捷方式,应用程序位置分别为 C:\windows\system32\calc. exe、C:\windows\system32\mspaint. exe、C:\windows\system32\write. exe。

(2) 打开"资源管理器",以详细信息方式显示文件夹内容,并按由大到小进行排列。

(3) 在 C 盘上建立一个名为"MyFiles\sub1"的二级文件夹。

(4) 然后在 C:\Windows 中搜寻任意 3 个. txt 文本文件,将它们复制到 MyFiles 文件夹中。

(5) 将 MyFiles 文件夹中的一个文件移到其子文件夹 sub1 中。

(6) 在 sub1 文件夹中再建立名为 test. txt 的空文本文件。

(7) 删除文件夹 sub1,然后再将其恢复。

(8) 把 Windows 7 中有关"使用库"帮助窗口中所显示的全部内容,复制到"记事本",并以文件名"sky. txt"保存到 MyFiles 和 MyFiles\sub1 下。

(9) 搜索 C:\windows\system 文件夹及其子文件夹下所有文件名的第一个字母为 s、文件大小小于 10KB 且扩展名为. dll 的文件,并将它们复制到 MyFiles 文件夹中。

3. 控制面板的使用

(1) 改变桌面的背景和设置屏幕保护程序,并改变屏幕的分辨率。

在桌面任一空白区域鼠标右击,在弹出的快捷菜单中选择"个性化"命令,出现"个性化"设置窗口。选择桌面主题为 Aero 风格的"风景",并将桌面背景更改图片时间间隔设置为 30 秒,观察桌面主题的变化;然后单击"保存主题"按钮,保存该主题为"我的风景"。

在桌面任一空白区域鼠标右击,在弹出的快捷菜单中选择"屏幕分辨率"命令,出现"屏幕分辨率"设置窗口。展开"分辨率"下拉列表框,设置屏幕分辨率为 1280×720,然后单击"确定"或"应用"按钮即可。

(2) 设置双时钟,其中主时钟为"北京时间",附加时钟为"太平洋时间"。

鼠标左键先单击屏幕右下方的"时间日期"→"更改时间和日期设置"按钮。在弹出的"日期和时间"窗口中选择"附加时钟"→"显示此时钟"复选框,并在"选择时区"下拉列表中选择"太平洋时间"命令。

(3) 查看本机已安装的字体,并添加输入法。

在"开始"菜单中搜索栏中搜索"字体",然后单击"字体"按钮;或者直接单击"控制面板"上的"字体"图标,来查看本机已安装的字体。

鼠标右击"输入法"指示器,选择"设置"→"添加"→"简体中文双拼"输入法。

第二篇
办公信息化篇

第二篇

办公自动化基础

第 3 章　文字处理软件 Word 2010

Word 2010 作为 Microsoft Office 2010 组件中的主要成员,提供最上乘的文档格式设置工具,利用它还可更轻松、高效地组织和编写文档,其增强后的功能可新建专业水准的文档,可以更加轻松地与他人协同工作并可在任何地点访问文件。在学习中,应重点掌握文字处理、表格处理和排版技巧,为以后学习其他的 Office 软件打下良好的基础。

本章要点:

- Word 2010 基本使用
- 文字处理
- 文档格式化
- 表格编辑
- 图形编辑
- 长文档编排
- 其他操作

3.1　Word 2010 概述

3.1.1　Office 2010 和 Word 2010 简介

Microsoft Office 2010 是微软最新推出的智能商务办公软件,具备了全新的安全策略,在密码,权限,邮件线程都有更好的控制。Word、Excel、PowerPoint 是 Office 套装中最常用的三个组件。

Word 2010 作为全球通用的文字处理软件,适于制作各种文档,如信函、传真、公文、报刊、书刊和简历等。

3.1.2　Word 2010 启动与退出

(1) 启动:鼠标依次单击任务栏上的"开始"→"程序"→Microsoft Office→Microsoft Office Word 2010 按钮,即可进入到 Word 2010 窗口。不同操作 Windows 操作系统下操作会略有不同。

(2) 退出:鼠标单击 Word 2010 窗口右上方的"关闭"按钮。

3.1.3　Word 2010 工作界面

启动 Word 2010 之后,屏幕将出现 Word 2010 的工作界面,如图 3-1 所示。

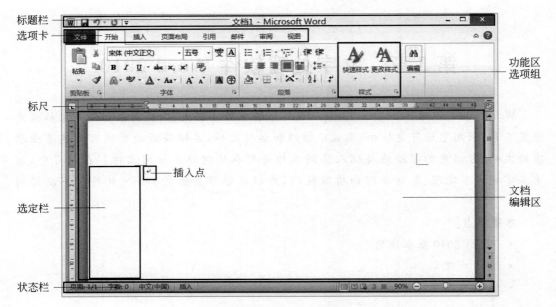

图 3-1 Word 2010 工作界面

Word 2010 的工作界面主要由以下几部分组成。

（1）标题栏：包含控制菜单图标、快速访问工具栏、工作簿名称以及窗口最小/大化、"关闭"按钮。

（2）选项卡：包含"文件"、"开始"、"插入"等多个选项卡，系统默认的选项卡是"开始"选项卡。

（3）功能区：包含多个选项组，每个选项组提供多个命令按钮、列表框和对话框等。单击选项卡最右侧的"功能区最小化"按钮（或"展开功能区"按钮）可以折叠（或展开）功能区。

（4）状态栏：用于显示有当前所在页和总页数的页面、总字数、校对语言及其错误、"插入"和"改写"两种工作模式切换，位于 Word 窗口最底部的左侧，状态栏的右侧用于页面工作视图切换、调整页面显示比例等。

（5）文档编辑区（又称文本区）：用于编辑文本、插入图片、绘制表格等操作，位于水平标尺下方的一大片空白区域中。

① 标尺：用于调整段落的编排、改变正文的上下边界和左右边界、制表位的设置等，分为水平标尺和垂直标尺两种。

② 插入点：文本区里有一根闪烁的垂直短线，指示对当前文档进行编辑的位置，如插入文字、图形或删除等。

③ 选定栏：鼠标移动到这个矩形区域中指针会变为 ⌐ 型，在这个区域里可通过鼠标来快速选定内容。

3.2　Word 2010 基本操作

3.2.1　文档的新建、保存、打开与关闭

1. 新建

启动 Word 2010 时,系统将自动新建一个暂命名为"文档 1"的空白文档,如图 3-2 所示。再新建其他文档时系统也将按顺序依次将它们暂命名为"文档 2"、"文档 3",……,依此类推,并在不同的窗口对它们进行编辑。

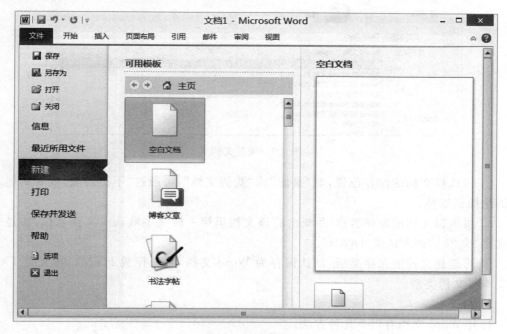

图 3-2　新建文档

新建一个新空白文档的操作有以下几种方法:

(1) 单击"文件"→"新建"按钮,在"可用模板"选项区中选择"空白文档"命令,再单击"新建"按钮,如图 3-2 所示。

(2) 单击"快速访问工具栏"→"新建"按钮,新建一个新空白文档。

(3) 按 Ctrl+N 组合键新建一个新空白文档。

工作簿的保存、打开、关闭也是通过选择"文件"选项卡完成。

2. 保存

保存 Word 文档有以下几种方法,如图 3-3 所示。一个文档就是一个 Word 文件,其默认扩展名为".docx"。

(1) 在 Word 2010 窗口里单击快速访问工具栏上"保存"按钮■、快捷键 Ctrl+S 或单击"文件"→"保存"按钮。

(2) 单击"文件"→"另存为"按钮。

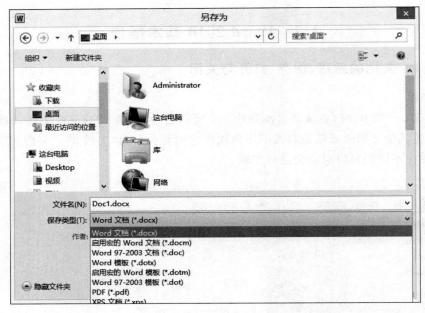

图 3-3　保存文档

① 可选择文档的保存位置,如"桌面"或"我的文档",可通过"下拉列表"或对话框左侧的快捷栏选择。

② 可编辑文档的保存名称,系统会将该文档里第一段文字默认成文档名称,如是空白文档"文档1"则默认成"DOC1"。

③ 可选择文档的保存类型,默认保存为 Word 文档,可选择成 HTML 网页或 TXT 纯文本等文档类型。

3. 打开

打开 Word 文档有以下几种方法:

(1) 单击"文件"→"打开"按钮。

(2) 单击"文件"→"最近所用文件"按钮,列出最近打开的文档以便快速打开。

☞ 如何在多个文档窗口间切换?

Word 2010 能够同时对多个文档进行编辑,各文档分处在不同的 Word 窗口里,且活动窗口只有一个,即只有处在活动窗口中的文档才能被编辑。

在 Word 窗口里可通过单击"视图"→"窗口"→"切换窗口"按钮来切换到指定文档的 Word 窗口。

4. 关闭

关闭文档有以下几种方法:

(1) 在 Word 2010 窗口里单击右上角"关闭"按钮 ✕ 或单击"文件"→"关闭"按钮。

(2) 在 Word 2010 窗口里单击右上角"关闭窗口"按钮 ✕ 或单击"文件"→"退出"按钮。

(3) 快捷键"Alt+F4"关闭当前窗口。

☞ 关闭文档时还没保存怎么办？

不论单击"关闭"还是"退出"按钮,系统会自动判断新建文档或已打开文档是否经过编辑且保存,只有编辑但未保存过的文档会弹出"另存为"对话框提示是否保存。

3.2.2 文档视图

在 Word 2010 中,文档的显示默认为是"页面视图"方式,可以单击"视图"→"文档视图"→"其他视图"按钮或状态栏右侧的"视图"按钮切换成不同的视图方式。各种视图方式的主要功能和特点如下:

1) 页面视图

显示 Word 2010 文档的打印结果外观,主要包括页眉、页脚、图形对象、分栏设置、页面边距等元素,是最接近打印结果的页面视图,如图 3-4 所示。

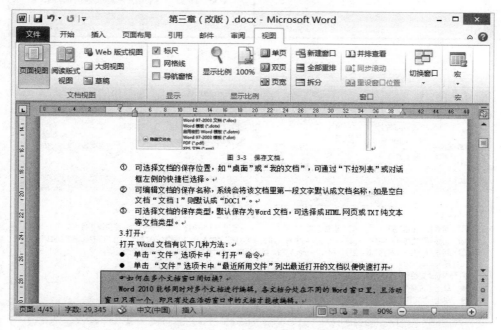

图 3-4 页面视图

2) 阅读版式视图

以图书的分栏样式显示 Word 2010 文档,"文件"按钮、功能区等窗口元素被隐藏起来。在阅读版式视图中,用户还可以单击"工具"按钮选择各种阅读工具,如图 3-5 所示。

3) Web 版式视图

以网页的形式显示 Word 2010 文档,Web 版式视图适用于发送电子邮件和新建网页,如图 3-6 所示。

4) 大纲视图

用于设置 Word 2010 文档的设置和显示标题的层级结构,并可以方便地折叠和展开各种层级的文档。大纲视图广泛用于 Word 2010 长文档的快速浏览和设置中。

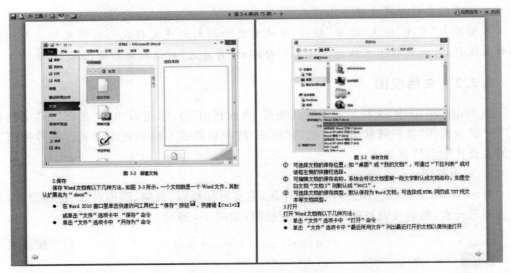

图 3-5　阅读版式视图

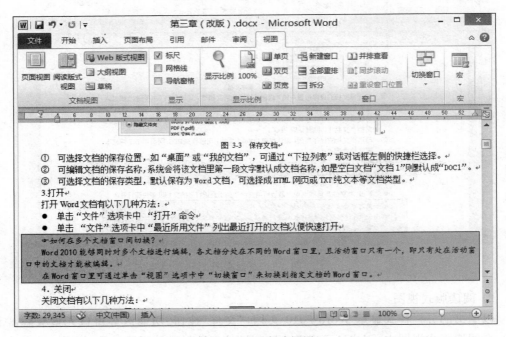

图 3-6　Web 版式视图

在此方式下,查看文档结构变得很容易,直接拖动标题前方的灰色圆形或十字标记就能移动、复制或调整段落的顺序,如图 3-7 所示。

5) 草稿

取消了页面边距、分栏、页眉页脚和图片等元素,仅显示标题和正文,是最节省计算机系统硬件资源的视图方式。

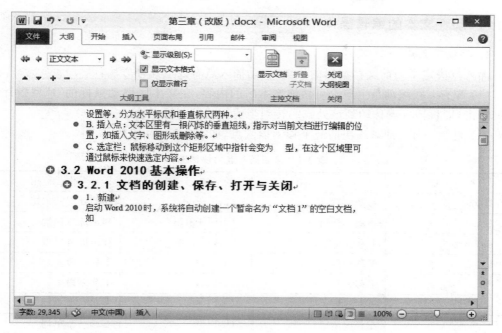

图 3-7　大纲视图

草稿能够连续显示文档的正文，每页之间用一条水平虚线分隔，称作分页符，如图 3-8 所示。每节之间用双行虚线分隔，称作分节符。在草稿视图中，不显示页边距、背景、页眉和页脚等。

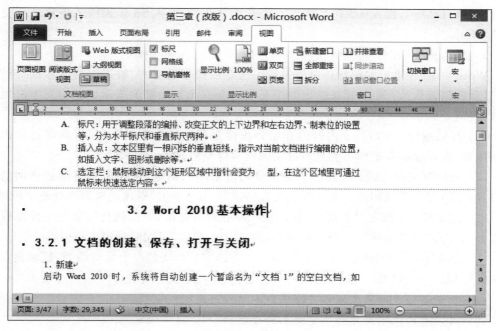

图 3-8　草稿

3.2.3 文本的编辑操作

1. 移动插入点

插入点决定了当前文档编辑的位置,移动插入点有以下几种方法:

(1)鼠标:在滚动条上单击可切换文本区的内容,在文本区移动鼠标的"I"型指针到某处单击,即将插入点移动到该处或跳转到当前行的段落标记处。

(2)键盘:通过键盘或快捷键来移动插入点,如表 3-1 所示。

表 3-1　移动插入点的快捷键

按　键	作　用	按　键	作　用
Home	移动到行首	Ctrl＋End	移动到文档末尾
End	移动到行尾	Ctrl＋PgUp	移至屏幕顶端
PgUp	上移一屏	Ctrl＋PgDn	移至屏幕底端
PgDn	下移一屏	Ctrl＋↑	上移一段
↑	上移一行	Ctrl＋↓	下移一段
↓	下移一行	Ctrl＋←	左移一个单词
←	左移一个字符	Ctrl＋→	右移一个单词
→	右移一个字符	Alt＋Ctrl＋PgUp	移至文档窗口顶端
Ctrl＋Home	移动到文档开头	Alt＋Ctrl＋PgDn	移至文档窗口末尾

(3)单击"编辑"→"定位"按钮或按 F5 键:在弹出的"定位"对话框中选择定位目标和相应数值。如:选定定位目标"页",单击下一处代表插入点移动到下一页第一行行首;选择定位目标"行",输入＋2 代表插入点先前移动 2 行,输入 55 代表插入点移动到文档的第 55 行。

2. 选定

Word 2010 在进行编辑操作时应遵循先选定后操作的方式,被选定的文本以"反白"(即显示蓝色背景色)显示,而被选定的图形周围会有类似边框的提示。选定文本有以下几种方法:

(1)鼠标拖动:在需选定内容的开始处按住鼠标左键不放,拖动鼠标到需选定内容的结尾处,松开鼠标左键即可看到被选定的内容以反白显示。

(2)鼠标双击和三击:选定一个英文单词或常用的词组,可用鼠标移动到该词的任意位置,然后双击左键即可。若这时三击左键或"Ctrl＋单击"则选定该词所处整个段落。

(3)选定栏:在选定栏里单击、双击或三击分别可选定该行、该行所处整个段落或整个文档,在选定栏里鼠标拖动可选定多行,或"Ctrl＋单击"可同时选定多行内容。

(4)选定矩形块内的文本:按住"Alt",在需选定矩形块的左上角开始处,鼠标拖动到需选定矩形块的结尾处。

☞ 如果要选定的内容很多或跨页时会不会很麻烦?

这时可以考虑以下的几种选定文本的方法。

(5)"Shift＋单击":将插入点移动到该选定内容的开始处,然后按住 Shift 键使用鼠标左键单击该选定内容的结尾处,即其间的内容被选定。

(6)"扩展"模式:右击状态栏,选择"选定模式"命令,将插入点移动到该选定内容的开始处,按 F8 将"扩展"模式激活,即状态栏中的"扩展式选定"指示器激活,再单击该选定内容的结尾处,则其间的内容被选定,如再按 F8 意味着分别选定该词、该句、该段或整个文档。单击未选定位置可关闭"扩展"模式和单击状态栏中"扩展式选定"指示器取消选定。

(7)键盘选定:如表 3-2 所示。

表 3-2 选定的快捷键

按　　键	作　　用
Shift+↑	向上选定一行
Shift+↓	向下选定一行
Shift+←	向左选定一个字符
Shift+→	向右选定一个字符
Shift+Home	选定内容扩展至行首
Shift+End	选定内容扩展至行尾
Shift+PgUp	选定内容向上扩展一屏
Shift+PgDn	选定内容向下扩展一屏
Ctrl+A 或 Ctrl+小键盘数字 5	选定整个文档

3. 插入、删除和改写

Word 2010 默认的编辑状态为"插入"模式(即状态栏中的"改写"指示器呈灰色),这时输入新的内容将位于插入点之前。

Backspace 和 Delete 可分别删除插入点之前和之后的内容,Ctrl+Backspace 和 Ctrl+Delete 分别删除插入点之前或之后的单词或词组。

当插入点位于一个段落的段首位置时,BackSpace 使该段与前段合并成为一个段落,当插入点位于一个段落的段尾位置时,Delete 使后面一个段落与之合并成一个段落。

鼠标双击"改写"指示器或按 Insert 可切换编辑状态,"改写"指示器呈黑色即编辑状态为"改写"模式,输入新的内容将覆盖插入点之后相同大小的内容。如"改写"状态时,插入点在"文化基础"前,输入"计算机",则"文化基础"改写为"计算机"。

4. 撤销与恢复

编辑时如果出现了误操作,可单击快速访问工具栏上"撤销"按钮 ↺ 或"恢复"按钮 ↻ 来撤销或恢复之前操作。

在 Word 2010 中,可以撤销或恢复最近进行的多次操作,如单击 ↺ 按钮旁的下拉列表,然后从中选择要撤销的一项或多项操作。

5. 编辑文本

1)移动文本

(1)鼠标拖动:选定需移动的内容时插入点会暂时消失,将鼠标移动到该反白区域,鼠标拖动该区域时指针会变为带虚线框形状,直至将指针箭头前虚线状的插入点移动到目标位置松开鼠标左键,则选定内容被移动。

（2）剪切和粘贴：此方法更适用于进行长距离（如跨页）移动。选定需移动的内容，单击"开始"→"剪贴板"→"剪切"按钮✂，再移动插入点到目标位置单击"粘贴"按钮📋即可，多次粘贴亦可。

2）复制文本

（1）鼠标拖动：选定需复制的内容时插入点会暂时消失，将鼠标移动到该反白区域，鼠标拖动该区域时指针会变为带"＋"号的虚线框形状，直至将指针箭头前虚线状的插入点移动到目标位置松开鼠标左键，则选定内容被复制。

（2）复制和粘贴：此方法更适用于进行长距离（如跨页）复制。选定需复制的内容，单击"开始"→"剪贴板"→"复制"按钮📋，再移动插入点到目标位置单击"粘贴"按钮📋即可，多次粘贴亦可。

☞ 怎么剪切后的内容不见了？

剪切后的内容看起来是从原处被删除了，实际上它还存放在剪贴板（内存中的一块区域）中，随时可以通过粘贴或复制将它恢复。

如果不想把移动（或复制）的内容存放到剪贴板中，可以选定内容后按 F2 键（或 Shift＋F2），状态栏出现"移至何处？"（或"复制到何处？"）时移动虚线状的插入点到目标位置，按Enter 键则选定内容被移动（或复制），内容被移动（或被复制）前随时可按 Esc 键取消该移动（或复制）操作。

Office 2010 中的剪贴板可保存 24 项内容，可以从剪贴板（单击"开始"→"剪贴板"，打开剪贴板导航侧边栏）中选择任意项内容粘贴到原文档中。

3）鼠标右键拖动

选定需移动（或复制）的内容，按住鼠标右键将该反白区域拖动到目标位置松开右键，这时会弹出一个快捷菜单，单击"移动到此位置"（或"复制到此位置"）按钮，则选定内容被移动（或被复制）。如要取消该操作，可在菜单里单击"取消"按钮。

6. 查找和替换

在阅读或编辑一篇文档时，可能需要查看某个单词或字符串是否在文中出现了，然后再进行针对性的修改。通过"查找"和"替换"可以在文档中查找到任意指定字符串和将其替换成任意新字符串，字符串包含中英文、大小写、全半角字符、指定格式的字符或特殊字符等。

单击"开始"→"编辑"→"查找"按钮或按 Ctrl＋F 键打开导航侧边栏，如图 3-9 所示。

单击"开始"→"编辑"→"查找"按钮的下拉按钮，在下拉列表中选择"高级查找"或"替换"选项，在打开的"查找和替换"对话框中包含了"查找"、"替换"和"定位"三个选项卡，如图 3-10 和图 3-11 所示。

1）查找

在对话框里"查找内容"文本框中输入需查找的内容（最大长度不能超过 256 个字符），该文本框后面的下拉列表里可以显示该文档在关闭前曾经查找的内容，需查找的内容确定后单击"查找下一处"按钮，即开始从该文档的当前插入点位置起往下查找每一处跟查找内容相匹配的内容，该匹配内容所在的页面会随即出现在 Word 2010 的窗口中并以反白显示。

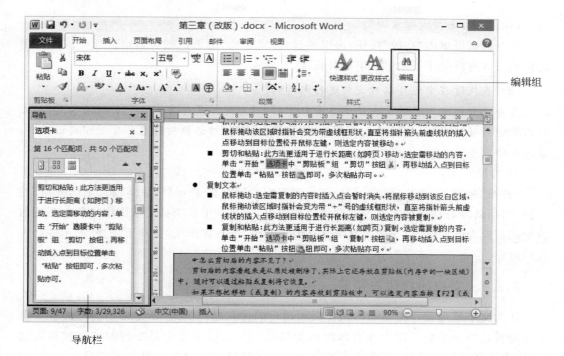

图 3-9　导航栏

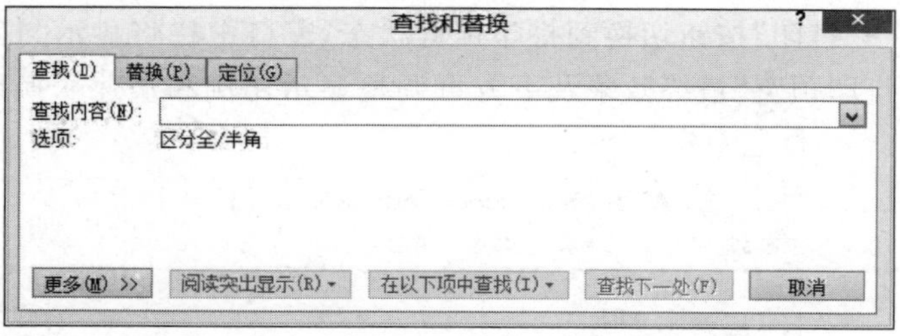

图 3-10　查找

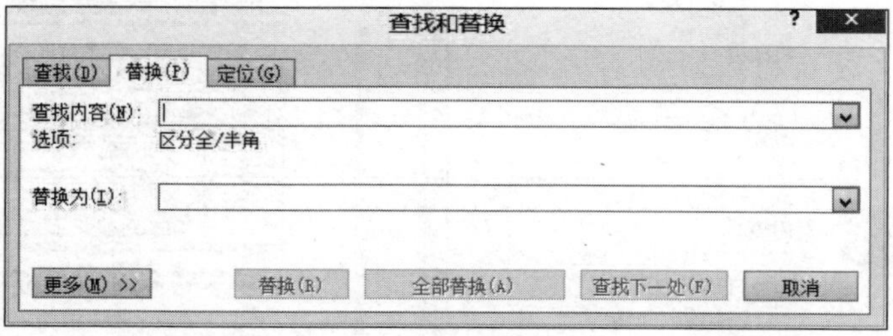

图 3-11　替换

　　若要想查看下一处匹配内容可单击"查找下一处"按钮继续，一旦查找到该文档的尾部，系统会自动从文档的首部重新开始直到当前插入点位置，系统将提示"Word 已完成对文档的搜索"，单击"确定"按钮返回"查找"对话框完成查找。中途如要停止查找，单击"取消"按钮即可。如在该文档内始终未查找到相匹配的内容，则系统提示"Word 已完成对文档的搜索,未找到搜索项"。

在对话框里单击"高级"按钮,可以通过"搜索选项"的下拉列表指定搜索方式并对指定格式或含有特殊字符的字符串进行查找。

☞ 查找过程中还可以对文档进行编辑吗?

在查找到匹配内容并反白显示在窗口中时,可以通过鼠标在窗口中移动插入点,对文档内容进行任意编辑,编辑完成后再单击"查找和替换"对话框的任意位置返回对话框中,继续或停止查找。

2) 替换

"替换"相对于"查找"而言,就是在找到匹配内容后多了一个"替换"和"全部替换"的选择,即用新内容替换掉本次搜索到的匹配内容,或自动把位于指定范围内的所有匹配内容全部替换为新内容,以节省每次确认替换的时间,或直接单击"查找下一处"而不进行替换的操作。

3.2.4 文档的打印与预览

作为文字处理软件的 Word,最能吸引用户的优点之一就是"所见即所得",即在屏幕上所能看到的一切就是用户在打印时所得到的一切。在完成了对文档的编辑和排版之后,应先选择打印预览功能,在正式打印之前将文档打印效果在屏幕上模拟显示出来,通过查看确定下一步的操作。

单击"文件"→"打印"按钮切换到打印预览状态,窗口中栏将显示"打印设置"多项操作,右侧将显示"打印预览"最终效果及下方可调整显示比例和快速切换成单页显示。如图 3-12 所示。

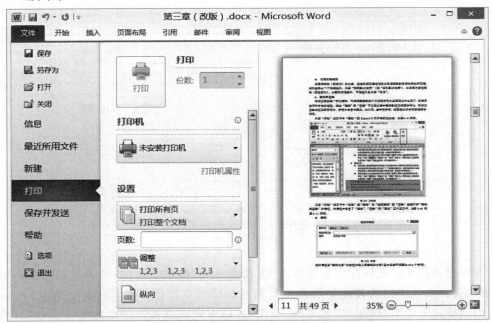

图 3-12　打印文档

在打印预览文档窗口中栏中，选择打印份数、连接的打印机，并进行打印的页面范围、顺序、方向等设置。

3.3 文档格式化

3.3.1 预备知识

1. 字符格式化

单击"开始"→"字体"→"字体"按钮对话框，对话框中包含了"字体"和"高级"两个选项卡。"字体"选项卡用于指定文档中文字的中英文字体、字形、字号、颜色、下划线、效果等字体效果，"高级"选项卡用于缩放、间距、位置等字符间距和文字的文字效果。

设置文字的字体格式，也应先选定要格式化的文字，再打开"字体"对话框选定需要的一种或多种格式化效果，单击"确定"按钮即可。

☞ 不太会打字怎么学习文档格式化？

Office 2010 里有个不错的小技巧，可以方便即使还不太会打字但想即刻开始学习文档格式化的人。

在文档里输入"＝rand(3,2)"然后回车，将快速地批量插入由两句固定文字组成的三段文字。

注意：输入时插入点前要有段落标记，输入字符必须是英文半角字符且不包括前后的双引号，数字可按需要来修改。

下面就是第一行的常规五号宋体示例字体格式化后的效果，如图 3-13 所示。

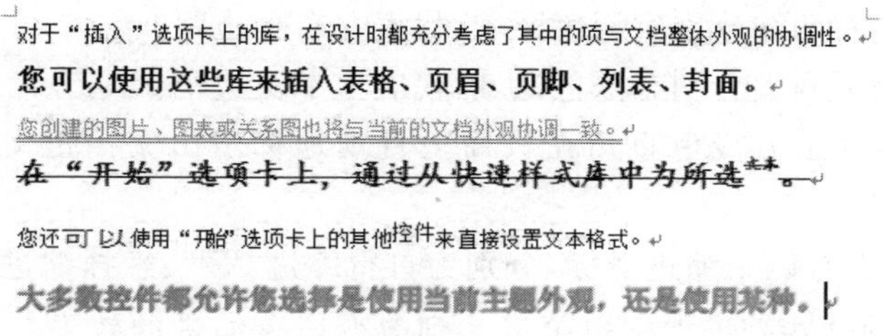

对于"插入"选项卡上的库，在设计时都充分考虑了其中的项与文档整体外观的协调性。

您可以使用这些库来插入表格、页眉、页脚、列表、封面。

您创建的图片、图表或关系图也将与当前的文档外观协调一致。

在"开始"选项卡上，通过从快速样式库中为所选**。

您还可以使用"开始"选项卡上的其他控件来直接设置文本格式。

大多数控件都允许您选择是使用当前主题外观，还是使用某种。

图 3-13 字体格式化

第二行，设置字形字号，为四号加粗黑体。

第三行，设置字体颜色并加下划线，为加蓝色双下划线的红色字体。

第四行，设置字形字号并加效果，为加删除线的三号加粗楷体，其中"文本"两字为上标效果。

第五行，设置字符间距，"可以"为缩放 150%、"开始"为间距紧缩 2 磅和"控件"为位置提升 3 磅。

第六行，设置文字效果，为四号蓝色填充红、红色边框、阴影预设为外部的右上斜偏移效果。

2. 段落格式化

单击"开始"→"段落"→"段落"按钮对话框,对话框中包含了"缩进和间距"、"换页和分行"和"中文版式"三个选项卡,分别用于指定文档中段落的常规对齐、大纲级别、缩进和间距,分页控制和换行、字符间距等控制。

1)缩进

段落的缩进是指改变文本和页边界之间的距离,目的是为了使文档段落更加清晰易读。分为首行缩进、悬挂缩进、左缩进和右缩进四种方式,除了在"段落"对话框里设置缩进还有以下几种方法:

(1)使用标尺缩进正文

在 Word 2010 窗口中,段落缩进会经常使用水平标尺,如图 3-14 所示。

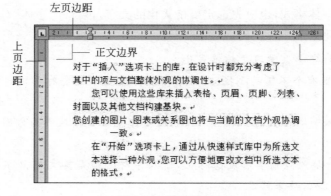

图 3-14　段落缩进

① 水平标尺左右两端分别有深色区域,代表左右页边距。

② 垂直标尺上下两端分别有深色区域,代表上下页边距。

③ 文档编辑区左上方浅色直角在页面上直观地标示出文档正文区域的开始(也称版心)。

在水平标尺行上有四个缩进滑标,分别为首行缩进"▽"、悬挂缩进及左缩进"⌂"和右缩进"△",通过移动这些缩进滑标也可以达到改变段落缩进的效果。其中:首行缩进滑标控制段落中第一行第一个字符的起始位置;悬挂缩进滑标控制段落中除第一行之外的其他行的起始位置;左缩进滑标控制段落左边界的位置;右缩进滑标控制段落右边界的位置。

下面就以图 3-14 中右缩进、首行缩进、悬挂缩进和右缩进示例,可分别观察缩进段落对应标尺上缩进滑标的位置,如图 3-15 所示。

(2)使用 Tab 键缩进段落

在 Word 2010 中,要为一个自然段设置两个文字的缩进,就是首行缩进,最简单的方法就是把插入点放在待缩进的第一个字符前,按一下 Tab 键即可。建议此处不要以连续输入空格来取代 Tab 命令。缩进方式不要了可以取消,取消时直接按 Backspace 键即可。

(3)使用"格式"工具栏缩进正文

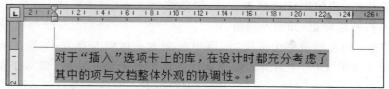

(a) 右缩进2字符

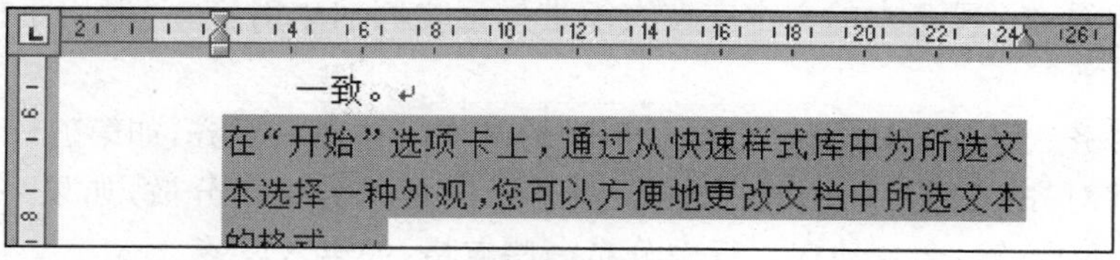

(b) 左缩进2字符

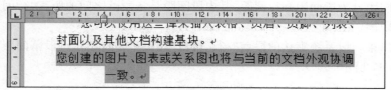

(c) 首行缩进4字符

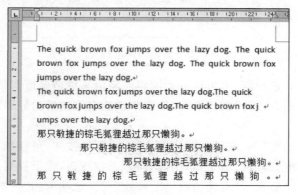

(d) 悬挂缩进2字符

图 3-15　缩进示例

在"开始"选项卡上"段落"组中有两个用于控制正文缩进的按钮,即"减少缩进量"按钮
和"增加缩进量"按钮,这两个按钮分别控制把段落缩进到前一个(或下一个)制表位。

2) 对齐

在 Word 2010 中,共有五种段落对齐方式:两端对齐、左对齐、居中对齐、右对齐、分
散对齐,如图 3-16 所示。

图 3-16　对齐示例

（1）两端对齐：系统默认的对齐方式，段落中的文本（除末行外）的左右两端同时对齐标尺中的左右缩进标记，如第一段落。

（2）左对齐：以左缩进标记为准，段落中的文本一律向左靠齐，如第二和第三段落。一般来说对于中文的文档，左对齐和系统默认的两端对齐显示一致，但对于英文的文档，就会出现所选段落的右侧呈现锯齿状，与（1）中两端对齐时的平滑右侧不同。

（3）居中对齐：段落中的文本在左右缩进标记之间居中对齐，一般用于标题的设置，如第四段落。

（4）右对齐：以右缩进标记为准，段落中的文本一律向右靠齐，如第五段落。

（5）分散对齐：段落中的文本在左右缩进标记之间等距离分散，如果一行中文本的字数（或称宽度）不够，会自动在该行中分布一些空格，如第六段落。

☞ 快速对齐的技巧！

在 Word 2010 的页面视图中，可以鼠标双击文档的任何空白位置或空白段落，然后在此输入正文。例如在页的右边界双击，这时可以输入右对齐的文字。在页中间双击，可以输入居中的文字。

3）间距

段落的间距分为段间距和行间距，其中段间距是指段落之间的距离，行间距是指段落中行之间的距离。

下面就以第一段系统默认的段前 0 行、段后 0 行、单倍行距示例段落间距格式化后的效果，如图 3-17 所示。

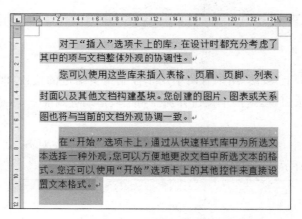

图 3-17　间距示例

第二段，设置 1.5 倍行距，也可设置为固定的磅值来更精确地调整段落行间的距离。

第三行，设置段前 0.5 行，段后 1 行，以段落被选定后的反白显示以突出间距效果。

3. 边框和底纹

单击"开始"→"段落"→"底纹"或"绘制表格"的下拉按钮，可快速设置选定文字（或段落）的底纹颜色或边框线样式，或单击"绘制表格"下拉按钮，在下拉列表中选择"边框和底纹"选项，打开包含了"边框"、"页面边框"和"底纹"三个选项卡的"边框和底纹"对话框，分别用于指定文档中文字或段落的边框形式，文档或小节设置边框和文字或段落的底纹等。

如图 3-18 所示。

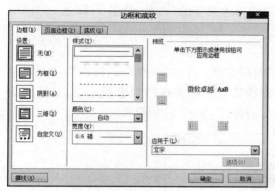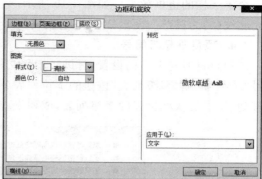

图 3-18 "边框和底纹"对话框

1）边框

最简单地对文字设置边框线，就是单击"开始"→"字体"→"字符边框"按钮 A 来为选定的文本添加黑色实线细边框。

如果要设置其他形式的边框，就要选定文本后选择"边框和底纹"对话框的"边框"选项卡分别选择边框类型、线形和应用范围，其中应用范围即"应用于"会出现完全不一样的边框效果。如图 3-19 所示，第一段落为文字的实线细边框、第二段落为段落的虚线边框、第三段落为段落的上下波浪线边框。

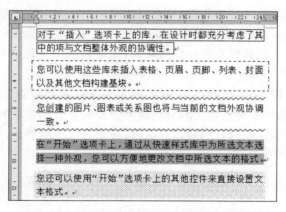

图 3-19 边框和底纹示例

如果要设置页面的边框，则选择"边框和底纹"对话框的"页面边框"选项卡分别选择边框类型、线形和应用范围，其中应用范围和文本边框的设定有稍许不同，是针对整篇文档或节来设置，而节的应用范围可以在整篇文档里只对指定页面设置边框。

2）底纹

最简单地对文字设置底纹，就是单击"开始"→"字体"→"字符底纹"按钮 A 来为选定的文本设置灰色底纹。

如果要设置其他形式的底纹，就要选定文本后选择"边框和底纹"对话框的"底纹"选项卡分别选择填充颜色、图案样式及其颜色和应用范围,其中应用范围即"应用于"会出现完全不一样的边框效果。如图 3-19 所示,第四段落为文字的"白色,背景 1,深色 25%"填充底纹(5)为段落的图案 20%红色底纹。

4. 项目符号与编号

项目符号与编号的设置,有助于增强文档的层次感。单击"开始"→"段落"→"项目符号"、"编号"或"多级列表"按钮的下拉列表分别快速设置①无序的列表形式、②有序的编号列表、③层次感更强的多级列表,或列表应用的样式,如图 3-20 所示。

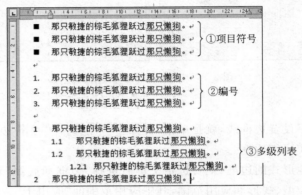

图 3-20 项目符号与编号示例

5. 分栏

分栏就是将文本分成并排的几栏,只有当填满第一栏文本后才能移到下一栏,这种文档格式化广泛应用于报纸、杂志等的内容编排中。在 Word 2010 中,只有在页面视图、打印预览和打印后才能真正看到多栏并排的效果,而草稿视图下能看到分栏效果其实是由分节符造成的。

最简单地对文字设置分栏,就是单击"页面布局"→"页面设置"→"分栏"按钮的下拉按钮,在下拉列表中选择 5 种预定义的分栏效果。若需要更多效果的分栏,则单击该下拉列表中选择"更多分栏"选项打开"分栏"对话框,分别选择分栏栏数、宽度间距或栏宽相等及其分隔线等,如图 3-21 所示。

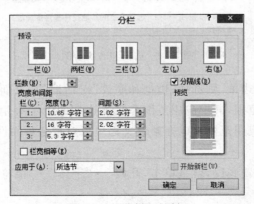

图 3-21 "分栏"对话框

如图 3-22 所示,①为栏宽相等的两栏,②指定栏宽及其间距的带分隔线的三栏,③前后分栏之间的文本也可选定设置未分栏。

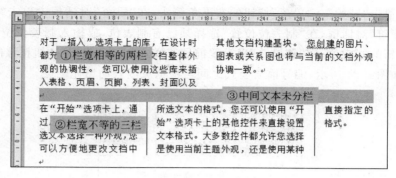

图 3-22　分栏示例

6. 制表位

制表位可以通过水平标尺控制文字的缩进位置或一栏文字的对齐,可以是左、右或居中对齐,也可以与小数点或竖线符号对齐,或者可以在制表位前自动插入特定字符作为前导符,如句号或下划线等。在未指定制表位的情况下,按一次 Tab 键,系统默认插入点在文档中跳跃一个制表位的间隔为 0.74 厘米,否则按指定制表位的位置跳跃。

除了在项目符号与编号中通过制表位控制项目符号后段落的首行缩进外,制表位对文档中的公式及其编号的控制更为有效。如一般的数学书籍或专业论文里,经常会看到设置居中的公式之后会有个右对齐的编号,如图 3-23 所示。

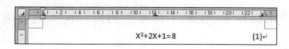

图 3-23　制表位示例

公式及其编号的制表位设置的操作步骤如下:

(1)鼠标单击将插入点移至要输入公式的空行里,单击水平标尺左侧和垂直标尺交叉位置的制表位标记,直至变为居中对齐的制表位标记 ⊥ ,再在水平标尺中间的位置单击一下,即在水平标尺上设置了一个居中的制表位。

(2)同(1)类似的,单击制表位标记直至变为右对齐的制表位标记 ⌐ ,再在水平标尺右侧的位置单击一下,即在水平标尺上设置了一个右对齐的制表位。

(3)按一下 Tab 键,将插入点跳跃一个制表位,即插入点跳至水平标尺上居中制表位对应的该行中间,输入公式。

(4)再按一下 Tab 键,将插入点调至水平标尺上右对齐制表位对应的该行最右侧,输入编号即可。

☞ 这种公式及编号用空格来编排不也可以吗?

用空格来编排处对齐的效果,一旦公式或编号的长度发生变化,或版心的左右边距发生变化时,公式及编号的效果就可能发生错位。

而使用制表位来控制公式及编号的对齐后，上述情况发生后系统会自动调节，以使公式始终在页面的中间而编号在行末。

还可以单击"开始"→"段落"按钮的右下角箭头，在"段落"对话框中单击"制表符"按钮打开"制表符"对话框，在"制表位位置"选择某已有制表位，或输入制表位位置按 Enter 键插入一个新的制表位，在"前导符"里设置前导符样式，单击"确定"按钮在该制表位前加入前导符，如图 3-24 所示，编号前与公式之间会根据宽度自动填充圆点。

"制表位"对话框

$$X^2+2X+1=8 \ldots\ldots\ldots\ldots (1)$$

图 3-24　制表位前导符示例

另外，删除制表位也很简单，在水平标尺上用鼠标向上或向下将制表位拖出标尺即可。

7. 样式

在 Word 2010 的文档中，每一个字符都有样式，如系统默认的"正文"样式是宋体五号字体加系统默认段落格式。利用样式可以定义文档中需要区分的内容，并保证前后文档格式化的一致性，即某种样式修改后会一次性改变所有定义了此样式的文本格式。在 Word 2010 中，样式中包含了最常用的字体和段落格式的设置及其制表位、边框等其他设置。

1）样式的应用

单击"开始"→"样式"按钮，预定义样式库的"标题"、"标题 1"、"标题 2"等 24 种默认样式，单击"样式"→"更改样式"按钮 **A4** 的下拉按钮，在下拉列表中选择"样式集"、"颜色"、"字体"或"字符间距"等选项更改样式，或单击"样式"按钮组右下角箭头打开"样式"对话框，在列表中选择已有的样式将选定文字应用成该样式，或"全部清除"将该文字已有样式清除并默认为正文样式。

2）新建样式

Word 2010 已经预设了多种样式，用户可以根据需要新建新的样式，操作步骤如下：

（1）单击"开始"→"样式"按钮组的右下角箭头打开"样式"对话框，单击左下角"新建样式"按钮打开"根据格式设置创建新样式"对话框,如图 3-25 所示。

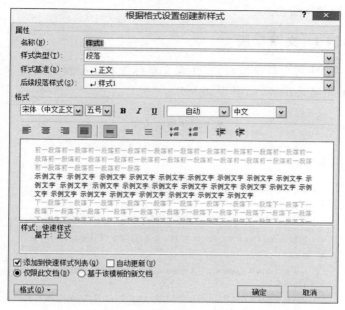

图 3-25　新建样式对话框

(2)在"名称"中输入新建样式的名字,如"标题样式";在"样式类型"列表中选择"段落"或"字符"定义段落或文字的样式;在"样式基于"中可选择一种已有样式或无样式来作为新样式编辑的基准;在"后续段落样式"中可选择该段落之后新段落应用的样式;在"格式"栏里设置样式的字体格式化效果。

(3)单击"格式"按钮的下拉按钮,在下拉列表显示包括字体、段落、制表位、边框、语言、图文框和编号等选项。

(4)单击"确定"按钮,将新建的样式应用于选定的文本。

3)快速新建样式

Word 2010 还提供了另外一种新建样式的快捷、简单的方法,操作步骤如下:

(1)在文档中先选定希望包含样式的文本或段落,然后对它进行各种格式的编排,如改变字体、段落缩进等。

(2)编排好格式后,单击"开始"→"样式"→"样式库"按钮的下拉按钮,在下拉列表中选择"将所选内容保存为新快速样式"选项,打开"根据格式设置创建新样式"对话框后输入新样式名,如"标题样式",再按 Enter 键,就新建了一个新样式。

8. 格式刷

Word 2010 提供了快速复制排版格式的功能,可以将文本的排版格式迅速复制到其他位置。复制格式的操作步骤如下:

(1)先选定具有排版格式的文本。

(2)单击或双击"开始"→"剪贴板"→"格式刷"按钮，其中单击指该格式仅可以被复制一次,而双击指该格式再按 Esc 键退出复制前可以被复制多次。

（3）单击需要往其中粘贴格式的行或选定文本，立刻就会发现该行所处段落或被选定的文本有了相同的排版格式。

3.3.2 案例 1：文章排版

【例 3-1】 一般性的文章排版时，要注意文章标题和文字段落的样式，有时文章需要突出的内容，可使用项目符号，如图 3-26 所示。

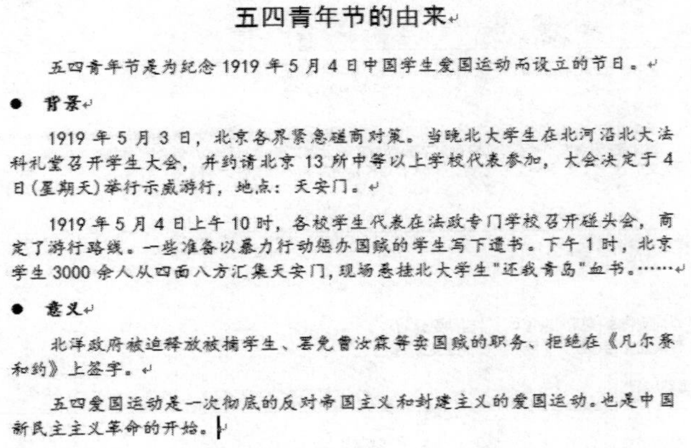

五四青年节的由来

五四青年节是为纪念 1919 年 5 月 4 日中国学生爱国运动而设立的节日。

● **背景**

1919 年 5 月 3 日，北京各界紧急磋商对策。当晚北大学生在北河沿北大法科礼堂召开学生大会，并约请北京 13 所中等以上学校代表参加，大会决定于 4 日（星期天）举行示威游行，地点：天安门。

1919 年 5 月 4 日上午 10 时，各校学生代表在法政专门学校召开碰头会，商定了游行路线。一些准备以暴力行动惩办国贼的学生写下遗书。下午 1 时，北京学生 3000 余人从四面八方汇集天安门，现场悬挂北大学生"还我青岛"血书……

● **意义**

北洋政府被迫释放被捕学生、罢免曹汝霖等卖国贼的职务、拒绝在《凡尔赛和约》上签字。

五四爱国运动是一次彻底的反对帝国主义和封建主义的爱国运动，也是中国新民主主义革命的开始。

图 3-26 案例 1：文章排版

操作步骤如下：

（1）选定文章的标题"五四青年节的由来"，单击"开始"→"字体"→"字体"和"字号"按钮的下拉按钮，设置该标题文字字体为黑体、字号为三号；单击"开始"→"段落"→"居中"按钮，设置该标题文字居中对齐。快速选定一段文字，可在该段落前的选定栏中单击。

（2）选定文章除该标题外的所有文字，单击"开始"→"字体"→"字体"和"字号"按钮的下拉按钮，设置该标题文字字体为楷体、字号为小四。

（3）分别选定文章中的小标题"背景"和"确立"，单击"开始"→"段落"→"项目符号"按钮的下拉按钮，设置项目符号为实心圆；单击"开始"→"字体"→"加粗"按钮。按住 Ctrl 键在文本上拖拉选取，可选取两处或以上的文本进行批量格式化的设置。

（4）按 Ctrl＋A 键将整篇文章选取，单击"开始"→"段落"按钮的右下角箭头，设置段前和段后间距均为 0.5 行，单倍行间距。

（5）选取文章中除标题和小标题外的文字段落，单击"开始"→"段落"按钮的右下角箭头，设置首行缩进 2 字符。

3.4 图形处理

作为一个优秀的字处理软件，Word 2010 最大的一个优点就是能够在文档中插入图形，实现图文混排。被插入的图形，可以是系统自带的 SmartArt、剪贴画、形状或艺术字，也可以是图片或由其他绘图软件生成的图像。图形在文档中可以根据正文的需要进行大小和位置的调整,与正文之间进行文字环绕等操作。

3.4.1 预备知识

1. 插入文本框

可在文档中任意位置插入"横排"或"竖排"的"文本框",这里的"文本框"与之前提到的对话框里的文本框有所不同,是指区别于文档中正文的文字区域,这个区域里的文字可以是与正文一样进行"横排",或与古文一样进行"竖排",如图 3-27 所示,插入"文本框"的操作步骤如下:

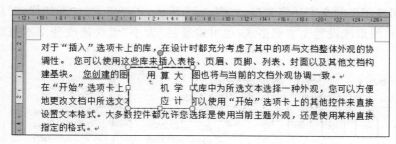

图 3-27 插入文本框

(1)单击"插入"→"文本"→"文本框"按钮的下拉按钮,在下拉列表中选择"绘制文本框"或"绘制竖排文本框"选项后,此时鼠标指针为十字星形状,移至需新建"文本框"的位置时按住鼠标左键拖动出一个矩形区域,即插入了一个"文本框",或直接单击插入一个系统默认大小的"文本框"。

(2)拖动出一个矩形区域即"文本框"后,会发现插入点在"文本框"里闪烁,提醒"横排"或"竖排"文字的输入位置。

(3)在"文本框"中输入完需要的文字后,单击"文本框"外的文档位置,可退出"文本框"的编辑。

2. 文本框状态及其操作

文本框有一般、编辑和选定三种状态。一般状态下的文本框只是正常显示在文档里;鼠标移至文本框内任意位置,指针变为 I 形状时单击可将文本框切换到编辑状态,这时可对文本框内的内容进行任意编辑;编辑状态时单击文本框边框线上可切换到选定状态。如图 3-28 所示。

(a) 文本框一般状态　　(b) 文本框编辑状态　　(c) 文本框选定状态

图 3-28 文本框状态

其中文本框在编辑状态和选定状态时,文本框分别被虚线边框和实线边框包围,有 8

个空心圆心和一个绿色实心圆标记,鼠标拖动该标记可调整文本框的大小,文本框中的文字会自动适应大小进行位置调整,或鼠标移至边框上指针变为十字箭头形状时,鼠标拖动将文本框大小的虚线框移至目标位置即可移动文本框,或鼠标拖动绿色实心圆标记进行文本框的旋转,文本框内文字默认同文本框一起旋转。

在文本框的编辑状态时,除可移动或复制该文本框,还可按 Delete 键删除文本框及其内容。

1) 文字环绕

在文本框的编辑状态或选定状态时,可单击"绘图工具"→"格式"→"排列"→"自动换行"按钮 切换图形的文字环绕类型,如图 3-29 所示;还可以通过"形状样式"组快速改变文本框的边框线形或设置文本框格式;也可以通过"大小"组快速改变文本框的高度和宽度等。

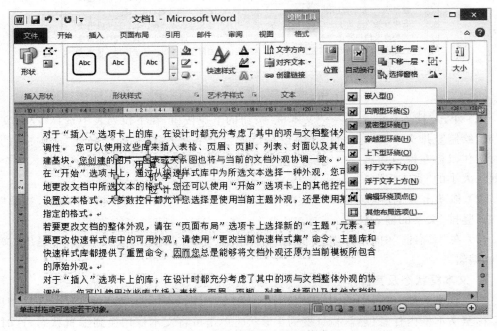

图 3-29　自动换行的文字环绕类型

文字环绕的设置有以下几种常用类型,如图 3-30 所示:

(a) 浮于文字上方

在文档中插入文本框时系统默认在鼠标拖动的矩形区域插入一个"浮于文字上方"的文本框,该文本框会遮挡住文档中原有的内容。

(b) 嵌入型

文字环绕设定为"嵌入型"时,系统默认将文本框移至其左上角所遮挡的段落之前,即该段落仅第一行文字显示在文本框之后,与文本框的下边框平齐。

"嵌入型"文本框的移动与其他文字环绕类型不同,选定后用鼠标拖动将指针箭头前虚线状的插入点移至目标位置即可。

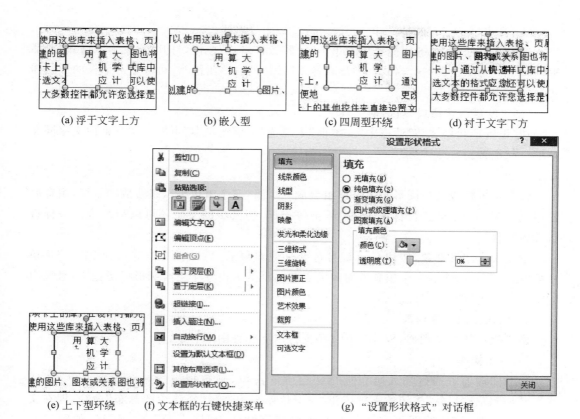

(a) 浮于文字上方　　(b) 嵌入型　　(c) 四周型环绕　　(d) 衬于文字下方

(e) 上下型环绕　　(f) 文本框的右键快捷菜单　　(g) "设置形状格式" 对话框

图 3-30　文字环绕示例

（c）四周型环绕

文字环绕设定为"四周型环绕"时，系统默认将四周文字避开文本框，即段落的行会被文本框一分为二，置于文本框的左右两侧。

（d）衬于文字下方

文字环绕设定为"衬于文字下方"时，系统默认将文本框及其文字作为文档中文字的背景，置于文档的最下层。当文档中有多个文本框互相重叠时，文本框之间与文档中文字都是有层次之分的，可在选定文本框后单击"绘图工具"→"格式"→"排列"→"上移一层"或"下移一层"按钮调整层叠顺序。

注意：单击"开始"→"编辑"→"选择"按钮的下拉按钮，在下拉列表中选择"选择对象" 选项，才可以通过鼠标选定"衬于文字下方"的文本框。

（e）上下型环绕

文字环绕设定为"上下型环绕"时，系统默认将文本框所遮挡的段落，位于上边框以下的行移至文本框下方显示，即段落会被文本框一分为二，置于文本框的上下两侧。

另外，"紧密型环绕"和"穿越型环绕"对于"文本框"的文字环绕设置而言，与"四周型环绕"基本无差异，而对非矩形区域的"自选图形"或"剪贴画"等的文字环绕设置是有所差别的。

(f) 文本框的右键快捷菜单

选定文本框，在右键快捷菜单中单击"设置形状格式"按钮，打开"设置形状格式"对话框，和单击"绘图工具"→"格式"→"形状样式"按钮的右下角箭头，可改变对话框的形状样式、文本、排列、大小等。

(g)"设置形状格式"对话框

在"设置形状格式"对话框中"文本框"中勾选"不旋转文本"可取消文本框内文字同文本框一起旋转。

2）组合

多个文本框或其他图形对象可以组合成一个组，多个组也可以组合成一个组，组合后的组则作为一个整体进行移动、复制、缩放等操作，但其中的文字还可以与组合前一样进行编辑操作。

选定一个图形对象，按住 Ctrl 键再选择其他对象后，可鼠标右击并选择"组合"菜单中的"组合"命令，之后多个单独的对象的点状边框变为由 8 个空心圆形标记包围，且该组的文字环绕为"四周型环绕"。

3. 插入其他图形对象

由于操作的基本类似，Word 2010 还支持以下几种图形对象：

1）画布操作

插入图形前可通过插入画布进行文档中的占位，画布相当于一个容器。单击"插入"→"插图"→"形状"按钮的下拉按钮，在下拉列表中选择"新建绘图画布"命令，即在文档插入点位置出现"绘图画布"，画布与外侧文字默认为"嵌入型"文字环绕，如图 3-31 所示。

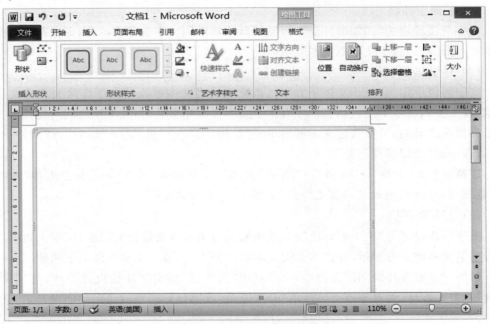

图 3-31 绘图画布

2）自选图形

单击"插入"→"插图"→"形状"按钮的下拉按钮，有几组包括线条、矩形、基本形状、箭头等现成的形状可以绘制添加在文档或画布中，自选图形有默认的边框和底纹格式，如图 3-32 所示。

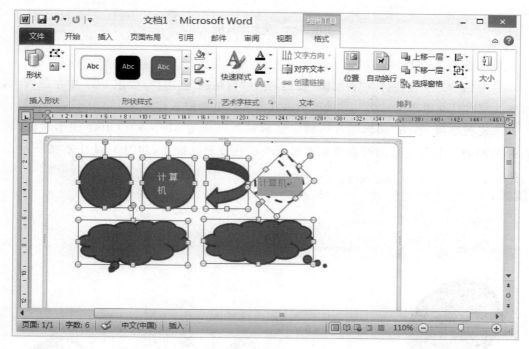

图 3-32　自选图形示例

插入的自选图形选定时会有两种状态，一种同组合后的组被选定一样由 8 个空心圆形标记包围，另一种同文本框的选定状态，但前者在通过鼠标右击选择"添加文字"命令后会变成后者，此时可在插入点位置为自选图形添加文字。

与文本框不同的是，自选图形在选定后，四周除了出现绿色实心圆，还会出现黄色菱形标记，鼠标拖动黄色菱形标记可调整自选图形内部的角度或相对距离。

3）艺术字

单击"插入"→"文本"→"艺术字"按钮 的下拉按钮，可以通过单击预定义的 30 种艺术字样式在插入点位置插入文字。

单击"绘图工具"→"格式"→"艺术字样式"→"文本效果"按钮的下拉按钮，在下拉列表中选择"转换"→"双波形 1"命令，设置艺术字的波形效果如图 3-33 中左图所示。

插入的"艺术字"默认为"浮于文字上方"文字环绕，与文本框和自选图形不同的是，艺术字在选定后，四周会出现紫色菱形标记，鼠标分别拖动左侧和下方的紫色菱形标记可调整波形扭曲和水平位移效果，如图 3-33 中右图所示。

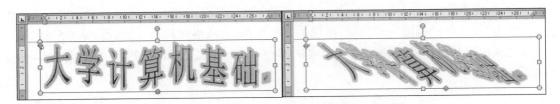

图 3-33　艺术字示例

4）剪贴画和图片

单击"插入"→"插图"→"剪贴画"按钮，打开"剪贴画"侧边栏，如图 3-34 中左图所示，搜索文字"书"并单击第一张"书"的剪贴画在插入点位置插入剪贴画。

选定剪贴画，右击"编辑图片"，确定将剪贴画转换为 Microsoft Office 图形对象，可选择图形的一部分进行局部修改如调整填充颜色或删除操作，如图 3-34 中右图所示。

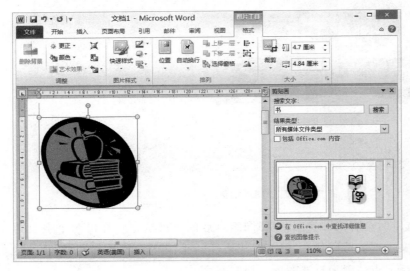

图 3-34　剪贴画示例

5）SmartArt

SmartArt 有以下几种常用设置：

（a）选择 SmartArt 图形

单击"插入"→"插图"→"SmartArt"按钮，打开"SmartArt"对话框，在"层次结构"中预定义的 13 种 SmartArt 在插入点位置插入组织结构图，如图 3-35 中（a）所示。

（b）在此处输入文字

单击左侧"在此处键入文字"框中分别输入层次文字，或直接在 SmartArt 中各文本框中输入层次文字，如图 3-35 中（b）或（c）所示。

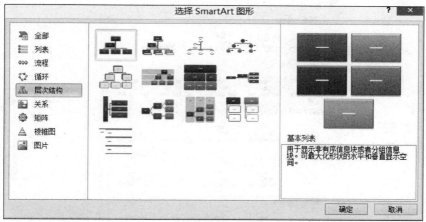

(a) 选择SmartArt图形

(b) 在此处输入文字

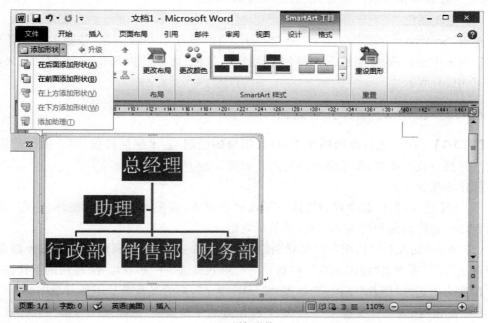

(c) 添加形状

图 3-35　SmartArt 示例

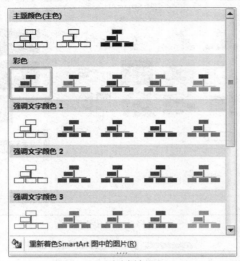

(d) 更改颜色

图 3-35 （续）

(c) 添加形状

单击"SmartArt 工具"→"设计"→"新建图形"→"添加形状"按钮的下拉按钮,在下拉列表中选择"在后面添加形状"或"在前面添加形状"选项为添加同级左侧或右侧文本框,选择"在上方添加形状"或"在下方添加形状"选项为添加上级或下级文本框,选择"添加助理"选项为添加当前层级的助理,如图 3-35 中(c)所示。

(d) 更改颜色

单击"SmartArt 工具"→"设计"→"SmartArt 样式"→"更改颜色"按钮的下拉按钮,在下拉列表中选择选择"彩色"→"彩色-强调文字颜色"选项设置 SmartArt 颜色效果,如图 3-35 中(d)所示。

3.4.2 案例 2：制作光盘封面

【例 3-2】 在光盘封面的制作中,自选图形的绘制、艺术字的设置、多个图形的组合及文字环绕方式的设置,都是学习的要点。如图 3-36 所示。

操作步骤如下:

(1) 同【例 3-1】,标题设置为黑体、三号、居中对齐,其他文字设置为楷体、小四,并全文设置段前和段后间距均为 0.5 行,单倍行间距。

(2) 单击"插入"→"插图"→"形状"按钮的下拉按钮,选择椭圆后,按住 Shift 键拖拉出一个正圆形,再单击"绘图工具"→"格式"→"形状样式"→"形状填充"按钮的下拉按钮,在下拉列表中选择"图片"选项,选择图片"浮雕.png",即为光盘盘片添加背景图片。

(3) 单击"插入"→"文本"→"艺术字"按钮的下拉按钮,选择第一行第三列样式,在文本框中输入文本"五四青年节纪念",文字设置为微软雅黑、小一,将标尺上首行缩进标记拉至与左缩进标记对齐。

五四青年节纪念光盘封面设计方案

五四青年节是为纪念1919年5月4日中国学生爱国运动而设立的节日。

设计：江西师范大学

图 3-36　案例 2：制作光盘封面

① 选定艺术字，单击"绘图工具"→"格式"→"艺术字样式"→"文本效果"按钮的下拉按钮，在下拉列表中选择"转换"→"上弯弧"命令，艺术字设置为向上弧线弯曲效果。

② 选定艺术字，拖动艺术字的紫色菱形标记，调整艺术字的弧度。

③ 选定艺术字，拖动艺术字的空心圆标记，调整艺术字尺寸。

④ 按住 Ctrl 键同时选定艺术字和正圆形，单击"图片工具"→"格式"→"排列"→"对齐"按钮的下拉按钮，在下拉列表中选择"左右居中"命令，设置艺术字位于正圆形正中间移动艺术字到光盘圆形上。

重复上述②～④操作直至艺术字弧度与光盘圆形相适配。

（4）同上述（2）的操作，绘制光盘中心的正圆形，再单击"绘图工具"→"格式"→"形状样式"→"形状填充"按钮的下拉按钮，选择白色为填充色。

（5）按住 Ctrl 键同时选定光盘圆形和中心圆形，单击"图片工具"→"格式"→"排列"→"对齐"按钮的下拉按钮，在下拉列表中分别选择"左右居中"和"上下居中"，再在右键菜单中单击组合命令，此时艺术字会消失在光盘圆形的下层，应单击"图片工具"→"格式"→"排列"→"下移一层"按钮的下拉按钮，在下拉选项中选择"置于底层"命令。

（6）选定艺术字，再按住 Ctrl 键同时选定光盘圆形，在右键菜单中单击组合命令。组合后，艺术字、光盘圆形、中心圆形将作为一个整体进行移动、缩放等操作。选定组合后的图形，单击"绘图工具"→"格式"→"排列"→"自动换行"按钮的下拉按钮，在下拉列表中选择"上下型环绕"命令。

（7）将落款的"设计：江西师范大学"设置对齐方式为右对齐。

（8）移动组合后的光盘图形至两个段落的中间。

3.5　表　格　制　作

表格是由水平的行与纵向的列组成的，其中行列交叉产生的方框称为单元格，Word 2010 允许在单元格中输入文本或者插入图片。

3.5.1 预备知识

1. 新建

新建表格有以下几种方法：

1）插入

单击"插入"→"表格"→"表格"按钮的下拉按钮，选择 5×4 表格，或在下拉列表中选择"插入表格"选项打开"插入表格"对话框，在"插入表格"对话框中设置列数为 5 和行数为 4，在插入点位置插入表格，如图 3-37 和图 3-38 所示。

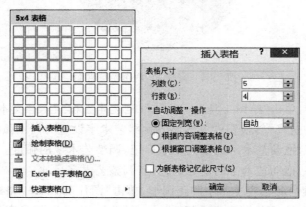

图 3-37 "插入表格"对话框

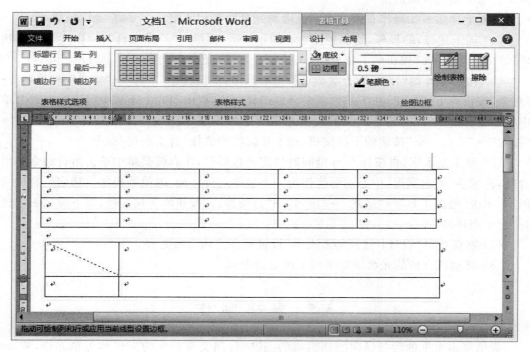

图 3-38 绘制表格

2）绘制

在 Word 2010 中可以自由绘制任意形状表格，也可以在表格中画斜线。操作步骤如下：

（1）单击"插入"→"表格"→"表格"按钮的下拉按钮，在下拉列表中选择"绘制表格"选项，鼠标指针在工作区内变成笔的形状，按住鼠标左键拖拉在文档中绘制表格边框、横线、竖线或斜线，如图 3-38 中虚线所示。

（2）绘制表格过程中如果线条画错了，单击"表格工具"→"设计"→"绘图边框"→"擦除"按钮，鼠标指针在工作区内变成橡皮擦形状，单击线条进行删除操作。

3）将文本转化为表格

Word 2010 支持表格与文本之间的转换，该功能可以将文本转换成表格，也可以将表格转换成文本。

选定需要转换成表格的文本，单击"插入"→"表格"→"表格"按钮的下拉按钮，在下拉列表中选择"文本转化成表格"选项，打开"将文字转化为表格"对话框，在"文字分隔位置"中勾选其他字符为"，"后，在"表格尺寸"中会自动修改列数和行数，单击"确定"按钮即可，如图 3-39 所示。

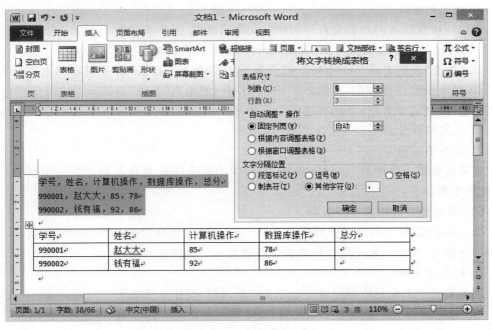

图 3-39　文本转换成表格

2．编辑

新建表格后需要在表格中输入内容，可通过鼠标双击将插入点移至需要开始输入文本的任意单元格中，然后输入相应的内容。

在输入过程中，系统在输入的文本到达单元格的右边框时会进行自动换行，并且会加大行高以容纳更多的内容。

插入点在单元格间的移动,可按 Tab 或方向键移动插入点位置。若在表格右下角最后一个单元格中按 Tab 键将在表格的底部增加一个空行。

3. 选定

在表格中选定文本类似于在文档中选定文本,有以下几种方法:

1) 表格的选定

鼠标移至表格中任意位置,单击表格左上角的表格标记⊞。

2) 行或列的选定

鼠标移至需选定行的最左侧出现选定标记◿(或列的顶端出现列选定标记↓)时单击即可选定该行(或该列)。

3) 单元格的选定

鼠标移至单元格的左侧出现选定标记时单击即选定该单元格,如图 3-40 所示。

图 3-40 单元格选定

4) 多选

对表格、行列和单元格的多选类似于在文档中对文本的多选,可以按 Shift 键或 Ctrl 键与鼠标单击配合。

4. 插入和删除

表格将根据输入的内容会有行列或单元格的增减,操作步骤如下:

(1) 将插入点移至需要增加(或删除)行列或单元格的位置。

(2) 单击"表格工具"→"布局"→"行和列"→"在上方插入"等按钮在插入点所在行前、后添加一个空白行或左、右侧添加一个空白列,或单击"删除"按钮的下拉按钮,在下拉列表中选择"删除单元格"等选项进行单元格、列、行、表的删除操作。

5. 合并和拆分

1) 合并单元格

如果需要将表格中的某一行(或某一列)中的几个单元格合并形成为一个新的单元格,操作步骤如下:

(1) 选定要合并的多个单元格。

(2) 单击"表格工具"→"布局"→"合并"→"合并单元格"按钮,即可清除被选单元格之间的分隔线,使多个单元格内的内容合并成为一个大的单元格。

2) 拆分单元格

如果要将一个单元格拆分成多个独立的单元格,操作步骤如下:

(1) 选定要拆分一个或多个单元格,或将插入点移至要拆分的单元格。

(2) 单击"表格工具"→"布局"→"合并"→"拆分单元格"按钮,在打开的"拆分单元格"对话框中确定拆分后的列数和行数。

(3) 单击"确定"按钮,拆分单元格完成。

对于表格中的插入、删除、选定、拆分,还有一个最简单的办法,即鼠标右击并选择相应命令。

3) 表格的拆分与合并

有时,需要将一个大表格拆分成两个表格,以便于在表格之间插入一些说明性的文字,表格拆分的操作步骤如下：

（1）将插入点移至需要拆分成第二个表格的第一行。

（2）单击"表格工具"→"布局"→"合并"→"拆分表格"按钮，即可将表格拆分成上、下两个表格，且表格之间有空白的段落标记。

6. 格式化

1）改变列宽

一张表格新建出来之后，Word 2010 还允许用户根据需要自行改变表格的列宽及单元格的宽度，有以下几种方法：

（1）手工调整列宽。

首先把鼠标移至某单元格的左（或右）边框线上，此时看到鼠标指针变成纵向的双平行线形状，然后按下鼠标左键，此处出现一条垂直的虚线，向左（或向右）拖动鼠标可以改变表格列宽的大小，直至大小满意时松开鼠标，调整完成。

（2）使用标尺改变列宽。

将插入点移至表格中任意位置，移动标尺上的"移动表格列"标记也能快速调整某列的宽度。如果想显示表格各栏的宽度，可在按住 Alt 键的同时用鼠标拖动"移动表格列"标记，这时屏幕上会显示各列宽的精确数值（用厘米表示的），使用此种方法会改变整张表格的宽度。

（3）自动调整。

将插入点移至表格中任意位置，单击"表格工具"→"布局"→"单元格大小"→"自动调整"按钮或在"高度"或"宽度"中对表格的尺寸、列宽或行高进行自动或精确调整。

如果只改变一列中某个单元格的宽度，而本列中其他单元格的宽度不受影响，需先选定需要改变宽度的单元格，在用上述方法只改变该单元格列宽。

2）改变行高

当向单元格中输入文本时，如果本单元格内容较多而高度不够时，将看到此行会自动加高，以适应输入的内容。除此之外，还可以自行调整行高，方法类似改变列宽的操作。

3）表格属性

将插入点移至表格中任意位置，单击"表格工具"→"布局"→"表"→"属性"按钮打开"表格属性"对话框，可分别设置表格、行列或单元格的尺寸、对齐和缩进等。

4）边框和底纹

在新建新表时，Word 2010 自动用 0.5 磅的单实线表示表格的边框，其实用户不但可以自己给表格添加不同线型的边框，而且还能给表格加上底纹，使得绘制出来的表格更加美观。

如果想为表格添加边框或底纹，操作步骤如下：

（1）选定要添加边框、底纹的表格、单元格、行、列。

（2）单击"表格工具"→"设计"→"表格样式"→"边框"或"底纹"按钮的下拉按钮，修改方式同 3.3.1 节"段落格式化"中的"边框和底纹"设置。

5）自动套用格式

Word 2010 提供了多种预定义的表格样式，允许通过自动套用格式来快速编排表格。

无论是新建的空表还是目前正在使用的表格，都能通过自动套用格式来美化它们。自动套用格式的操作步骤如下：

（1）把插入点移至要进行快速编排的表格中。

（2）单击"表格工具"→"设计"→"表格样式"→"样式"按钮的下拉按钮，在下拉列表中选择预定义的表格样式。

7. 排序

表格中的数据可以根据需要对行进行顺序的调整，即指定按某列的数据升序或降序的顺序调整行的排放。

将插入点移至表格中任意位置，或选定表格内需排序数据的范围，单击"表格工具"→"布局"→"数据"→"排序"按钮，在"排序"对话框操作如下，如图 3-41 所示。

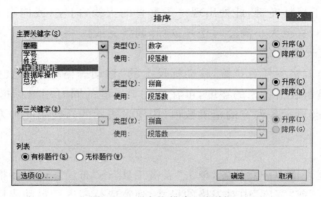

图 3-41　"表格排序"对话框

（1）确定选中表格或表格范围里是否有标题行参与排序。

（2）选择关键字或指定列进行排序，可同时指定多个关键字或列进行主次的排序，即按列 1 升序排序后结果再按列 2 降序排序，可在"主要关键字"里选择列 1 再选择升序，在"次要关键字"里选择列 2 再选择降序。

（3）排序类型可以是笔画、数字、日期和拼音，其中笔画和拼音都是针对中文的排序，拼音也可以针对英文的排序。

（4）对拼音和数字的升序排序，分别是从 a 到 z 和从小到大，降序排序则反之。

8. 公式

在 Word 2010 中，可以对表格中的数据进行一些简单的运算，如求和或求平均值等。就像电子表格软件 Excel 一样，Word 对单元格的表示也采用了 A1、A2、B1、B2……这种坐标表示，其中表格中的行用阿拉伯数字表示，列用英文字母表示。对表格内数据进行求和等公式计算的操作步骤如下：

（1）将插入点移至要得到计算结果的单元格里，单击"表格工具"→"布局"→"数据"→"公式"按钮，如图 3-42 所示。

（2）当插入点位于数字行右侧，Word 会建议使用"＝SUM(LEFT)"公式，即对该插入点左方各单元格求和，当插入点位于表格底部或单元格上方有数据时，系统默认使用"＝SUM(ABOVE)"公式，也就是对该插入点上方的各单元格进行求和。

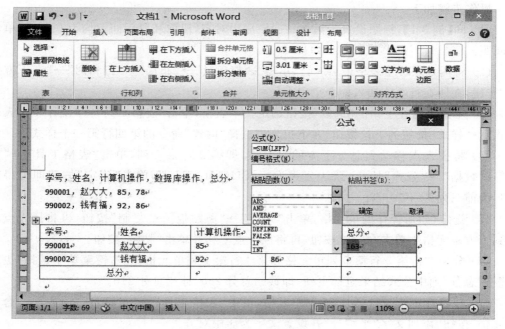

图 3-42　表格公式计算

☞ 怎么得到的结果不对?

如图 3-42 中,在"总分"列第 3 行的空白单元格里,就不能用同样方法计算总分了,得到的结果是"163",怎么会这样呢?

因为在 Word 2010 中,系统默认当插入点位于表格底部或单元格上方有数据时,则它将对该插入点上方的各单元格进行求和,如当插入点位于数字行右侧,则它将对该插入点左方各单元格求和。

(3) 在"公式"对话框的"公式"中重新输入计算公式。仅保留"公式"中的等号"=",在"粘贴函数"里选择平均值计算的 AVERAGE 函数,再在"公式"的圆括号里输入"ABOVE"或"C2:C3"(代表表格第 3 列的第 2 行至第 3 行的所有单元格),在"数字格式"里选择计算结果的显示形式,单击"确定"按钮得到计算结果。

3.5.2　案例 3:制作学生成绩表

【例 3-3】　制作一份简单的数据统计表,掌握对表格进行自动套用格式和公式的使用。如图 3-43 所示。

学生成绩表

学号	姓名	性别	平时	机试	笔试	总分
150001	赵一	男	74	70	80	224
150002	钱二	女	76	92	88	256
150003	孙三	男	72	68	76	216
			平均分			232

图 3-43　案例 3:制作学习成绩表

操作步骤如下：

（1）同【例 3-1】，标题设置为黑体、三号、居中对齐，段前和段后间距均为 0.5 行，单倍行间距。

（2）将插入点移至表格最后一行，单击"表格工具"→"布局"→"行和列"→"在下方插入"按钮，在所在行下方插入一个空白行。

（3）单击表格左上角的"选取"按钮选定整个表格，单击"表格工具"→"设计"→"表格样式"→"样式"按钮的下拉按钮，在下拉列表选择"内置"命令的第四行第一个样式。

（4）将插入点移动到总分下方的单元格，即第 2 行第 7 列，单击"表格工具"→"布局"→"数据"→"公式"按钮，默认公式为"＝SUM（LEFT）"，单击"确定"按钮即可得到 224，为前三列 74＋70＋80 之和。

（5）选定（4）所操作的单元格，单击"开始"→"剪贴板"→"复制"按钮，再将插入点移动到下方单元格中单击"粘贴"按钮，再将插入点下移并单击"粘贴"按钮。

（6）分别右击第 3 行第 7 列单元格和第 4 行第 7 列单元格，在右键菜单中选择"更新域"将"总分"列中公式结果全部更新，即钱二总分 256、孙三总分 216。

（7）拖拉选定第 5 行第 2—6 列单元格，单击"表格工具"→"布局"→"合并"→"合并单元格"按钮，添加文字"平均分"并设置文字为居中对齐。

（8）单击第 5 行最后一个单元格，单击"表格工具"→"布局"→"数据"→"公式"按钮，修改默认公式为"＝"，在"粘贴函数"里选择平均值计算的 AVERAGE 函数，再在"公式"的圆括号里输入"ABOVE"，单击"确定"按钮即可在该单元格得到平均分 232。

3.6 版 面 设 计

3.6.1 预备知识

1. 页面设置

页面设置是在打印文档之前要做的准备工作，目的是使页面布局与页边距、纸张大小和页面方向相一致，否则打印时将杂乱无章。单击"页面布局"→"页面设置"按钮的右下角箭头，在打开的"页面设置"对话框中有"页边距"、"纸张"、"版式"和"文档网络"四个选项卡，可以分别对页边距和页面方向，纸张大小，页眉和页脚，文字网格和排列等进行设置，如图 3-44 所示。

1）页边距的设置

在文档中一般正文内容所占的部分称为版心，即"页面视图下"标尺上白色的部分，而标尺上灰色的部分为版心边界与页面边界之间的距离，如图 3-44 所示，分为上边距、下边距、左边距和右边距。

"页面设置"中"页边距"的设置将影响整篇文档在屏幕或纸张上的效果，为了对打印后文档更好地进行装订，还可以预留"装订线"的位置，即打印后文档在页面右侧留白 3.17cm，而左侧留白 4.17cm。

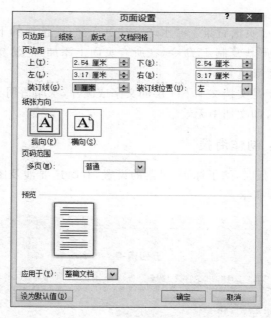

图 3-44　"页面设置"对话框

2）页眉和页脚的设置

页眉和页脚是指打印在每一页的顶部或底部的，诸如页码、日期或公司徽标等的文本或图形。页眉或页脚的内容不属于正文范围，只有在文档的"页面视图"下才可以看到文字呈灰色的页眉和页脚，但这并不影响实际打印效果。

单击"插入"→"页眉和页脚"→"页眉"、"页脚"或"页码"按钮的下拉按钮，分别在下拉列表中选择"编辑页眉"、"编辑页脚"或"页面底端"中的"加粗显示数字 2"命令，可分别进入页眉或页脚区的编辑状态或在页面底端插入居中的页码/页数。另外，双击文档的页眉或页脚区，可进入页眉或页脚区的编辑状态。

单击"页眉和页脚工具"→"设计"→"导航"→"转至页眉"或"转至页脚"按钮可以将插入点在页眉或页脚区间切换，单击"关闭"→"关闭页眉和页脚"按钮可退出页眉或页脚区的编辑状态。

一般情况下，只要在某一页上设置了页眉或页脚，则该文档中的所有页都将发生相同的变化。

2.　首字下沉

首字下沉是指将 Word 文档中段首的一个文字放大，以凸显段落或整篇文档的开始位置。

单击"插入"→"文本"→"首字下沉"按钮的下拉按钮，在下拉列表中选择"首字下沉"命令，在打开的"首字下沉"对话框中可设置放大文字所对应的段落行数，放大文字与其段落文字水平间隔的距离等。

3.　背景

可将纯色、渐变、纹理、图案或图片作为页面的背景，或以水印的方式为文档标识状态。

单击"页面布局"→"页面背景"→"水印"或"页面颜色"按钮的下拉按钮,分别在下拉列表中选择"机密"的"严禁复制 1"命令,在所有页面上添加"严禁复制"字样的灰色文字或为所有页面设置背景颜色。

水印实际上相当于是文档文本下一层的文字或图片,水印适用于打印文档;页面背景适用于文档显示且在打印文档中无效。

3.6.2 案例 4:制作海报

【例 3-4】 制作海报时,除了标题、段落的设置,有时还要涉及图文混排、设置页眉或分栏的操作,如图 3-45 所示。

图 3-45 案例 4:制作海报

操作步骤如下:

(1) 同【例 3-1】,标题设置为黑体、三号、居中对齐,其他文字设置为宋体、五号,并全文设置段前和段后间距均为 0.5 行,单倍行间距,首行缩进 2 字符。

(2) 选取第一自然段,单击"插入"→"文本"→"首字下沉"按钮的下拉按钮,在下拉列表中选择"首字下沉"命令,在打开的"首字下沉"对话框中设置"位置"为下沉、字体为隶书、下沉行数为 2。

(3) 同时选定小标题"什么是五四精神呢?"和"青年的划分标准",单击"开始"→"段落"→"底纹"按钮的下拉按钮,在下拉列表中选择"边框和底纹"命令,在打开的"边框和底纹"对话框中的"方框"边框、样式为波浪线,应用于"文字"。

(4) 将插入点移动到"五四精神的核心⋯⋯"段落末尾处,单击"插入"→"插图"→"图片"按钮,选择图片"五四精神.png",再单击"绘图工具"→"格式"→"排列"→"自动换行"按钮切换图片为四周型环绕,将图片适当调整大小并移动到合适位置。

(5) "青年的划分标准"下方有"中国国家统计局"和"联合国"的两项标准,这里使用分栏可以增强对比效果。将插入点移动到"14—25 岁为青年"后方,按 Enter 键插入段落换行符,然后同时选定两项标准即四段文字,再单击"页面布局"→"页面设置"→"分栏"按钮的下拉按钮,在下拉列表中选择两栏。

(6)单击"插入"→"页眉和页脚"→"页眉"按钮的下拉按钮,在下拉列表中选择"编辑页眉"命令,在页眉区输入"江西师范大学",并设置文字为右对齐,单击"关闭"→"关闭页眉和页脚"按钮退出页眉编辑状态。

(7)单击"页面布局"→"页面背景"→"页面颜色"按钮的下拉按钮,分别在下拉列表中选择"填充效果"命令,在打开的"填充效果"对话框中选择"纹理"命令,为第一行第二个"画布"样式。

3.7　长文档编排

长文档一般指超过 15 页的文档,如毕业论文、分析报告等,对长文档设置分隔符、引用和书签等尤为重要。

3.7.1　分隔符

1. 分页

Word 2010 会自动根据页面的大小、页边距、字体大小和行距等情况来确定文档中的分页。如果输入的文本或插入的图形超过一页时,将自动换至新的一页,并在两页之间插入一个"软分页符",在普通视图中所看到的横贯页面的那条水平虚线就是软分页符。

除了系统自动分页控制之外,还允许人工分页。人工插入的分页符称为"硬分页符",在普通视图中,可以看到横贯页面的那条水平虚线,但在虚线中央标上了"分页符"的字样。硬分页符可以删除,而自动产生的软分页符则不能被删除。

在文档中人工分页的操作步骤如下:

(1)把插入点移至要插入硬分页符的位置。

(2)单击"页面布局"→"页面设置"→"分隔符"按钮的下拉按钮,在下拉列表中选择"分页符"→"分页符"命令。

(3)单击"确定"按钮,硬分页符设置完成,插入点自动调至新的一页的起始处。

2. 分节

如果整篇文档采用统一的格式,则不需要进行分节;Word 2010 也允许将文档分成若干个节,每节都可以根据需要设置成不同的格式。例如:在编排文档的页码时,页码不需要从前至后按顺序贯穿下去的,而是每个节设置各自的页号及页码格式,如目录部分用大写的罗马数字(Ⅰ、Ⅱ、Ⅲ、…)作为页码,而正文部分用阿拉伯数字作为页码,这就需要在文档的目录和正文之间插入分节符。

系统默认整个文档是一个节,但通过设置节可以小到一个段落,大至整个文档。分节符是标识一个节的起始,在普通视图中可以看到分节符是横贯页面的双虚线。当前节的文本边距、纸张大小、方向以及该节所有的格式化信息存储在分节符中。

在文档中分节的操作步骤如下:

（1）将插入点移至要插入分节符的位置。

（2）单击"页面布局"→"页面设置"→"分隔符"按钮的下拉按钮,在下拉列表中选择"分节符"→"下一页"命令。"下一页"指分节符后面的文本从新的一页开始;"连续"指新节与它前面一节共存于当前页中;"偶数页"指新节中的文本将打印在下一偶数页上;"奇数页"指新节中的文本打印在下一奇数页上。

（3）单击"确定"按钮,分节符设置完成,插入点自动调至新的一节的起始处。

因为"分节符"只在草稿视图下以双虚线形式显示,删除分节需要单击"视图"→"文档视图"→"草稿"按钮,切换至草稿视图,删除选定的分节符。

3.7.2　引用

引用,从字面上很好理解,就是在 B 处使用 A 处的信息,当 A 处信息发生变化时,B 处也会同样变化以保持一致。对于长文档的编排过程中,经常会发生某处增删内容的情况,让前后保持一致是简化工作的必要措施。

1. 脚注和尾注

脚注和尾注,都是对文档某处做一个注释,只是注释位置的不同。在一些书籍里,经常会看到一个名词前面有个上标编号,然后该页结尾有对应这个编号的该名词的注释。

如图 3-46 所示,是尾注位于文档结尾以"1,2,3,…"编号的效果,操作步骤如下:

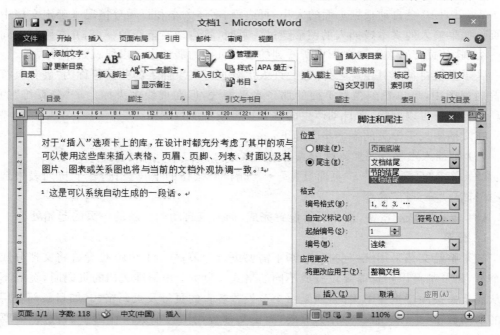

图 3-46　"脚注和尾注"对话框

（1）将插入点移至要插入尾注的位置。

（2）单击"引用"→"脚注"按钮的右下角箭头,在打开的"脚注和尾注"对话框,在"位置"（脚注可以选择"文字下方"或"页面底端",尾注可以选择"节的结尾"或"文档结尾"）中的"尾注"选择"文档结尾"命令,在"格式"中的"编号格式"的下拉列表中选择"1,2,3,…"命令,单击"插入"按钮即可在插入点位置插入尾注,并添加该尾注相应注释文字。另外,"脚注和尾注"对话框中的"应用更改"可更新该脚注或尾注格式的应用范围。

对于同一个页面里多处插入脚注或尾注,编号会系统编排一个顺序,增删脚注或尾注时这个顺序也会自动调整。

2. 题注

对一个有上百个表格或图片的长文档来说,可能表格和图片已经注明了"图 1"、"表2"这些编号,如果稍后在文档中某处再增删表格或图片,对其编号的修改肯定会很繁复。

在长文档里的表格或图片添加自动的编号和注释,增删时编号顺序也会自动调整,可以单击"引用"→"题注"→"插入题注"按钮,在打开的"题注"对话框中单击"新建标签"按钮添加"图"标签,再单击"编号"按钮打开"题注编号"对话框并勾选"包含章节号",即可在插入点位置插入类似"图 1-1 工作界面"的题注,题注有默认的样式,如图 3-47 所示。

图 3-47 "题注"对话框

3. 交叉引用

在长文档里经常会需要通过交叉引用将前后关联的内容串联起来,如用"如图 a-b 所示"取代"如上图",或用"如 3.1.1 中"取代"如编号设置"等,而这里的"图 a-b"和"3.1.1"都是交叉引用,可以根据图表位置或章节顺序变化而自动调整编号,以保持长文档中的前后一致。

单击"引用"→"题注"→"交叉引用"按钮,在打开的"交叉引用"对话框中选择"引用类型"是题注、脚注、尾注、编号项或是其他,"引用内容"会随着引用类型的变化有所差异,如图 3-48 所示。

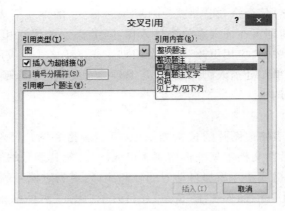

图 3-48 "交叉引用"对话框

4. 目录

在长文档中对文本设置了标题样式、大纲级别或设置了题注的图表等,都可用目录或图标目录的超链接形式来集中显示,以便快速浏览长文档中主题内容或图表信息。另外,单击"视图"→"显示"按钮勾选"导航窗格"可打开导航侧边栏快速浏览长文档中主题内容。

文字分别设置标题样式并引用目录,操作步骤如下:

(1)选定第一行后单击"开始"→"样式"按钮预定义的"标题1",再分别将第二、六行设置为"标题2",再分别将第三、四、五、七、八行设置为"标题3",如图3-49中左图所示。

图 3-49 索引和目录示例

(2)单击"引用"→"目录"→"目录"按钮的下拉按钮,在下拉列表中选择"插入目录"命令,在打开的"目录"对话框中确定"制表符前导符"和"显示级别"。

(3)单击"确定"按钮,即可在插入点位置插入自动生成的带页码显示的超链接列表形式的目录,如图3-49中右图所示。

该目录中超链接可通过按住 Ctrl 键单击将插入点跳转至该标题文字。

3.7.3　插入文件和对象

对于 Office 的多个组件而言,彼此之间都可以通过互相插入文件或对象来实现信息的共享,如在当前 Word 文档里插入另一个已有 Word 文档或其文档内的指定范围,在当前 Word 文档里插入另一个已有的 Excel 图表或 PowerPoint 幻灯片等。

1. 插入文件中的文字

将插入点移至需插入文字的位置，单击"插入"→"文本"→"对象"按钮的下拉按钮，在下拉列表中选择"文件中的文字"命令，在打开的"插入文件"对话框里选择一个已有的Office文件，单击"插入"按钮即在插入点位置插入该已有文件中的文字（即文档中版心的所有内容）。

2. 插入对象

将插入点移至需插入对象的位置，单击"插入"→"文本"→"对象"按钮的下拉按钮，在下拉列表中选择"文件中的文字"命令，在"对象"对话框的"由文件创建"选项卡里选择已有的Office文件，单击"确定"按钮即在插入点位置插入了该对象。

☞ 那插入文件或对象有什么区别？

被插入的文件应该是文本编码的，即doc,rtf,txt或html等文档，把选中文档中版心内容以word文档可以认可的文本编码形式插入到当前文档并完整显示，否则就需要先进行文档格式的转换。

插入对象则不同，是指把选中文档中版心内容插入到当前文档，只显示从当前文档插入点到该页结束可显示的范围，即最多只是显示选中文档的第一页，且双击该对象范围可打开嵌入在文档中的对象文档。

3.7.4 书签和超链接

1. 书签

书签是文档中指定位置或文本选定范围以引用为目的来命名，用以标识该文档内以后可被引用或链接到的位置。

查看文档中的书签或在插入点位置设置书签，可单击"插入"→"链接"→"书签"按钮，在打开的"书签"对话框中的"书签名"里输入新的书签名称，单击"添加"按钮在该插入点位置添加书签，或选定已有标签后单击"定位"按钮将插入点跳转到该书签文字，如图3-50所示。

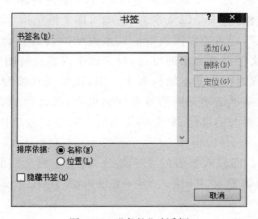

图3-50 "书签"对话框

2. 超链接

最常见的超链接一般是网址如(http://www.jxnu.edu.cn)或电子邮件地址(如mailto:jwc@jxnu.edu.cn),文字显示为蓝色带下划线,鼠标移至超链接文字上会出现屏幕提示(如"按住 Ctrl 键并单击鼠标以跟踪链接"字样)。跟踪链接即是使用默认浏览器打开该网址,或用默认邮件客户端将新邮件的收件人设为该电子邮件地址。

其实,超链接的指向还可以是文档或文档中的指定位置,可先选定文字或直接单击"插入"→"链接"→"超链接"按钮,在打开的"插入超链接"对话框中的"要显示的文字"里添加超链接,或在左侧栏中选择指向现有文件网页、本文档中的位置、新建文档或电子邮件地址等,如选择"本文档中的位置"命令可进一步选择文档中的标题位置、题注或书签等,即可在插入点位置添加超链接,如图 3-51 所示。

图 3-51　"插入超链接"对话框

3.8　综　合　应　用

下面以简单报告为例,进一步说明在 Word 2010 中各种编排的综合应用。但,不管是制作哪一种类型的文档,应该是以文本为"基础",即文档里推荐先将需要的文字内容全部输入;以图表为"补充",即需要以图表等形式来说明的内容在合适的位置进行添加;以编排为"美化",即根据文档需要突出的重点,对文档中内容进行图文混排等格式化操作。

制作报告之前,应该对报告基本结构有个认识,比如现在要身为营销部门员工,要向上级提交一份对本部门某项活动开展的效果评估报告,那么可能需要在报告里反映出报告的目的、活动的详情、参与的部门、资金的使用情况及活动效果评估分析等。

操作步骤如下:

(1) 制作报告雏形。即输入报告的文字部分,而不考虑文档的编排,其中报告的"目的"和"结论"均用自动填充文字(输入"=rand(1,3)"并按 Enter 键)代替,如图 3-52所示。

(2) 在"支出及回报情况:"下方插入表格及数据以突出报告效果。将插入点移至"结论"的行首,单击"表格工具"→"设计"→"表格样式"→"样式"按钮的下拉按钮,在下拉

某部门某活动评估报告
目的：
对于"插入"选项卡上的库，在设计时都充分考虑了其中的项与文档整体外观的协调性。 您可以使用这些库来插入表格、页眉、页脚、列表、封面以及其他文档构建基块。 您创建的图片、图表或关系图也将与当前的文档外观协调一致。
促销活动：
Aaaaaa
Bbbbbb
Cccccc
Dddddd
参与部门：
Xxx
Yyy
Zzz
支出及回报情况：
结论：
对于"插入"选项卡上的库，在设计时都充分考虑了其中的项与文档整体外观的协调性。 您可以使用这些库来插入表格、页眉、页脚、列表、封面以及其他文档构建基块。 您创建的图片、图表或关系图也将与当前的文档外观协调一致。

图 3-52　简单报告示例

列表中选择"内置"命令的第四行第一个样式。

（3）在表格中输入数据。按 Tab 和 Shift＋Tab 键或方向箭头可切换插入点在表格中的位置，如图 3-53 所示。

支出及回报情况：

	负责人	支出（万元）	收入（万元）	备注
Aaaaaa	Aaa	20	100	
Bbbbbb	Bbb	15	40	
Cccccc	Ccc	5	30	
Dddddd	Ddd	10	40	

图 3-53　简单报告表格

（4）为报告设置样式以突出报告内容的层次感。将插入点移至"某公司某活动评估报告"所在行，单击"开始"→"样式"按钮预定义的"标题 1"，再单击"开始"→"段落"→"居中"按钮。同理，将"目的："、"促销活动："、"参与部门："、"支出及回报情况："和"结论："5 行文字均设置为"标题 2"。

☞ 是否有更快捷的方法？

可按住 Ctrl 键在选定栏中单击以多选行再设置样式为"标题 2"，或先将某行设置样式再用格式刷复制格式。

（5）将"目的"和"结论"中的自动填充文字设置为首行缩进 2 字符以符合中文报告习惯。在选定栏中双击"目的："下的行来选定整段，单击"开始"→"段落"按钮的右下角箭头，设置首行缩进 2 字符。同理设置"结论："下整段。

（6）为报告中设置项目符号与编号。在选定栏中拖拉鼠标选定"促销活动："下 4 项活动所在行，单击"开始"→"段落"→"编号"按钮的下拉按钮，选择编号样式，再在选定栏中拖拉鼠标选定"参与部门："下 3 个部门所在行，单击"开始"→"段落"→"项目符号"按钮的下拉按钮，设置项目符号为菱形，如图 3-54

· 促销活动：

1. Aaaaaa
2. Bbbbbb
3. Cccccc
4. Dddddd

· 参与部门：

◆ Xxx
◆ Yyy
◆ Zzz

图 3-54　简单报告项目
符号与编号

所示。

（7）调整"支出与回报情况"表格的栏目。将插入点移至表格第 5 行即"Ddddd"所在行，单击"表格工具"→"布局"→"行和列"→"在下方插入"按钮，在所在行下方插入一个空白行，在最后一行第一个单元格内输入"总计"，将插入点移至该行第 3 列，单击"表格工具"→"布局"→"数据"→"公式"按钮，默认公式为"＝SUM（ABOVE）"，单击"确定"按钮即可得到累加上方数据为 50，同理得到该行第 4 列的总计数据 210。

☞ 表格中数据发生变化怎么办？

如表格中 Cccccc 行中支出数据从 5 调整为 25，只需要单击下方"总计"行中的 50（应该呈灰色以示该数据可自动更新），再在右键快捷菜单中选择"更新域"命令，即该单元格内容变为 70。

（8）为报告添加有公司 LOGO 的页眉。单击"插入"→"页眉和页脚"→"页眉"的下拉按钮，在下拉列表中选择"编辑页眉"命令，在页眉区设置文字为右对齐，再插入图片"logo.jpg"并调整图片大小，单击"关闭"→"关闭页眉和页脚"按钮退出页眉编辑状态。

（9）报告编排的整体效果就是这样，如图 3-55 所示。

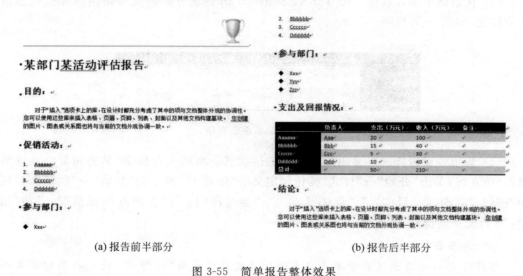

(a) 报告前半部分　　　　　　　　　　　　(b) 报告后半部分

图 3-55　简单报告整体效果

习　题　3

一、选择题

1. 中文 Word 2010 是 Microsoft 公司推出的 Office 2010 组件中的一个（　　　）。

    A. 文字处理软件　　　　　　　　　B. 数据库管理系统

    C. 视窗式操作系统　　　　　　　　D. 汉字操作系统

2. 复制和移动文本、查找和替换文本功能包含在（　　　）选项卡上。

    A. 文件　　　　　　B. 开始　　　　　　C. 页面布局　　　　　　D. 视图

3．Word 中的手动换行符是通过（　　　）产生的。

　　A．插入分页符　　　　　　　　　　B．插入分节符

　　C．按 Enter 键　　　　　　　　　　D．按 Shift＋Enter 键

4．在一块选定的文本处右击，从弹出的快捷菜单中选择"剪切"命令，则该选定文本（　　　）。

　　A．被删除，其内容移至"回收站"

　　B．被删除，其内容移至"剪贴板"

　　C．未被删除，但其内容已移至"回收站"

　　D．未被删除，但其内容已移至"剪贴板"

5．关于 Word 2010 中的表格，下列说法错误的是（　　　）。

　　A．表格建立后，其行和列的数目可以改变

　　B．表格建立后，其行高和列宽的数值可以修改

　　C．可以通过指定行和列来建立一个表格

　　D．不可以将表格中的某一行的若干个单元格合并为一个单元格

6．在 Word 2010 中已经打开多个文档，则将当前活动文档切换成其他文档只要用鼠标单击哪个选项卡上"窗口"组的"切换"按钮的下拉按钮，在下拉列表中选择所要切换的文档名即可（　　　）。

　　A．文件　　　　　B．视图　　　　　C．插入　　　　　D．开始

7．在处理文档时，经常发现刚才的操作错误，应执行（　　　）命令。

　　A．重复　　　　　B．复制　　　　　C．粘贴　　　　　D．撤销

8．在 Word 2010 中，新建表格的方法有多种，但（　　　）操作无法新建表格。

　　A．选中一段文本后，单击"插入"→"表格"→"表格"按钮的下拉菜单中的"文本转换成表格"命令

　　B．单击"插入"→"表格"→"表格"按钮的下拉菜单中的"插入表格"

　　C．单击"开始"→"段落"→"绘制表格"按钮的下拉菜单中的"边框和底纹"

　　D．单击"插入"→"表格"→"表格"按钮的下拉菜单中选取 5×4 表格

9．在 Word 2010 的编辑状态下，选择整个文档的快捷键是（　　　）。

　　A．Ctrl＋A　　　　B．Ctrl＋S　　　　C．Ctrl＋D　　　　D．Ctrl＋F

10．在 Word 2010 中，由新建、打开、保存、打印等命令组成的是（　　　）。

　　A．"插入"选项卡　　　　　　　　　　B．"文件"选项卡

　　C．"开始"选项卡　　　　　　　　　　D．"视图"选项卡

11．在 Word 2010 中，如果要设置页边距，不应该（　　　）。

　　A．在"文件"选项卡上"打印"命令中的"正常边距"的下拉列表

　　B．在"页面布局"选项卡上"页面设置"组的右下角按钮

　　C．在"插入"选项卡上"页眉和页脚"组的"页眉"按钮的下拉列表

　　D．在"页面布局"选项卡上"页面设置"组的"页边距"按钮的下拉列表

12．在 Word 2010 编辑状态下，当前输入的文字显示在（　　　）。

　　A．鼠标光标处　　B．插入点　　　　C．文件尾部　　　　D．当前行尾部

13. 下列关于 Word 2010 文档中页眉与页脚的叙述,(　　)是错误的。

　　A. 可以插入时间和日期

　　B. 页眉与页脚中可以包括页码

　　C. 页眉页脚的内容可以在打印后的每一页看到

　　D. 不可以在页眉与页脚中插入图片

14. 在 Word 2010 的(　　)情况下,文档需要分节。

　　A. 几个大段落构成的文档　　　　　　　B. 由若干章节构成的文档

　　C. 由多人协作编辑的长文档　　　　　　D. 由不同版面格式构成的文档

15. "常用"工具栏上的"格式刷"按钮有很强排版功能,若要多次复制同一格式,应选用(　　)。

　　A. 单击"开始"→"字体"→"字符边框"按钮

　　B. 双击"开始"→"剪贴板"→"格式刷"按钮

　　C. 单击"开始"→"剪贴板"→"格式刷"按钮

　　D. 单击"开始"→"字体"→"加粗"按钮

16. 在 Word 2010 的编辑状态,连续进行了两次"插入"操作,当鼠标单击一次"撤销"按钮后(　　)。

　　A. 将两次插入的内容全部取消　　　　　B. 将第一次插入的内容取消

　　C. 将第二次插入的内容取消　　　　　　D. 两次插入的内容都不被取消

17. 在编辑文本时,要把文中相同错误的字段一次性修改的正确操作是(　　)。

　　A. 用插入光标逐字查找,并先删除,再替换

　　B. "替换"命令

　　C. 撤销与恢复

　　D. 定位

18. 如果要输入符号"◎",应执行(　　)操作。

　　A. 单击"开始"→"字体"→"符号"按钮的下拉列表

　　B. 单击"插入"→"符号"→"符号"按钮的下拉列表

　　C. 单击"开始"→"段落"→"项目符号"按钮的下拉列表

　　D. 单击"插入"→"插图"→"符号"按钮的下拉列表

19. 在 Word 的文档窗口进行最小化操作(　　)。

　　A. 会将指定的文档关闭

　　B. 会关闭文档及其窗口

　　C. 文档的窗口和文档都没关闭

　　D. 会将指定的文档从外存中读入,并显示出来

20. 下列对象中,不可以设置链接的是(　　)。

　　A. 文本上　　　　　B. 背景上　　　　　C. 图形上　　　　　D. 剪贴图上

二、填空题

1. Word 2010 的窗口由标题栏、_____、功能区、标尺、文档编辑区、滚动条、_____栏组成。

2．"＿＿＿＿＿＿"选项卡上提供了对字符和段落进行格式化的简单方法，例如可以指定文档的样式、字体、字号以及字符的粗体、斜体或下划线修饰等。

3．滚动条分为＿＿＿＿＿＿滚动条和＿＿＿＿＿＿滚动条两种。

4．在 Word 中绘制椭圆时，若按住＿＿＿＿＿＿键后左拖动可以画一个正圆。

5．用户设定的页眉、页脚必须在＿＿＿＿＿＿方式或者打印预览中才可见。

6．Word 2010 的视图分为：阅读版式视图、Web 版式视图、页面视图、＿＿＿＿＿＿视图和＿＿＿＿＿＿视图五种。在＿＿＿＿＿＿视图方式下，不仅可以编辑文档，还能显示字体、字号、段落缩进和行距等格式和连续显示文档的正文，每页之间用一条水平虚线分隔，每节之间用双行虚线分隔。

7．水平标尺上提供了四个缩进滑标：＿＿＿＿＿＿缩进、＿＿＿＿＿＿缩进、左缩进和右缩进。

8．Word 文档文件的扩展名是＿＿＿＿＿＿。

9．用来规定文档中的标题、题注以及正文等文本元素形式的一组已经命名的字符和段落格式叫＿＿＿＿＿＿。

10．从键盘上按下＿＿＿＿＿＿键，或者用鼠标单击"常用"工具栏中的"?"按钮，都可以启动"Word 帮助"来获得帮助。

三、判断题

1．在 Word 2010 中，样式分为字符样式和段落样式两种。　　　　　　　（　　）

2．在 Word 2010 中，进行连续多次剪切操作后，剪贴板中仅保留了最后一次所剪切的内容。　　　　　　　　　　　　　　　　　　　　　　　　　　　　　　（　　）

3．在选定文本之外的地方鼠标单击，则删除该选定文本。　　　　　　　（　　）

4．在 Word 中，艺术字可以放到文档的任一位置。　　　　　　　　　　（　　）

5．在 Word 2010 文档窗口中，如果选定的文本块中包含有几种字号的汉字，则格式栏的字号框中显示空白。　　　　　　　　　　　　　　　　　　　　　　　　　（　　）

6．为了使文章编排整齐，在 Word 2010 中，共有四种段落对齐方式供选择，它们分别是：两端对齐、居中对齐、左对齐和右对齐。　　　　　　　　　　　　　　　　（　　）

7．选中表格中的某一单元格，然后按 Delete 键，则该单元格和该单元格中的内容都被删除。　　　　　　　　　　　　　　　　　　　　　　　　　　　　　　　（　　）

8．单击"页面布局"→"页面设置"按钮的右下角箭头，打开"页面设置"对话框，选择"版式"命令，可以设置页眉与页脚、垂直对齐方式、行号等特殊的版面。　　　（　　）

9．如果没有选定文本，那么单击"开始"→"字体"→"字体"按钮的下拉按钮，从下拉列表中选择"黑体"命令，则全文都被设置成黑体字。　　　　　　　　　　　　（　　）

10．在文档中每一页都需要出现的内容应当放到页眉与页脚中。　　　　（　　）

四、简答题

1．如何利用剪贴板将一处文本复制到另外两处？写出操作步骤。

2．如何将文本中的多处"首都"二字替换为"北京市"？写出操作步骤。

3．如何选定一幅剪贴画并插入文档中？

4．Word 2010 提供的视图方式有几种？各种视图方式有何特点？

五、操作题

1. 输入一段文本后进行复制，使文本量满一页，然后将文本分为二栏，栏间加分隔线。

2. 将题 1 中的文本加上一个标题，标题居中，用黑体、三号字，再将标题添加红色底纹。

3. 利用 Windows 提供的"画图"程序，自行设计一个笑脸图像，将它插入到由题 2 新建好了的文档中去，然后再插入一幅剪贴画。要求实现图文并茂。

4. 给文档加上页码、页眉和页脚。页眉和页脚的内容自拟。

5. 在本文档中，以本班五位同学为例，利用 Word 2010 提供的制表功能新建一张表格，表格中包括学号、姓名、性别、出生年月、家庭住址和电话号码等内容。设定表格外边框为 1.5 磅实线框。最后将本文档另存为 new.html 文件。

第 4 章　演示文稿软件 PowerPoint 2010

在计算机广泛应用的今天,教师上课、学生论文答辩、公司做产品介绍、各种会议演讲、学术报告等都普遍使用幻灯片演示,而制作幻灯片的最常用的软件就是 PowerPoint 2010。本章的学习目标就是要熟悉演示文稿软件 PowerPoint 2010 的用户界面,理解和该软件有关的基本概念,掌握该软件所提供的基本功能,并能够利用这些基本功能制作各种演示文稿。

本章主要内容:
- PowerPoint 2010 概述
- 演示文稿的创建与编辑
- 演示文稿的外观修饰与效果设置
- 幻灯片的组织、切换和放映
- 综合案例

4.1　PowerPoint 2010 概述

PowerPoint 2010 是 Microsoft 公司推出的 Office 2010 系列产品组件之一,它和 Word 2010 有着相同风格的界面和相似的操作方法。

4.1.1　认识 PowerPoint 2010 工作窗口

启动 PowerPoint 2010 打开的便是工作窗口,如图 4-1 所示。

与 Microsoft Word 窗口风格相似,PowerPoint 主窗口由快速访问工具栏、标题栏、"窗口操作"按钮、"文件"按钮、"选项卡"标签、"功能区最小化"按钮、"帮助"按钮、功能区、状态栏、"视图"按钮和显示比例等组成,主窗口的中间部分是 PowerPoint 的工作区,它包括幻灯片窗格、大纲窗格和备注窗格。下面介绍各组成部分的常用功能:

(1) 快速访问工具栏:集成了多个常用的命令按钮,默认状态下包括"保存"、"撤销"和"恢复"按钮,旁边有个"自定义快速访问工具栏"按钮,单击可以更改快速访问工具栏中的按钮。

(2) 标题栏:显示当前被编辑的演示文稿文件名和应用程序名 Microsoft PowerPoint。

(3) "窗口操作"按钮:将窗口最大、最小化、还原窗口以及关闭窗口等。

(4) "文件"按钮:打开演示文稿、新建演示文稿、保存演示文稿和打印演示文稿等。

(5) "选项卡"标签:包括"开始"、"插入"、"设计"、"切换"、"动画"、"幻灯片放映"、"审阅"和"视图"8 个标签。它们将功能区中的命令分组,单击可切换到不同的命令组。

(6) "功能区最小化"按钮:隐藏和显示功能区。

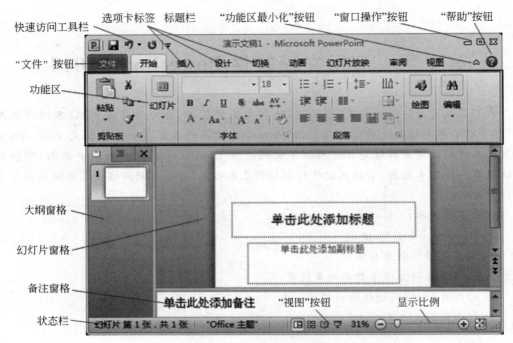

图 4-1　PowerPoint 工作窗口

（7）"帮助"按钮：打开帮助对话框。

（8）功能区：按"选项卡"标签分类，由一组命令按钮组成，操作时只需单击命令按钮，便可快速执行相应命令。

（9）大纲窗格：通过选择"大纲"和"幻灯片"实现在"大纲"选项卡和"幻灯片"选项卡之间切换。其中"大纲"选项卡显示幻灯片中的文本大纲，在此可直接对幻灯片的文本进行编辑。"幻灯片"选项卡显示幻灯片的缩略图，拖动缩略图可以改变幻灯片在演示文稿中的位置，也可以进行复制和删除的操作。

（10）幻灯片窗格：这是幻灯片的主要编辑窗口。可在幻灯片中添加文字、图像、声音等各种对象并对其进行编排设计。

（11）备注窗格：可以输入一些对该幻灯片的说明或注释，这些文字信息在演示文稿放映时不会出现。

（12）状态栏：显示有关选定命令或操作进程的信息。

（13）视图切换按钮：包括"普通视图"、"幻灯片浏览视图"、"阅读视图"和"幻灯片放映"视图按钮，单击可以在不同视图之间切换。

（14）显示比例：用于设置幻灯片的显示比例，可以通过拖动缩放滑块来改变幻灯片窗格中幻灯片的大小。

4.1.2　PowerPoint 2010 基本概念

1. 演示文稿与幻灯片

在 PowerPoint 中，制作的一个演示文稿通常保存在一个文件里，该文件称为"演示文稿",以.pptx 为文件名后缀。演示文稿中的每一页称为幻灯片,每张幻灯片都是演示文稿中既相互独立又相互联系的内容。制作一个演示文稿的过程就是依次制作一张张幻灯片的过程。每张幻灯片中既可以包含常用的文字和图表,还可以包含声音和视频图像。如图 4-2 所示的是一个文件名为"校园风光.pptx"的演示文稿,该演示文稿共包含 6 张幻灯片。

演示文稿文件名为"校园风光.pptx"

该演示文稿包含6张幻灯片

图 4-2　演示文稿与幻灯片

2. 幻灯片版式和占位符

幻灯片版式包含要在幻灯片上显示的全部内容的格式设置、位置和占位符。占位符是版式中的容器,可容纳如文字、表格、图表、SmartArt 图形、图片、剪贴画和媒体剪辑等内容。PowerPoint 2010 中包含 11 种内置幻灯片版式,用户也可以创建满足特定需求的自定义版式。如图 4-3 所示显示了 PowerPoint 中内置的幻灯片版式。

图 4-3　幻灯片版式

新建演示文稿文件,在幻灯片窗格中幻灯片上呈现的虚框称为占位符,如图 4-4 所示。

图 4-4   占位符

图中用"标题占位符"和"副标题占位符"代替将要添加标题和副标题,设计幻灯片时,只需分别在各自的位置填入标题和副标题。在每一种版式上都是以占位符替代将要添加的标题、文字、表格、图表、SmartArt 图形、影片、声音、图片及剪贴画等各种对象。另外,用户可以按照占位符中的文字提示输入内容,也可以删除多余的占位符。

3. 幻灯片对象

幻灯片由文字、表格、图表、形状、SmartArt 图形、影片、声音、图片及剪贴画等所有可以插入的对象组成。可以选中每一个对象或对象中的内容进行可能的操作,如改变对象的位置和大小,复制或删除对象,改变对象的属性等。制作一个幻灯片的过程,就是创建和编辑其中的对象的过程。如图 4-5 所示为幻灯片的"文字"、"形状"和"图片"对象。

图 4-5   幻灯片对象

4. 模板与母版

演示文稿最大的优点之一是可以快速地设计格局统一的一组幻灯片,该功能可由模板与母版来实现。

模板是指预先定义好格式、版式和配色方案的演示文稿。PowerPoint 2010 模板是扩展名为.potx 的一张幻灯片或一组幻灯片的图案或蓝图。模板可以包含版式、主题颜色、主题字体、主题效果和背景样式,甚至还可以包含内容等。用户也可以自定义模板,保存为.potx 格式以便重复使用。在 PowerPoint 2010 下新建演示文稿时,可选择"可用的模板和主题"下的"样本模板"、"主题"和其他模板,也可在联网的情况下选择"office.com 模板"提供的模板,如图 4-6 所示为新建演示文稿时的可选模板。

图 4-6　新建演示文稿时的可选模板

设计演示文稿时,为了保持设计者独有的风格和布局,可以事先设计好幻灯片母版。幻灯片母版用于存储所有使用该母版的幻灯片的主题和幻灯片版式的信息,包括背景、颜色、字体、效果、占位符大小和位置。每个演示文稿至少包含一个幻灯片母版,新建演示文稿文件时,往往先设计幻灯片母版的主题或背景;规划好占位符的大小和位置;设定文字的大小、颜色和字形;还可将单位的徽标(LOGO)插入到幻灯片母版的背景中,这样以后所创建的每张幻灯片上都有特定的徽标了。单击"视图"→"幻灯片母版"按钮,打开"幻灯片母版"视图,如图 4-7 所示。

5. PowerPoint 2010 视图方式

为了建立、编辑、浏览和放映幻灯片的需要,PowerPoint 2010 提供了四种主要视图:普通视图、幻灯片浏览视图、阅读视图和幻灯片放映视图,单击 PowerPoint 2010 主窗口右下角的"视图"按钮可以切换视图,也可以单击"视图"选项卡,在功能区中选择各视图按钮实现切换视图的操作。

1)普通视图

普通视图是主要的编辑视图,可用于撰写或设计演示文稿。该视图有三个工作区域:

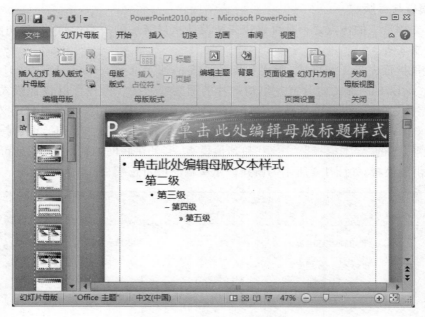

图 4-7 "幻灯片母版"视图

左侧为大纲窗格(可在幻灯片文本大纲和幻灯片缩略图之间切换);右侧为幻灯片窗格,以大视图显示当前幻灯片;底部为备注窗格。如图 4-8 所示是选择了"大纲"选项卡的普通视图,如图 4-9 所示是选择了"幻灯片"选项卡的普通视图。

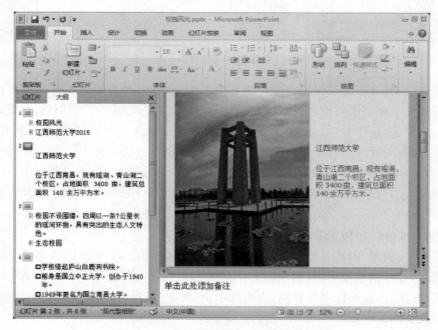

图 4-8 选择了"大纲"选项卡的普通视图

图 4-9　选择了"幻灯片"选项卡的普通视图

可以在普通视图中通过拖动窗格边框调整各窗口的大小。当大纲窗格变窄时,"大纲"和"幻灯片"选项卡变为显示图标。还可以单击大纲窗格中右上角的"关闭"按钮,关闭大纲窗格,使幻灯片窗格最大化,便于编辑幻灯片。

2)幻灯片浏览视图

幻灯片浏览视图是以缩略图形式显示幻灯片的视图,如图 4-10 所示。在该视图中,可以清楚地看到文稿连续变化的过程,可以重新排列幻灯片、添加或删除幻灯片、复制幻灯片和调整各幻灯片的次序以及预览切换和动画效果,但不能改变幻灯片的内容。

通常在打印演示文稿和放映幻灯片之前,可以利用幻灯片浏览视图检查各幻灯片是否有前后不协调的地方,还可以找出演示文稿中一些其他小毛病,诸如一些统计图形在幻灯片中的位置不合适等。此时还可尝试通过更换"主题"来改变演示文稿的外观。更换"主题"后,整个演示文稿的外观可能会发生显著变化。

3)阅读视图

阅读视图是新增的视图方式,在这个视图窗口的下方设有翻页控件,方便用户查看演示文稿。如图 4-11 所示是阅读视图。

4)幻灯片放映视图

幻灯片放映视图占据整个计算机屏幕,并不显示单个静止的画面,而是像播放真实的幻灯片那样,以最大方式一幅一幅动态地显示文稿的各个幻灯片,如图 4-12 所示。

在这种全屏幕视图中,所看到的演示文稿就是将来观众所看到的,可以看到图形、时间、影片、动画元素以及将在实际放映中看到的切换效果。

在幻灯片放映视图中放映文稿时,可在一幅幻灯片放完后,使下一张幻灯片按特别的切入方式进入幻灯片放映视图。例如,随着一幅幻灯片在屏幕上渐隐,下一幅幻灯片自下而上进入屏幕。

图 4-10　幻灯片浏览视图

图 4-11　阅读视图

江西师范大学

位于江西南昌，现有瑶湖、青山湖二个校区，占地面积 **3400** 亩，建筑总面积 **140** 余万平方米。

图 4-12　幻灯片放映视图

4.2　演示文稿的创建与保存

4.2.1　预备知识

1. 创建演示文稿

打开 PowerPoint 应用程序，便新建了一个演示文稿文件，该演示文稿文件名默认为"演示文稿 1"，显示在标题栏。也可以单击"文件"按钮，在弹出的下拉列表中选择"新建"命令，打开"新建演示文稿"窗口，如图 4-13 所示。PowerPoint 2010 提供了一系列创建演示文稿的方法。下面逐一介绍创建演示文稿的方法。

1）利用"空白演示文稿"创建演示文稿

这种方式是系统默认的创建演示文稿的方式，前面提到，成功启动 PowerPoint 后，在主窗口的幻灯片窗格呈现的就是一张空白的幻灯片。也可以在图 4-13 所示"新建演示文稿"窗口中双击"可用模板和主题"下的"空白演示文稿"，或者在选中"空白演示文稿"的前提下，单击右边窗格中的"创建"按钮。如图 4-14 所示为创建的空白演示文稿。

利用"空白演示文稿"创建演示文稿，就是从空白的演示文稿开始设计，用户可以建立具有个人风格和特色的幻灯片，创作手法自由灵活，创建的演示文稿风格多样。

2）利用"样本模板"创建演示文稿

为了方便用户快速创建演示文稿，PowerPoint 提供了各种样本模板，如相册、日历、计划、培训方案和宣传手册等。用户只须选择模板，根据模板中给出的提示，便可以快速创建演示文稿。用户也可以自定义模板，保存在"我的模板"中以便重复使用。利用"样本模板"创建演示文稿时，只须在图 4-13 中选择"可用的模板和主题"→"最近打开的模板"、"样本模板"和"我的模板"命令下的模板来创建。如图 4-15 所示是打开的"样本模板"

图 4-13　"新建演示文稿"窗口

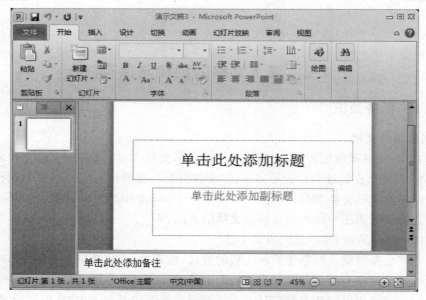

图 4-14　利用"空白演示文稿"创建演示文稿

窗格。

　　"样本模板"窗格中提供了 PowerPoint 2010、"都市相册"、"古典型相册"、"宽屏演示文稿"、"培训"、"现代型相册"、"项目状态报告"、"小测验短片"和"宣传手册"9 种模板,用户可根据需要,选中其中的模板,再单击右边窗格中的"创建"按钮来创建演示文稿。利用"模板"创建的演示文稿,其内容单一固定,和实际需要可能不相符,所以利用这种方式创建的演示文稿,还要根据实际情况进行一些修改。

　　3) 利用"主题"创建演示文稿

　　在 PowerPoint 中"主题"是设计模板,将字体样式、版面布局、背景样式和配色方案等

图 4-15 "样本模板"窗格

设计好,集成为一种"主题",供用户选择使用,用户不再需要费心去设计。PowerPoint 2010 提供了"暗香扑面"、"奥斯汀"、"跋涉"和"波形"等 43 种可选主题,用户可根据需要选择合适的主题来创建演示文稿。利用这种方式创建演示文稿时,只需在图 4-13 中,选择"可用的模板和主题"→"主题"命令,进入到"主题"窗格,如图 4-16 所示。在"主题"窗格选中一种"主题",比如"角度"主题,然后单击右边窗格中的"创建"按钮,即创建了主题风格为"角度"演示文稿。

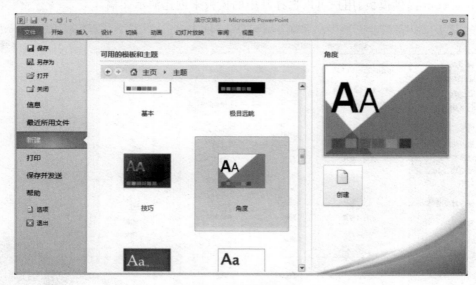

图 4-16 "主题"窗格

4)根据"现有内容新建"创建演示文稿

单击图 4-13 中"可用的模板和主题"→"根据现有内容新建"按钮,将弹出"根据现有演示文稿新建"对话框,如图 4-17 所示。只须在对话框中选中所需的演示文稿,单击"新建"按钮,或双击该演示文稿,则将选中的演示文稿打开,用户可根据该现有的演示文稿进行必要的修改,创建自己的演示文稿。

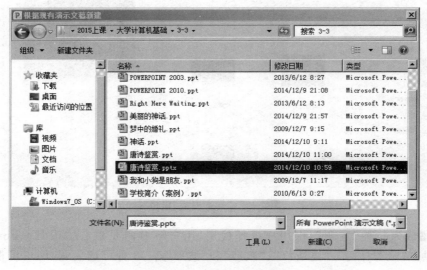

图 4-17 "根据现有演示文稿新建"对话框

5) 利用"Office.com 模板"创建演示文稿

在联网的前提下,也可以利用"Office.com 模板"来创建演示文稿。如图 4-18 所示,是 Office.com 提供模板,用户可以选择其中的模板来创建演示文稿。

图 4-18 "Office.com 模板"对话框

2. 保存演示文稿

利用以上方法创建好演示文稿后,单击"文件"按钮,在下拉列表中选择"保存"命令,弹出"另存为"对话框,如图 4-19 所示。在对话框设置好文件的存放位置,在"文件名"框中输入文件名,在"保存类型"框中选择保存文件的类型,即可将创建好的演示文稿文件保存起来。

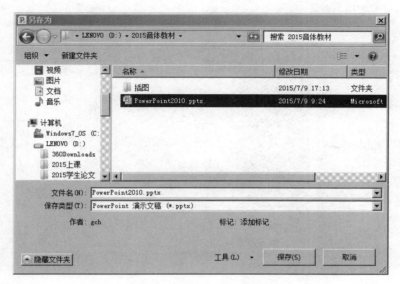

图 4-19 "另存为"对话框

4.2.2 案例 1:创建和保存演示文稿

【例 4-1】 利用"样本模板"创建演示文稿"校园风光.pptx",共包含 6 张幻灯片。

操作步骤如下:

(1)双击桌面上 PowerPoint 快捷方式图标,启动 PowerPoint 2010 程序,打开工作窗口,如图 4-1 所示。

(2)单击"文件"按钮,在下拉列表中选择"新建"命令,打开"新建演示文稿"窗口,如图 4-13 所示。

(3)选择"可用的模板和主题"→"样本模板"命令,打开"样本模板"窗格,如图 4-15 所示。

(4)选择"样本模板"→"现代型相册"命令,单击图 4-15 右边窗格中的"创建"按钮,即创建了如图 4-20 所示的演示文稿,共包含 6 张幻灯片。

(5)将图 4-20 中的幻灯片按提示逐一修改:将图片换成校园风光图,添加合适的说明文字。修改前后的第 1 张幻灯如图 4-21 所示;修改前后的第 2 张幻灯如图 4-22 所示;修改前后的第 3 张幻灯如图 4-23 所示;修改前后的第 4 张幻灯如图 4-24 所示;修改前后的第 5 张幻灯如图 4-25 所示;修改前后的第 6 张幻灯如图 4-26 所示。

(6)保存演示文稿:单击"文件"按钮,在下拉列表中选择"保存"命令,或者单击"快速访问工具栏"→"保存"按钮,弹出图 4-19 所示的"另存为"对话框;给文件命名"校园风光",保存类型为默认的"＊.pptx"类型。

图 4-20　按"现代型相册"模板创建的演示文稿

图 4-21　修改前和修改后的第 1 张幻灯片

图 4-22　修改前和修改后的第 2 张幻灯片

图 4-23　修改前和修改后的第 3 张幻灯片

图 4-24　修改前和修改后的第 4 张幻灯片

图 4-25　修改前和修改后的第 5 张幻灯片

图 4-26　修改前和修改后的第 6 张幻灯片

4.3 幻灯片的制作和修改

4.3.1 预备知识

1. 新建幻灯片

创建了演示文稿后，往往要在演示文稿中添加新幻灯片。新建幻灯片的方法有三种：方法一，快捷键法。在"普通视图"下，按 Ctrl＋M 组合键，即可快速添加 1 张空白幻灯片；方法二，回车键法。在"普通视图"下，将鼠标定在左侧的窗格中，然后按 Enter 键，同样可以快速插入一张新的空白幻灯片；方法三，命令按钮法。在"普通视图"下，单击"开始"→"幻灯片"→"新建幻灯片"按钮，也可以新增一张空白幻灯片。

以上方法新建的空白幻灯片都是插入到当前幻灯片之后。如果在制作过程中希望插入一张和当前幻灯片的内容完全相同的幻灯片，方法是：单击"开始"→"幻灯片"→"新建幻灯片"的下拉按钮，在下拉列表中选择"复制所选幻灯片"命令。

2. 设置幻灯片版式

上述三种方法新建的幻灯片的版式默认和当前幻灯片的版式相同（若当前幻灯片是"标题幻灯片"版式，则新增幻灯片的版式为"标题和内容"版式）。如要设置幻灯片的版式，只须单击"开始"→"幻灯片"→"版式"下拉按钮，在下拉列表如图 4-3 所示中选择所需幻灯片版式。

3. 在幻灯片中添加各种对象

幻灯片的对象包括文字、表格、图表、形状、SmartArt 图形、影片、声音、图片及剪贴画等。

1）添加文字

当选择了幻灯片版式后，用户只须按版式上占位符的提示文字输入相应的文字信息，输入的文字和段落的格式仅限于模板或主题所指定的格式。为了使幻灯片更加美观和便于阅读，可以重新设置文字和段落的格式。

设置文字的格式，只须选定文字，单击"开始"→"字体"的相应按钮，可以设置字体、字号、字体颜色、是否加粗、是否倾斜、是否加下划线和是否加阴影等格式。也可以单击"字体"→"对话框启动器"按钮，打开"字体"对话框，如图 4-27 所示，来设置字体格式。

设置段落的格式，只须单击"开始"→"段落"组中提供的命令按钮，包括设置项目符号和编号、提高和降低列表级别、行距、设置文字方向和对齐方式等按钮。也可以单击"段落"→"对话框启动器"按钮，打开"段落"对话框，如图 4-28 所示，来设置段落格式。

制作幻灯片时文字不宜过多，常常是提纲性的文字，这就要用项目符号和编号将文字条理化。单击"开始"→"段落"→"项目符号"按钮和"项目编号"按钮可以设置或者取消项目符号和编号；若要选择默认之外的其他项目符号和编号，可以单击"项目符号"和"项目编号"按钮旁的箭头（或称下拉按钮），弹出项目符号和编号下拉列表框，在下拉列表中选择合适的项目符号和编号。还可在列表框中单击"项目符号和编号"按钮，打开"项目符号和编号"对话框，如图 4-29 所示，对项目符号和编号的大小、颜色进行设置。

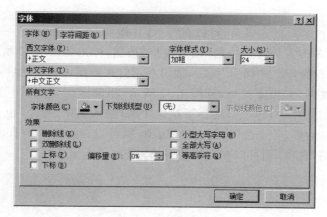

图 4-27 "字体"对话框

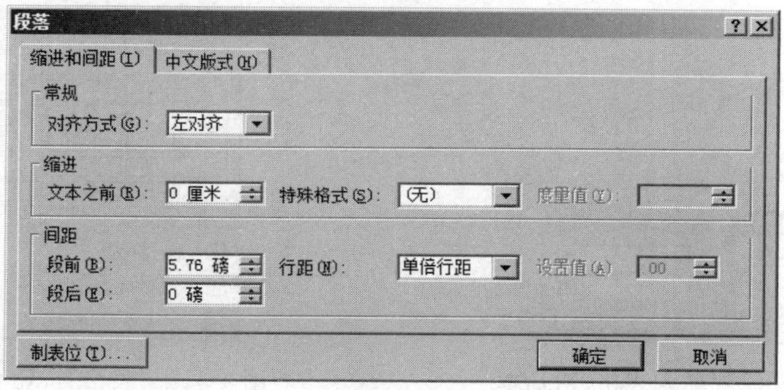

图 4-28 "段落"对话框

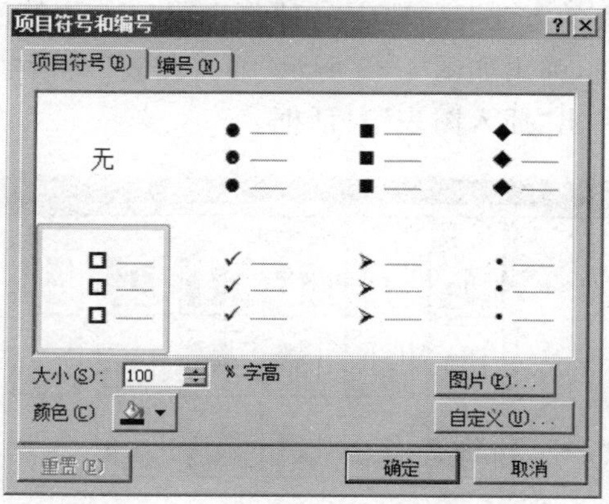

图 4-29 "项目符号和编号"对话框

　　制作幻灯片时常常还要在现有版式的文字占位符之外添加文字,解决办法是插入文本框。方法是:单击"开始"→"绘图"→"形状选框"→"文本框"按钮或"垂直文本框"按钮,将鼠标移到幻灯片窗格,此时鼠标指针变成"十"字型,然后在幻灯片上拖动鼠标,就可以在幻灯片上插入一个文本框,输入文本。

2）添加表格

制作幻灯片时，若要插入表格，可以在"幻灯片版式"列表中，选定一种包含内容占位符的幻灯片版式，单击占位符框中的"插入表格"按钮，弹出如图 4-30 所示"插入表格"对话框，设定列数和行数，单击"确定"按钮，便可在幻灯片中插入表格；也可以单击"插入"→"表格"→"表格"按钮，弹出下拉框，如图 4-31 所示，用鼠标在下拉框中的表格上滑过，单击便将表格插入幻灯片中；还可以选择下拉框中的"插入表格"命令，也会弹出图 4-30 所示的"插入表格"对话框，若是选"绘制表格"选项，则可以在幻灯片中自由绘制表格，若是选"Excel 电子表格"选项，则可以在幻灯片中插入 Excel 电子表格。

图 4-30　"插入表格"对话框　　　　　　　图 4-31　"表格"按钮下拉框

3）添加图表

在幻灯片中插入图表的方法是：选定一种包含内容占位符的幻灯片版式，单击占位符框中的"插入图表"按钮，弹出如图 4-32 所示"插入图表"对话框；或者单击"插入"→"插图"→"图表"按钮，也会弹出"插入图表"对话框。

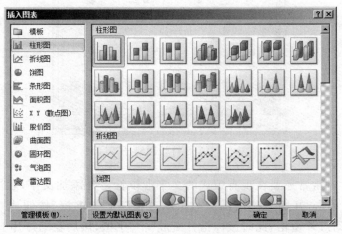

图 4-32　"插入图表"对话框

4）添加形状

在幻灯片中添加形状的方法是：单击"插入"→"绘图"→"形状"按钮，弹出如图 4-33
所示"形状"按钮下拉框，单击列表中的某种形状，将鼠标
移到幻灯片窗格，此时鼠标指针变成"十"字型，然后在幻
灯片上拖动鼠标，就可以在幻灯片上插入一个形状。

5）添加 SmartArt 图形

SmartArt 图形是信息和观点的视觉表示形式。使用
SmartArt 图形，可以快速、轻松、有效地传达信息。添加
SmartArt 图形的方法是：在"插入"选项卡的"插图"组中，
单击"SmartArt"按钮，弹出"选择 SmartArt 图形"对话框，
如图 4-34 所示。

添加 SmartArt 图形时，可在图 4-34 中选择一种
SmartArt 图形类型，如"流程"、"层次结构"、"循环"或"关
系"等，每种类型的 SmartArt 图形包含若干个不同的布
局，选择了一个布局之后，单击"确定"按钮，可以将
SmartArt 图形插入到幻灯片中，在标注"文本"的地方输
入文字即可。若是插入的 SmartArt 图形不符合要求，还
可根据需要添加或删除形状。添加形状的方法是：右击
所需修改的形状，在弹出的快捷菜单中选择"添加形状"命
令，可以在前面、后面、上方、下方添加形状，还可以添加助
理。此外，若选中插入到幻灯片中的 SmartArt 图形，在
"功能区"会出现"SmartArt 工具设计"选项卡和
"SmartArt 工具格式"选项卡，如图 4-35 所示，前者包括
"创建图形"、"布局"、"SmartArt 样式"和"重置"4 组工具，
后者包含"形状"、"形状样式"和"艺术字样式"3 组工具，
用户可以使用这些工具来修改 SmartArt 图形。

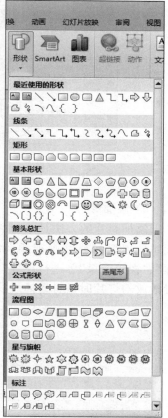

图 4-33 "形状"按钮下拉框

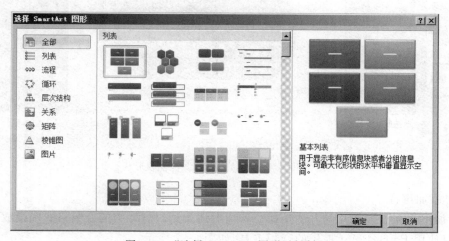

图 4-34 "选择 SmartArt 图形"对话框

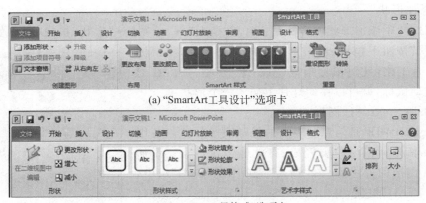

(a)"SmartArt工具设计"选项卡

(b)"SmartArt工具格式"选项卡

图 4-35 "SmartArt 工具设计"选项卡和"SmartArt 工具格式"选项卡

6）添加影片

添加影片的方法是单击"插入"→"媒体"→"视频"按钮,可以插入文件中的视频、来自网站的视频和剪贴画视频。PowerPoint 提供的视频工具可以对"视频形状"、"视频边框"、"视频效果"等进行设置,如图 4-36 所示是设置了视频形状。利用视频工具还可以设置播放幻灯片时是自动播放视频还是单击之后开始播放视频。

图 4-36 利用"视频工具"设置视频形状

7）添加声音

添加声音和添加影片的方法类似。若要对插入到幻灯片中的音频格式和播放进行设置,可以使用 PowerPoint 提供的音频工具,如图 4-37 所示。

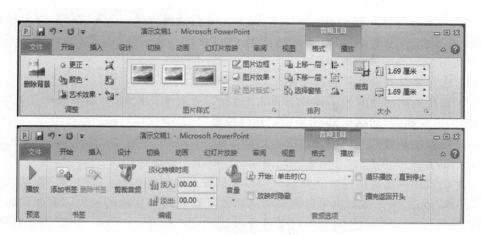

图 4-37 "音频工具"对话框

8）添加图片、剪贴画、艺术字和符号

图片是组成幻灯片不可缺少的元素。制作幻灯片时，若要插入图片，只需单击"插入"→"图像"→"图片"按钮，弹出"插入图片"对话框，如图 4-38 所示，选中一个图像文件，单击"插入"按钮，便可将图片插入到幻灯片中。

图 4-38 "插入图片"对话框

插入剪贴画、艺术字、公式和符号的方法与插入图片类似。只须单击"插入"→"图像"→"剪贴画"按钮，弹出"剪贴画"面板，选中所需剪贴画，单击便可插入到幻灯片中；单击"文本"→"艺术字"按钮，弹出"艺术字样式"列表，选中所需样式，按提示输入文字即可；单击"符号"→"公式"按钮，弹出"公式"列表，选择所需公式，或者插入新公式；单击"符号"→"符号"按钮，弹出"符号"对话框，选择符号，插入幻灯片。

4. 给幻灯片对象设置动画效果

幻灯片对象的动画效果是指在播放演示文稿时，随着演示的进展，逐步显示幻灯片内不同层次对象的内容。PowerPoint 2010 提供了 4 类动画效果：进入、强调、退出和动作路径。

设置对象的动画效果的步骤是：

(1) 选定要设置动画效果的对象；

(2) 选择所需的动画效果样式。单击"动画"→"动画"→"动画效果"→"其他"按钮，弹出的下拉列表，如图 4-39 所示，在"动画效果"列表中选择一种动画效果；

(3) 设置动画效果开始的方式。在"计时"组中，选择"开始"命令下拉列表中的动画效果开始的方式（"单击时"、"与上一动画同时"和"上一动画之后"）；

(4) 设置动画播放的速度和延迟时间以及设置其他效果选项。在"计时"组中，有"持续时间"和"延迟"两个微调框可以调整动画播放延迟时间和播放的速度。有的动画效果（比如"形状"、"轮子"等）还有其他效果可选，只须单击"动画"→"效果选项"按钮即可，如图 4-40 所示是设置了"形状"动画效果的其他效果选项。此时，若在"形状"列表下选择了"圆"，还可以单击"动画"→"显示其他效果选项"按钮 弹出图 4-41 所示"圆形扩展"对话框，进一步设置动画效果。

图 4-39 "动画效果"列表框图   图 4-40 "形状"动画效果的其他选项

5. 设置幻灯片外观

通常一个演示文稿文件的所有幻灯片会使用一致风格的背景图案或色彩搭配。用户可以轻松地利用 PowerPoint 提供的"主题"，使演示文稿中的幻灯片具有一致的外观；可设计自己喜欢的母版，并以此来统一幻灯片的风格；还可以给每张幻灯片设置个性化的背景样式。

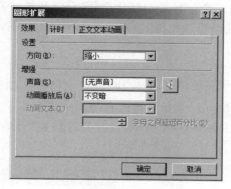

图 4-41 "圆形扩展"对话框

1) 主题

PowerPoint 的主题是一组格式选项,包括主题颜色、主题字体、主题效果和背景样式。利用 PowerPoint 内置的主题设置幻灯片的外观的方法是:单击"设计"→"主题"→"主题"→"其他"按钮 ,弹出"所有主题"列表框,如图 4-42 所示。在列表中找到所需的主题样式后右击,选择快捷菜单中的"应用于所有幻灯片"或"应用于所选幻灯片"命令即可。

图 4-42 "所有主题"列表框

2) 母版

母版用于设置幻灯片的标题、文本的格式和位置以及背景样式,其作用是统一所要创建的幻灯片的版式和风格。设置好母版格式后,新建的幻灯片都会沿用其格式;若要修改幻灯片的格式,操作起来也很方便,因为对母版的修改也会影响到基于该母版的所有幻灯片。另外,如果要在每张幻灯片上显示同样的文字、图片等,可以在母版上添加相应的内容。例如常常在母版上添加徽标图片、页眉、页脚等。PowerPoint 母版包含四类:幻灯片母版、标题母版、讲义母版和备注母版。

切换到幻灯片母版视图的方法是:单击"视图"→"幻灯片母版"按钮,切换到图 4-7

所示的"幻灯片母版"视图。创建好了幻灯片母版,只须在图 4-7 所示"幻灯片母版"视图中单击"幻灯片母版"→"关闭母版视图"按钮即可关闭母版视图,回到编辑幻灯片的"普通视图"。

3)背景样式

单击"设计"→"背景"→"背景样式"按钮,会弹出如图 4-43 所示"背景样式"列表框,列表框提供 12 种可选背景样式,如果觉得已有的样式满足不了需要,可以单击列表中的"设置背景格式"按钮,弹出如图 4-44 所示"设置背景格式"对话框,在对话框中设置背景填充或艺术效果。

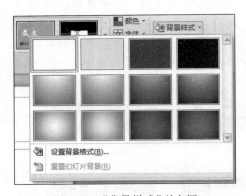

图 4-43 "背景样式"列表框

图 4-44 "设置背景格式"对话框

6. 修改幻灯片

修改幻灯片包括修改幻灯片中的对象和幻灯片的复制、移动和删除等操作。前面已经详细介绍了在幻灯片中添加各种对象,修改各种对象无非是更改添加的对象,这里将不再赘述。对幻灯片的复制、移动和删除操作一般在"幻灯片浏览"视图下进行,也可以在"普通视图"下的"大纲"窗格进行。

1)删除幻灯片

选定要删除的幻灯片,按 Del 键或选择快捷菜单中的"删除幻灯片"命令,即可删除选定的幻灯片,后面的幻灯片会自动向前排列。

2)移动或复制幻灯片

选择"剪切(或复制)"和"粘贴"命令可以实现幻灯片的移动(或复制)。也可以用鼠标拖动幻灯片实现移动幻灯片,移动的同时按下 Ctrl 键,则是复制所选幻灯片。

4.3.2 案例 2:制作和修饰幻灯片

【例 4-2】 制作演示文稿"学校简介.pptx",共包含 7 张幻灯片。

操作步骤如下:

（1）双击桌面上 PowerPoint 快捷方式图标，启动 PowerPoint 2010 程序，打开工作窗口，如图 4-1 所示。

（2）设置幻灯片外观：单击"设计"→"主题"→"其他"按钮▾，在弹出的"主题"下拉列表中选择"气流"命令，双击，则该演示文稿中的所有幻灯片将使用"气流"主题，如图 4-45 所示。

图 4-45　使用了"气流"主题的幻灯片外观

（3）设置幻灯片母版格式：单击"视图"→"幻灯片母版"按钮，切换到"幻灯片母版"视图，如图 4-46 所示。修改其中的"标题幻灯片"版式，如图 4-47 所示，删除幻灯片上所有的占位符。修改"幻灯片母版"如图 4-48 所示，在"幻灯片母版"中插入图片"校徽.png"，删除"日期"占位符，将"幻灯片编号"占位符移到合适位置，单击"插入"→"文本"→"页眉和页脚"按钮，弹出"页眉页脚"对话框，如图 4-49 所示，按图 4-49 中所示设置页脚和幻灯片编号。关闭母版视图。

（4）制作第一张幻灯片。单击"开始"→"幻灯片"→"版式"按钮，在弹出的下拉列表中选择"标题幻灯片"命令；单击"插入"→"文本"→"艺术字"按钮，在弹出的下拉列表中选择"填充-白色，投影"艺术字样式，输入文字，选中艺术字，单击"绘图工具格式"→"形状样式"→"其他"按钮▾，在弹出的下拉列表中选择"浅色 1 轮廓，彩色填充-橙色，强调颜色 5"的形状样式，适当调整艺术字大小和位置；单击"插入"→"插图"→"形状"按钮，在弹出的下拉列表中选择"星与旗帜"中的"十二角星"，拖动鼠标在幻灯片中绘制"十二角星"形状，设置好形状样式，并输入文本，同样的方法绘制 6 个"十二角星"，如图 4-50 所示。

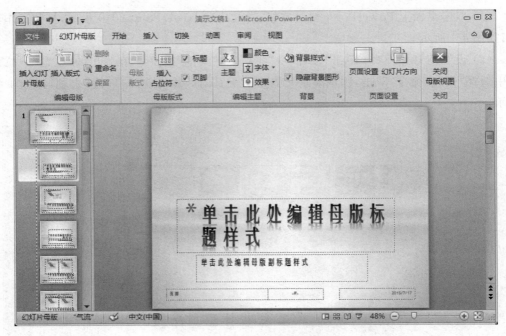

图 4-46 "幻灯片母版"视图

图 4-47 修改母版中的"标题幻灯片"

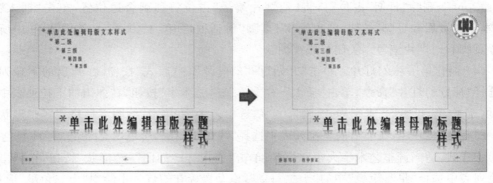

图 4-48 修改"幻灯片母版"

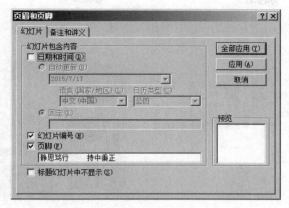

图 4-49 "页眉和页脚"对话框

图 4-50 第一张幻灯片

（5）制作第二张幻灯片。单击"开始"→"幻灯片"→"新建幻灯片"按钮，在演示文稿中插入一张新幻灯片，选择"图片与标题"命令；按照占位符的提示添加文字和图片，如图 4-51 所示。

（6）制作第三张幻灯片。新建一张幻灯片，选择"标题与内容"命令；单击"内容"占位符中的"插入 SmartArt 图形"按钮，弹出"选择 SmartArt 图形"对话框，选择"列表"→"垂直框列表"命令，在幻灯片中插入了 SmartArt 图形，选择"SmartArt 工具设计"命令添加形状、更改颜色和样式，并按提示输入文本，如图 4-52 所示。

（7）制作第四张幻灯片。新建一张幻灯片，选择"标题与内容"命令；将标题占位符移动至幻灯片上方，输入标题；单击"内容"→"插入表格"按钮，选定表格，在表格设置表格样式为"中度样式 1-强调 5"，添加文字，调整文字在表格中的对齐方式，如图 4-53 所示。

图 4-51　第二张幻灯片

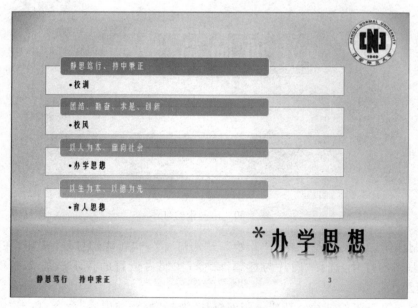

图 4-52　第三张幻灯片

　　(8) 制作第五张幻灯片。新建一张幻灯片,选择"标题与内容"命令;在标题占位符中输入文字;单击"内容"→"插入媒体剪辑"按钮,弹出"插入视频文件"对话框,选择"校园文化.wmv"视频文件,单击"插入"按钮;调整各对象的相对位置如图 4-54 所示。

　　(9) 制作第六张幻灯片。新建一张幻灯片,选择"仅标题"命令;在标题占位符中输入文字;单击"插入"→"图像"→"图片"按钮,弹出的"插入图片"对话框,选择 5 张校园风光

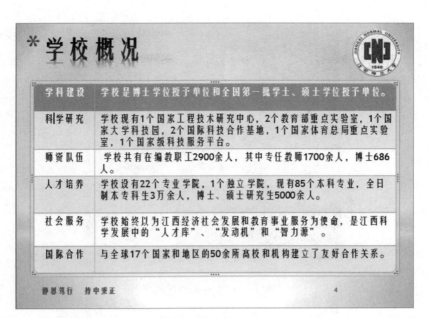

图 4-53　第四张幻灯片

图 4-54　第五张幻灯片

图插入到幻灯片,调整好各图片的位置;分别为每张图片插入文本框,说明图片;分别为每张图片创建超链接,方法是将每张图片分别链接到图片源文件;调整各对象的相对位置,如图 4-55 所示。

　　(10) 制作第七张幻灯片。新建一张幻灯片,选择"内容与标题"命令;在文本占位符中输入文字;单击"内容"→"插入图片"按钮,弹出"插入图片"对话框,选择"校园地图"图片,并设置图片格式;单击"插入"按钮;单击"插入"→"插图"→"SmartArt"按钮,在弹出的"选择 SmartArt 图形"对话框中选择"循环"→"基本循环"命令,在幻灯片中插入

图 4-55　第六张幻灯片

SmartArt 图形，在 SmartArt 图形输入学校各主楼的名称，并调整图形位置后，将 SmartArt 图形置于幻灯片最底层；调整各对象的相对位置如图 4-56 所示。

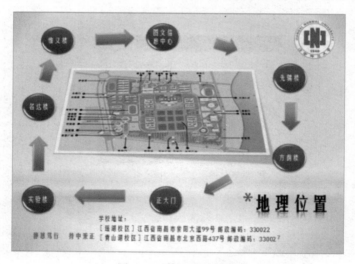

图 4-56　第七张幻灯片

　　（11）为幻灯片中的各对象设置动画效果：将第一张幻灯片中的 6 个"十二角形"设置为一个一个出现的方法是，选定幻灯片中的第 1 个"十二角形"，单击"动画"→"动画"→"出现"按钮的动画效果，同样的方法为其他 5 个"十二角形"设计为"淡出"、"飞入"、"浮入"、"劈裂"和"形状"动画效果；选定第 1 个"十二角形"，在"动画"选项卡上的"计时"组中设置"开始"方式为"单击时"，再将其他 5 个都设置为"上一动画之后"。这样播放第一张幻灯片时，单击鼠标出现第 1 个"十二角形"，随后将逐个出现其他的"十二角形"。其他对象的动画效果的设置与此类似。

（12）保存演示文稿：单击"快速访问工具栏"→"保存"按钮，或者单击"文件"按钮，在下拉列表中选择"保存"命令，将制作好的演示文稿保存为"学校简介.pptx"。

4.4 幻灯片的组织、切换和放映

4.4.1 预备知识

1. 幻灯片的组织

演示文稿在放映时，默认方式是按幻灯片的正常次序进行播放。用户可以利用 PowerPoint 提供的超链接技术改变这种播放次序，通常用超链接技术组织演示文稿的逻辑顺序，使得整个演示文稿结构清晰、逻辑分明。此外，PowerPoint 2010 还新增了节功能组织幻灯片，用户可以像使用文件夹组织文件一样用节来组织幻灯片。节常用在幻灯片较多的演示文稿中。如果是从空白板开始，甚至可使用节来列出演示文稿的主题。

1）超链接技术

创建超链接起点可以是幻灯片中的任何对象，激活超链接的方式有"单击鼠标"或"鼠标移过"，建议最好使用"单击鼠标"的方法。

设置了超链接，代表超链接的文本会添加下划线，并且显示成主题指定的颜色。激活超链接跳到其他位置后，颜色会发生改变。

创建超链接方法有三种：

（1）选择"超链接"命令按钮。选定幻灯片中要创建超链接的对象，单击"插入"→"链接"→"超链接"按钮，或者选择快捷菜单中的"超链接"命令，打开"插入超链接"对话框，如图 4-57 所示，选定要超链接到的位置，然后单击"确定"按钮。

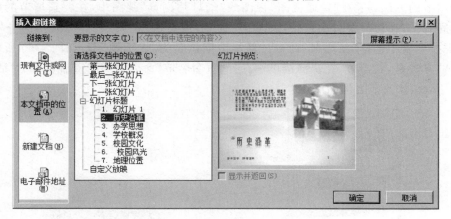

图 4-57 "插入超链接"对话框

（2）选择"动作"命令按钮。选定幻灯片中要创建超链接的对象，单击"插入"→"链接"→"动作"按钮，打开"动作设置"对话框，如图 4-58 所示。选定"单击鼠标"或"鼠标移过"作为激活超链接的方法，然后在"超链接到"下拉列表中选择"幻灯片"命令，打开"超链接到幻灯片"对话框，如图 4-59 所示。选择超链接到的幻灯片，单击"确定"按钮。

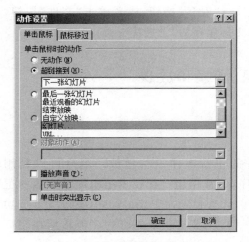

图 4-58 "动作设置"对话框

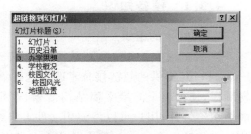

图 4-59 "超链接到幻灯片"对话框

（3）选择动作按钮。单击"插入"→"插图"→"形状"按钮，在弹出的下拉列表中提供了用于创建超链接的 12 个动作按钮，从中选定某一个动作按钮后，将鼠标指针移到幻灯片上要插入动作按钮处，绘制动作按钮，此时系统自动弹出"动作设置"对话框，如图 4-58 所示，从中进行超链接的设置。

2）节

节是 PowerPoint 2010 新增的组织幻灯片的功能，用户可以像使用文件夹组织文件一样用节来组织幻灯片。当在演示文稿中插入新节后，在"幻灯片浏览"视图和"普通视图"视图的"大纲"窗格中可以看到，第一张幻灯片前有一个"默认节"。

新增节的方法是：在"普通视图"视图或"幻灯片浏览"视图中，在要新增节的两个幻灯片之间右击，在快捷菜单中选择"新增节"命令；或者单击"开始"→"幻灯片"→"节"按钮，在下拉列表中选择"新增节"命令。新增节默认名为"无标题"节，如图 4-60 所示。重命名节的方法是，右击节，在快捷菜单中选择"重命名节"命令，打开"重命名节"对话框，如图 4-61 所示，修改节名称即可。

图 4-60 新增的"无标题节"

图 4-61 "重命名节"对话框

对新增的节可以移动和删除，还可以删除节中的所有幻灯片，只须右击节，在快捷菜单中选择相应选项即可。给演示文稿设置了节，可以右击其中的节，在快捷菜单中选择

"全部折叠"或"全部展开"命令来折叠或展开幻灯片,如图 4-62 所示是在"幻灯片浏览"视图下,选择"全部折叠"命令后的演示文稿。其中"标题和目录"节下包含 2 张幻灯片,"概述"节下包含 4 张幻灯片,"基本操作"节下包含 12 张幻灯片,"编辑演示文稿"节下包含 21 张幻灯片,"设置幻灯片的动画效果"节下包含 9 张幻灯片。使用了节的演示文稿主题明确,结构清楚。

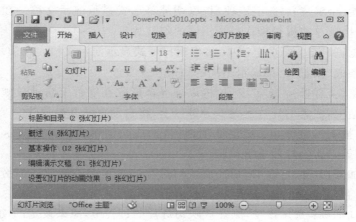

图 4-62　选"全部折叠"后的演示文稿

2. 幻灯片的切换

幻灯片切换效果是指在幻灯片放映时从一张幻灯片进入另一张幻灯片时出现的动画效果。PowerPoint 2010 提供了 3 类切换效果:细微型、华丽型、动态型,共 34 种。

设置幻灯片切换效果一般在"幻灯片浏览"视图中进行。具体方法是:选定要设置切换效果的幻灯片后,在"切换"选项卡,如图 4-63 所示,单击"切换到此幻灯片"→"切换方案"→"其他"按钮,在弹出的下拉列表中选择所需的切换效果,还可以单击"效果选项"按钮,在弹出的下拉列表中选择切换效果的方式。单击"计时"→"声音"按钮下拉列表可以设置幻灯片切换时发出的声音,"持续时间"微调框可以设置幻灯片切换效果持续的时间。在"计时"组的"换片方式"区域,选择"单击鼠标时"命令,则放映幻灯片时单击鼠标后才会切换到下一张幻灯片;选择"设置自动换片时间"命令并在旁边的微调框中设置时间,则放映幻灯片时间隔指定的时间后才会切换到下一张幻灯片。如果"单击鼠标时"和"每隔"复选框均未选定,放映幻灯片时应按 PgDn 键才会切换到下一张幻灯片。单击"全部应用"按钮,则幻灯片切换设置作用于演示文稿的所有幻灯片。

图 4-63　"切换"选项卡

3. 幻灯片的放映

1）设置幻灯片的放映方式

单击"幻灯片放映"→"设置"→"设置幻灯片放映"按钮，或者按住 Shift 键单击窗口右下方的"幻灯片放映"按钮，打开"设置放映方式"对话框，如图 4-64 所示，可以设置幻灯片的放映方式，其中：

演讲者放映（全屏幕）：选定该项，将以全屏幕形式显示演示文稿。在演示文稿放映时，可以通过快捷菜单或键盘操作显示不同的幻灯片。

观众自行浏览（窗口）：选定该项，将以窗口形式显示演示文稿。在演示文稿放映时，可以利用滚动条或"浏览"菜单显示不同的幻灯片。

在展台浏览（全屏幕）：选定该项，将以全屏幕形式在展台上自动放映演示文稿。当演示文稿放映结束，或者幻灯片闲置 5 分钟以上，将自动重新开始放映。

循环放映，按 Esc 键终止：选定该项，将自动放映演示文稿。当演示文稿放映结束后，会自动转到第一张幻灯片继续放映。

放映时不加旁白：选定该项，则在放映幻灯片的过程中不播放任何旁白。要录制旁白，可以单击"幻灯片放映"→"设置"→"录制幻灯片演示"按钮。

放映时不加动画：选定该项，则在放映幻灯片的过程中，原来设定的动画效果将不起作用。

"放映幻灯片"框提供了幻灯片放映的范围：全部、部分还是自定义放映。

"换片方式"框提供了幻灯片的换片方式：手动还是使用排练计时。

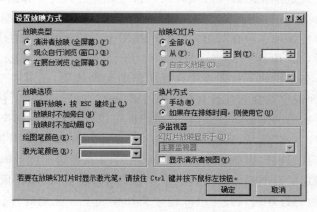

图 4-64 "设置放映方式"对话框

2）自定义放映

可以通过创建自定义放映使一个演示文稿中的部分幻灯片组合在一起单独放映或者改变原有的顺序。单击"幻灯片放映"→"开始放映幻灯片"→"自定义幻灯片放映"按钮，在弹出的下拉列表中选择"自定义放映"命令，打开"自定义放映"对话框，如图 4-65 所示，单击"新建"按钮，

图 4-65 "自定义放映"对话框

打开"定义自定义放映"对话框,如图 4-66 所示,在"幻灯片放映名称"文本框中输入放映名称,在"在演示文稿中的幻灯片"列表框中依次选定需放映的幻灯片,并单击"添加"按钮,将其添加到"在自定义放映中的幻灯片"列表框中,最后单击"确定"按钮返回"自定义放映"对话框。

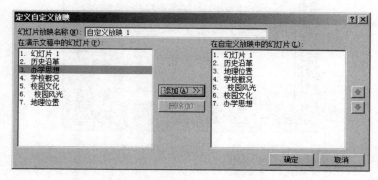

图 4-66 "定义自定义放映"对话框

3)排练计时

利用排练计时功能可以设置演示文稿中的每一张幻灯片、幻灯片中的每个动画对象的播放时间。单击"幻灯片放映"→"设置"→"排练计时"按钮,开始放映演示文稿并计时,同时在屏幕的左上角出现一个"录制"工具栏,单击"录制"→"下一项"按钮,或者单击幻灯片,可以保存当前幻灯片或动画对象的放映时间,并进入下一张幻灯片或动画对象;单击"暂停"按钮,可以暂停幻灯片放映并停止计时;单击"重复"按钮,可以对当前放映的幻灯片重新计时。

放映完所有幻灯片后,或者按 Esc 键中途结束幻灯片放映后,会弹出一个 PowerPoint 的消息框,单击"是"按钮,保存排练计时,当再次放映该演示文稿时,就可以使用排练计时来自动放映。

4)执行幻灯片放映

设置幻灯片的放映方式后,就可以播放演示文稿。PowerPoint 提供了多种不同的幻灯片放映方法。最常用的方法是,选择要播放的幻灯片,单击演示文稿窗口右下方的"幻灯片放映"视图按钮。

4. 打包幻灯片

一般情况下,在创作演示文稿的计算机上放映演示文稿自然是最为方便,但在实际工作中,用户创作的演示文稿却经常会到别的计算机上去播放。而这样往往会遇到一些问题,诸如所要播放的机器上没有安装 PowerPoint 2010,或者忘了把演示文稿所链接的相关文件一并复制过去,或者复制相关文件时搞错了相对路径。这些问题都会导致演示文稿文件不能正常播放。解决以上问题的办法是将演示文稿文件打包。

单击"文件"按钮,在弹出的下拉列表中选择"保存并发送"命令,打开"保存并发送"窗口,选择"将演示文稿打包成 CD"命令后单击"打包成 CD"按钮,打开"打包成 CD"对话框,如图 4-67 所示,在"将 CD 命名为"文本框中输入打包的名称,单击"添加"按钮,选定需打包的演示文稿文件;单击"选项"按钮,可以设置打开或修改演示文稿的密码;单击"复制到文件夹"按钮,将打包文件复制到指定名称和位置的新文件夹中;单击"复制到 CD"按钮,将打包文件复制到 CD 中。

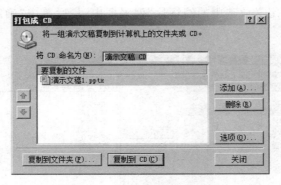

图 4-67 "打包成 CD"对话框

4.4.2 案例 3

【例 4-3】 利用超链接技术组织演示文稿"学校简介.pptx"的幻灯片,设置幻灯片的切换方式,将演示文稿存为"学校简介.ppsx"。

操作步骤如下:

(1) 启动 PowerPoint 2010 程序,用鼠标单击"文件"按钮,选择下拉列表中"打开"命令,在弹出的"打开"对话框中选择"学校简介.pptx",单击"打开"按钮,打开演示文稿。

(2) 选择第一张幻灯片,先选择"历史沿革"十二角星图形,单击"插入"→"链接"→"超链接"按钮,打开"插入超链接"对话框,在左边的"链接到"框中选择"本文档中的位置"→"请选择文档中的位置"→"2.历史沿革"命令,在右边的"幻灯片预览"框中显示第二张幻灯片的预览,如图 4-68 所示,单击"确定"按钮,将"历史沿革"十二角星图形链接到演示文稿的第二张幻灯片。同样的方法将"办学思想"十二角星图形链接到演示文稿的第三张幻灯片,将"学校概况"十二角星图形链接到演示文稿的第四张幻灯片,将"校园文化"十

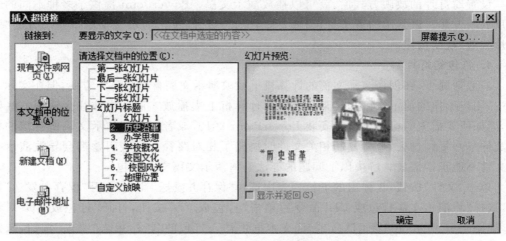

图 4-68 "插入超链接"对话框

二角星图形链接到演示文稿的第五张幻灯片,将"校园风光"十二角星图形链接到演示文稿的第六张幻灯片,将"地理位置"十二角星图形链接到演示文稿的第七张幻灯片。

(3)选择第二张幻灯片,单击"插入"→"形状"按钮,在弹出的下拉列表中选择"动作按钮"→"动作按钮:前进或下一项"命令,将鼠标移至幻灯片上,在幻灯片的右下角绘制动作按钮,同时打开"动作设置"对话框,如图4-69所示,在"超链接到"框中选择"第一张幻灯片"命令,单击"确定"按钮。这样,当播放到第二张幻灯片时,就可以单击该动作按钮回到第一张幻灯片。

图4-69 "动作设置"对话框

(4)选择步骤(2)中绘制的动作按钮,复制,粘贴到第三、四、五、六、七张幻灯片上。这样,当播放到第三、四、五、六、七张幻灯片时,也可以通过单击右下角的动作按钮回到第一张幻灯片。

(5)设置幻灯片的切换方式:选择第一张幻灯片,单击"切换"→"切换到此幻灯片"→"推进"按钮,在"计时"组中的"声音"框和"持续时间"框中设置为如图4-70所示。

图4-70 "切换"选项卡

(6)重复步骤(4),为其他幻灯片设置切换方式。

(7)保存演示文稿:单击"文件"按钮,选择下拉列表中"保存并发送"命令,单击其列表框中的"更改文件类型"按钮,选择其列表框中的"PowerPoint放映(＊.ppsx)"命令,如图4-71所示。双击之后打开"另存为"对话框,按提示将演示文稿保存为"学校简介.ppsx"。这种格式会自动以放映形式打开。

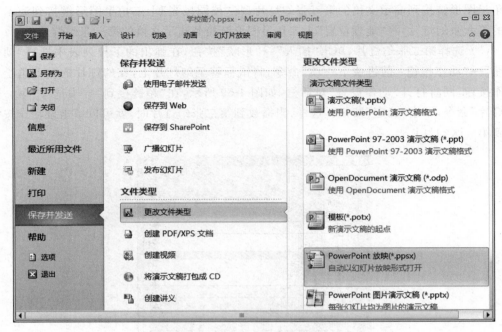

图 4-71　保存为 .ppsx 格式文件的步骤

4.5　综合案例

【**例 4-4**】　利用 PowerPoint 2010 制作课件："演示文稿软件 PowerPoint 2010.pptx"。在幻灯片中插入多种对象，使用主题和幻灯片母版统一幻灯片外观，运用超链接技术和新增节来组织演示文稿中的幻灯片。

操作步骤如下：

1. 利用"空白演示文稿"创建演示文稿

（1）启动 PowerPoint 2010 程序，则系统自动创建空白演示文稿，单击"快速访问工具栏"→"保存"按钮，将演示文稿保存为"演示文稿软件 PowerPoint 2010.pptx"。

（2）选择主题：单击"设计"→"主题"→"主题"→"其他"按钮，弹出"所有主题"列表框，选择"波形"命令。

（3）设置母版：单击"视图"→"幻灯片母版"按钮，切换到母版视图。修改"标题幻灯片母版"如图 4-72 所示，修改"幻灯片母版"如图 4-73 所示，修改"内容与标题"幻灯片母版如图 4-74 所示，单击"关闭"按钮，关闭母版视图。

2. 制作幻灯片

第 1 张幻灯片选择"标题"版式，输入标题"演示文稿软件 PowerPoint 2010"，第 2 张幻灯片选择"标题和内容"版式，在内容占位符插入 SmartArt 图形，按提示输入文字，为课件主要内容，如图 4-75 所示。第 3 到第 8 张幻灯片的内容为"PowerPoint 2010 概述"；第 9 到第 11 张幻灯片的内容为"演示文稿的创建与保存"；第 12 到第 18 张幻灯片的内容

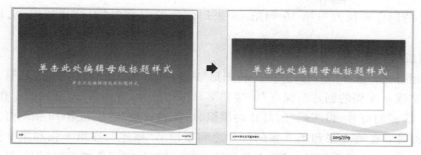

图 4-72 修改"标题幻灯片母版"

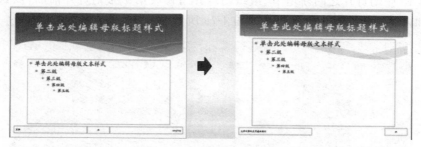

图 4-73 修改"幻灯片母版"

图 4-74 修改"内容与标题幻灯片母版"

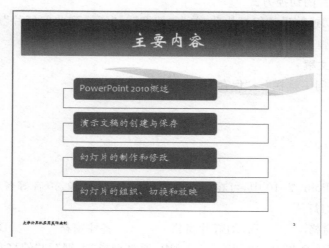

图 4-75 第 2 张幻灯片

为"幻灯片的制作和修改";第 19 到第 29 张幻灯片的内容为"幻灯片的组织、切换和放映"。

3. 组织幻灯片

插入超链接：选择第 2 张幻灯片，将图形"PowerPoint 2010 概述"链接到第 3 张幻灯片；将图形"演示文稿的创建与保存"链接到第 9 张幻灯片；将图形"幻灯片的制作和修改"链接到第 12 张幻灯片；将图形"幻灯片的组织、切换和放映"链接到第 19 张幻灯片。新增节组织幻灯片：在第 2 张和第 3 张幻灯片之间新增节"概述"；在第 8 张和第 9 张幻灯片之间新增节"创建演示文稿"；在第 11 张和第 12 张幻灯片之间新增节"制作幻灯片"；在第 18 张和第 19 张幻灯片之间新增节"组织幻灯片"；修改第 1 张幻灯片前的"默认节"节名为"标题和内容"，将所有节全部折叠如图 4-76 所示。

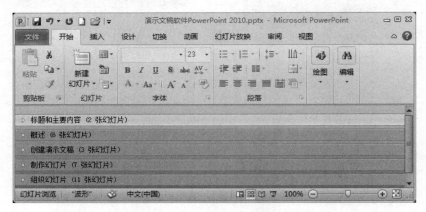

图 4-76　折叠后的节

4. 设置幻灯片中对象的动画效果

单击"动画"→"动画"→"动画效果"→"其他"按钮，弹出的下拉列表，在"动画效果"列表中选择一种动画效果。

5. 设置幻灯片的切换方式

选定要设置切换效果的幻灯片后，单击"切换"→"切换到此幻灯片"→"切换方案"→"其他"按钮，在弹出的下拉列表中选择所需的切换效果。

6. 保存演示文稿

单击"快速访问工具栏"→"保存"按钮，保存演示文稿。

习　题　4

一、选择题

1. 在 PowerPoint 2010 中，可在（　　）中添加文字、图像、声音等各种对象并对其进行编排设计生成幻灯片。

  A. 动画窗格   B. 幻灯片窗格   C. 备注窗格   D. 大纲窗格

2. 在 PowerPoint 2010 中，可在（　　）中，通过选择"大纲"和"幻灯片"命令实现在幻灯片文本大纲和幻灯片缩略图之间切换。

    A. 动画窗格   B. 幻灯片窗格   C. 备注窗格   D. 大纲窗格

3. PowerPoint 2010 生成的演示文稿文件的扩展名是(   )。

    A. .docx   B. .txt   C. .pptx   D. .xlsx

4. 在 PowerPoint 2010 中,以下不属于幻灯片对象的是(   )。

    A. 占位符   B. 图片   C. 文字   D. 表格

5. 以下(   )方法可以使幻灯片具有一致的外观。

    A. 母版   B. 主题   C. 模板   D. 以上都是

6. 在 PowerPoint 2010 中,在(   )视图下以最大方式一幅一幅动态地显示文稿的各个幻灯片。

    A. 普通视图   B. 浏览视图   C. 放映视图   D. 母版视图

7. 在 PowerPoint 2010 的(   )下,不能改变幻灯片的内容,但可以灵活地复制、删除、调整幻灯片。

    A. 普通视图   B. 大纲视图

    C. 幻灯片浏览视图   D. 幻灯片放映视图

8. 要给演示文稿的每张幻灯片添加上某公司的标志性图案,使用(   )最为方便。

    A. 节   B. 模板   C. 母版   D. 主题

9. 在 PowerPoint 2010 中,为所选对象设置超链接是:单击选项卡(   )。

    A. "视图"   B. "插入"   C. "动画"   D. "幻灯片放映"

10. 在播放演示文稿时,(   )。

    A. 只能按顺序播放   B. 只能按幻灯片编号的顺序播放

    C. 可以按任意顺序播放   D. 不能倒回去播放

二、填空题

1. 在 PowerPoint 中,制作的一个演示文稿通常保存在一个文件里,该文件称为"演示文稿",以_____为文件名后缀。

2. 在 PowerPoint 2010 中,制作一个演示文稿的过程就是依次制作一张张_____的过程。

3. 打开 PowerPoint 2010 主窗口,在幻灯片窗格上呈现的虚框称为_____。

4. 在 PowerPoint 2010 中,制作一个幻灯片的过程,就是创建和编辑其中的_____的过程。

5. _____是指预先定义好格式、版式和配色方案的演示文稿。

6. PowerPoint 2010 为了建立、编辑、浏览、放映幻灯片的需要,提供了四种主要视图:_____、_____、_____和_____。

7. 在 PowerPoint 2010 下,设置文字的格式,只须选定文字,单击_____选项卡上的"字体"组中的相应按钮即可。

8. _____是信息和观点的视觉表示形式。使用_____,可以快速、轻松、有效地传达信息。

9. 在 PowerPoint 2010 中,若要删除对象的超级链接,只须在快捷菜单中选择

_____命令。

10. _____是 PowerPoint 2010 新增的组织幻灯片的功能,用户可以像使用文件夹组织文件一样用节来组织幻灯片。

三、简答题

1. 启动 PowerPoint 2010 的方法有哪些?

2. 简述在 PowerPoint 2010 下制作演示文稿的方法。

3. 简述在 PowerPoint 2010 下新建幻灯片的方法。

4. 如何设置幻灯片切换效果?

5. 如何将声音文件插入幻灯片,如何实现自动播放声音文件?

四、操作题

制作演示文稿“自荐书.pptx”。要求如下:

(1) 利用母版统一“自荐书.pptx”的设计风格。

(2) 插入幻灯片的对象有图片、表格、艺术字和 SmartArt 图形。

(3) 设置幻灯片上对象的动画效果。

(4) 设置幻灯片的切换效果。

(5) 设置幻灯片自动放映。

第三篇

网络与多媒体篇

第三篇

网络与系统安全

第5章 计算机网络基础

人类社会信息化进程的加快,信息种类和信息量的急剧增加,要求更有效地、正确地和大量地传输信息,促使人们将简单的通信形式发展成网络形式。计算机网络的建立和使用是计算机与通信技术发展结合的产物,它是信息高速公路的重要组成部分。计算机网络使人们不受时间和地域的限制,实现资源共享。计算机网络是一门涉及多种学科和技术领域的综合性技术。

本章主要内容:

- 计算机网络概念、分类、功能与计算机网络协议
- Internet 的概念、IP 地址和域名地址
- Windows 7 的网络管理
- Internet 的应用

5.1　计算机网络概述

计算机网络是利用通信设备及传输媒体将地理位置分散的、具有独立功能的计算机系统连接起来,按照某种协议进行数据通信,以实现资源共享、信息交换的信息系统。计算机网络技术是计算机技术与通信技术相结合的产物。

5.1.1　计算机网络的发展

计算机网络的发展过程大致可以分为以下三个阶段。

1. 以单个计算机为主的远程通信系统

这种系统也称为"面向终端的计算机网络",包括一台中心计算机和多台终端。系统主要功能是完成中心计算机和各个终端之间的通信,而终端之间通过中心计算机进行通信,如图 5-1 所示。

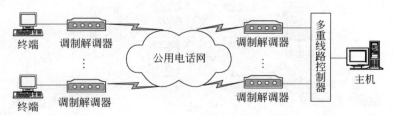

图 5-1　第一代计算机网络结构示意图

2. 多个主计算机通过通信线路互连起来的系统

这种系统中的每台计算机都具有自主处理功能,各台计算机之间不存在主从关系。系统中最重要的两个部分是主机(Host)和通信控制处理机(Communication Control

Processor,CCP)。主机主要用来运行用户程序,而 CCP 则主要负责进行主机之间通信请求的处理,如图 5-2 所示。

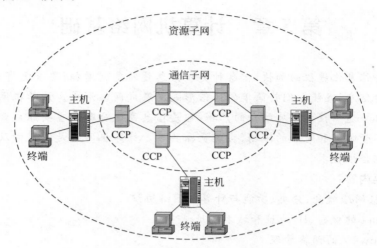

图 5-2　第二代计算机网络结构示意图

3. 计算机网络

计算机网络是遵循国际标准化协议、具有统一网络的体系结构。

随着计算机通信网络的发展和广泛应用,人们希望在更大的范围内共享资源。某些计算机系统用户希望使用其他计算机系统中的资源;或者想与其他系统联合完成某项任务,这样就形成了以共享资源为目的的计算机网络,如图 5-3 所示。

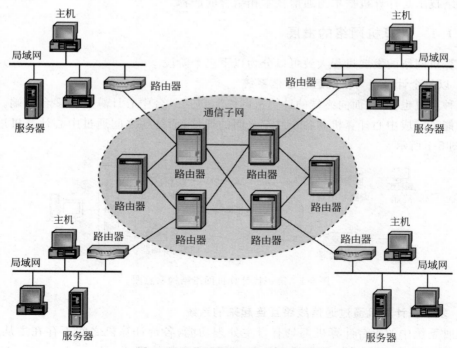

图 5-3　现代计算机网络结构示意图

5.1.2 计算机网络的功能

1. 数据交换和通信

计算机网络中的计算机之间或计算机与终端之间，可以快速可靠地相互传递数据、程序或文件。

2. 资源共享

充分利用计算机网络中提供的资源（包括硬件、软件和数据）是计算机网络组网的主要目标之一。

3. 提高系统的可靠性

在一些用于计算机实时控制和要求高可靠性的场合，通过计算机网络实现备份技术可以提高计算机系统的可靠性。

4. 分布式网络处理和负载均衡

对于大型的任务或当网络中某台计算机的任务负荷太重时，可将任务分散到网络中的各台计算机上进行，或由网络中比较空闲的计算机分担负荷。

5.1.3 计算机网络的分类

计算机网络的分类方式有很多种，可以按地理范围、拓扑结构、传输速率和传输介质等分类。

1. 按地理范围分类

按地理位置分类，可以将计算机网络分为局域网、城域网和广域网。

1）局域网（Local Area Network，LAN）

局域网地理范围一般几百米到 10km 之内，属于小范围内的联网，如一个建筑物内、一个学校内、一个工厂的厂区内等。局域网的组建简单、灵活，使用方便，如图 5-4 所示。

2）城域网（Metropolitan Area Network，MAN）

城域网地理范围可从几十千米到上百千米，

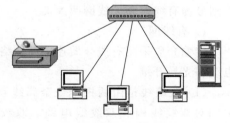

图 5-4　局域网示例

可覆盖一个城市或地区，是一种中等形式的网络，如图 5-5 所示。

3）广域网（Wide Area Network，WAN）

广域网地理范围一般在几千公里左右，属于大范围联网，如几个城市，一个或几个国家。广域网是网络系统中最大型的网络，能实现大范围的资源共享，如国际性的 Internet 网络，如图 5-6 所示。

2. 按传输速率分类

网络的传输速率有快有慢，传输速率快的称高速网，传输速率慢的称低速网。传输速率的单位是 b/s（每秒比特数，英文缩写为 bps）。一般将传输速率在 Kb/s～Mb/s 范围的网络称低速网，在 Mb/s～Gb/s 范围的网称高速网。也可以将 Kb/s 网称低速网，将 Mb/s 网称中速网，将 Gb/s 网称高速网。

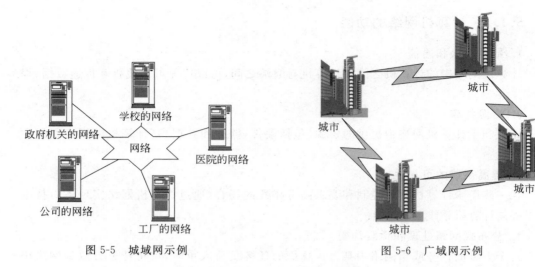

图 5-5　城域网示例　　　　　　　　　　图 5-6　广域网示例

网络的传输速率与网络的带宽有直接关系。带宽是指传输信道的宽度,带宽的单位是 Hz(赫兹)。按照传输信道的宽度可分为窄带网和宽带网。一般将 kHz～MHz 带宽的网称为窄带网,将 MHz～GHz 的网称为宽带网,也可以将 kHz 带宽的网称窄带网,将 MHz 带宽的网称中带网,将 GHz 带宽的网称宽带网。通常情况下,高速网就是宽带网,低速网就是窄带网。

3.按传输介质分类

传输介质是指数据传输系统中发送装置和接收装置间的物理媒体,按其物理形态可以划分为有线网和无线网两大类。

1)有线网

传输介质采用有线介质连接的网络称为有线网,常用的有线传输介质有双绞线、同轴电缆和光导纤维。

(1)双绞线是由两根绝缘金属线互相缠绕而成,这样的一对线作为一条通信线路,由四对双绞线构成双绞线电缆。双绞线点到点的通信距离一般不能超过 100m。目前,计算机网络上使用的双绞线按其传输速率分为三类线、五类线、六类线、七类线,传输速率在 10Mbps 到 600Mbps 之间,双绞线电缆的连接器一般为 RJ-45(水晶头)。如图 5-7 所示。

图 5-7　双绞线和 RJ-45 连接器(水晶头)

(2)同轴电缆由内、外两个导体组成,内导体可以由单股或多股线组成,外导体一般由金属编织网组成。内、外导体之间有绝缘材料,其阻抗为 50Ω。同轴电缆分为粗缆和细缆,粗缆用 DB-15 连接器,细缆用 BNC 和 T 连接器,如图 5-8 所示。

(3) 光缆由两层折射率不同的材料组成。内层是具有高折射率的玻璃单根纤维体组成,外层包一层折射率较低的材料。光缆的传输形式分为单模传输和多模传输,单模传输性能优于多模传输。所以,光缆分为单模光缆和多模光缆,单模光缆传送距离为几十千米,多模光缆为几千米。光缆的传输速率可达到每秒几百兆位。光缆用 ST 或 SC 连接器。光缆的优点是不会受到电磁的干扰,传输的距离也比电缆远,传输速率高。光缆的安装和维护比较困难,需要专用的设备,如图 5-9 所示。

图 5-8 同轴电缆

图 5-9 光缆

2) 无线网

采用无线介质连接的网络称为无线网。目前无线网主要采用三种技术:微波通信、红外线通信和激光通信。这三种技术都是以大气为介质的。其中微波通信用途最广,目前的卫星网就是一种特殊形式的微波通信,它利用地球同步卫星作中继站来转发微波信号,一个同步卫星可以覆盖地球的三分之一以上表面,三个同步卫星就可以覆盖地球上全部通信区域,如图 5-10 和图 5-11 所示。

地球表面

图 5-10 微波地面中继通信

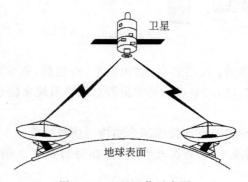

卫星

地球表面

图 5-11 卫星通信示意图

4. 按拓扑结构分类

计算机网络的物理连接形式叫作网络的物理拓扑结构。连接在网络上的计算机、大容量的外存、高速打印机等设备均可看作是网络上的一个节点，也称为工作站。计算机网络中常用的拓扑结构有总线型、星型、环型、树型和网状型等。

1）总线拓扑结构

总线拓扑结构是一种共享通路的物理结构。这种结构中总线具有信息的双向传输功能，普遍用于局域网的连接，总线一般采用同轴电缆或双绞线，如图 5-12 所示。

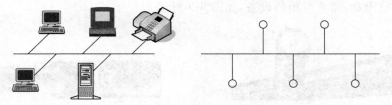

图 5-12　总线型拓扑结构

总线拓扑结构的优点是：安装容易，扩充或删除一个节点也很容易，不需停止网络的正常工作，节点的故障不会殃及系统。由于各个节点共用一个总线作为数据通路，信道的利用率高。但总线结构也有其缺点：由于信道共享，连接的节点不宜过多，并且总线自身的故障可以导致系统的崩溃。

2）星型拓扑结构

星型拓扑结构是一种以中央节点为中心，把若干外围节点连接起来的辐射式互联结构。这种结构适用于局域网，特别是近年来连接的局域网大都采用这种连接方式。这种连接方式以双绞线或同轴电缆作为连接线路，如图 5-13 所示。

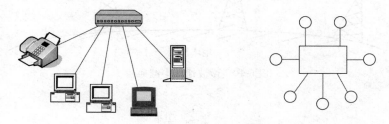

图 5-13　星型拓扑结构

星型拓扑结构的特点是：安装容易，结构简单，费用低，通常以集线器（Hub）作为中央节点，便于维护和管理。中央节点的正常运行对网络系统来说是至关重要的。

3）环型拓扑结构

环型拓扑结构是将网络节点连接成闭合结构。信号顺着一个方向从一台设备传到另一台设备，每一台设备都配有一个收发器，信息在每台设备上的延时时间是固定的，如图 5-14 所示。

环型拓扑结构的特点是：安装容易，费用较低，电缆故障容易查找和排除。有些网络系统为了提高通信效率和可靠性，采用了双环结构，即在原有的单环上再套一个环，使每

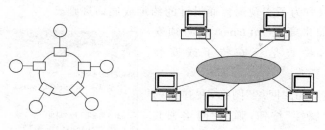

图 5-14　环型拓扑结构

个节点都具有两个接收通道。环型网络的弱点是,当节点发生故障时,整个网络就不能正常工作。这种结构特别适用于实时控制的局域网系统。

4) 树型拓扑结构

树型拓扑结构就像一棵"根"朝上的树,与总线拓扑结构相比,主要区别在于总线拓扑结构中没有"根"。这种拓扑结构的网络一般采用同轴电缆,用于军事单位、政府部门等上、下界限相当严格和层次分明的部门,如图 5-15 和图 5-16 所示。

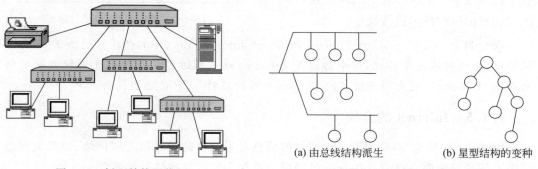

图 5-15　树型结构网络

(a) 由总线结构派生　　　(b) 星型结构的变种

图 5-16　树型拓扑结构

树型拓扑结构的特点:优点是容易扩展、故障也容易分离处理,缺点是整个网络对根的依赖性很大,一旦网络的根发生故障,整个系统就不能正常工作。

5) 网状型拓扑结构

网状型拓扑结构指各节点通过传输线互相连接起来,并且每一个节点至少与其他两个节点相连。网状型拓扑结构具有较高的可靠性,但其结构复杂,实现起来费用较高,不易管理和维护,不常用于局域网。网状拓扑结构一般用于Internet 骨干网上,使用路由算法来计算发送数据的最佳路径,如图 5-17 所示。

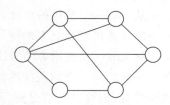

图 5-17　网状型拓扑结构

5.1.4　计算机网络协议

计算机通信网是由许多具有信息交换和处理能力的节点互连而成的,要使整个网络有条不紊地工作,就要求每个节点必须遵守一些事先约定好的有关数据格式及时序等的规则。这些为实现网络数据交换而建立的规则、约定或标准就称为网络协议。

协议是通信双方为了实现通信而设计的约定或通话规则。

一台计算机如果要上 Internet，就必须安装 TCP/IP 协议，检查是否安装了或安装 TCP/IP 协议的步骤为：

（1）在桌面上右击"网络"图标，在弹出的快捷菜单中单击"属性"按钮，弹出"网络和共享中心"窗口。

（2）在"网络和共享中心"窗口中，单击"本地连接"按钮，在弹出"本地连接状态"窗口中单击"属性"按钮，出现如图 5-18 所示的"本地连接属性"对话框。

（3）检查是否有如图 5-18 中 1 所指的"Internet 协议版本 4（TCP/IPv4）"，若有，则表示已经安装，否则单击"安装"按钮，再根据出现的对话框的提示进行操作。

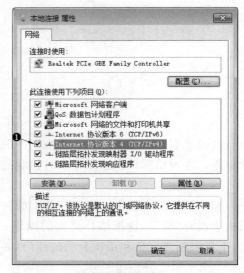

图 5-18　"本地连接属性"对话框

☞ TCP/IP：Transport Control Protocol/Internet Protocol，传输控制协议/网际互联协议，又叫网络通信协议，这个协议是 Internet 最基本的协议、Internet 国际互联网络的基础，简单地说，就是由网络层的 IP 协议和传输层的 TCP 协议组成的。

5.1.5　Internet 的介绍

Internet 又称为"因特网"，是全球性的最具有影响力的计算机互联网络，也是世界范围内的信息资源库。目前，Internet 已经成为覆盖全球的基础信息设施之一。

2015 年 2 月 3 日，中国互联网络信息中心（CNNIC）发布《第 35 次中国互联网络发展状况统计报告》显示，截至 2014 年 12 月 31 日，中国网民规模达到 6.49 亿人，其中手机网民规模达 5.57 亿人、2014 年底域名总数为 2060 万，三项指标仍然稳居世界第一，互联网普及率稳步提升。

从 Internet 结构的角度看，它是一个利用路由器将分布在世界各地数以万计的规模不一的计算机互联起来的网际网。

从 Internet 使用者的角度看，Internet 由大量计算机连接在一个巨大的通信系统平台上形成的一个全球范围的信息资源网。接入 Internet 的主机既可以是信息资源及服务的提供者，也可以是信息资源及服务的使用者。Internet 的使用者不必关心 Internet 的内部结构，他们面对的只是接入 Internet 所提供的信息资源及服务。

Internet 起源于 20 世纪 70 年代初，美国国防部组建了一个叫 ARPAnet 的网络，其初衷是要避免传统网络中主服务器负担过重，一旦出问题，全网都要瘫痪的问题。于是基于网络总是不安全的这一假设，设计出 Client/Server 模式和 IP 地址通信技术。ARPAnet 网络经过不断地发展和改进，到 20 世纪 90 年代初，就演变成覆盖全球的国际性的互联网络——Internet。

每一计算机要连上 Internet 都必须要有地址,网络中的地址方案分为两套:IP 地址系统和域名地址系统。这两套地址系统其实是一一对应的关系。IP 地址用二进制数来表示,由于 IP 地址是数字标识,使用时难以记忆和书写,因此在 IP 地址的基础上又发展出一种符号化的地址方案,来代替数字型的 IP 地址。每一个符号化的地址都与特定的 IP 地址对应,这样网络上的资源访问起来就容易得多了。这个与网络上的数字型 IP 地址相对应的字符型地址,称为域名。

1. IP 地址

按照传输控制协议/网际互联协议(Transport Control Protocol/Internet Protocol,TCP/IP)规定,IP 地址用二进制数来表示,每个 IP 地址长 32bit,比特换算成字节,就是 4 个字节。例如一个采用二进制形式的 IP 地址是"00001010000000000000000000000001",这么长的地址,人们处理起来很费劲。为了方便人们的使用,中间使用符号"."分开不同的字节,每个字节写成 0~255 之间的十进制数字,数字之间也使用符号"."分开,例如 166.111.1.11 表示一个 IP 地址。于是,上面的 IP 地址可以表示为"10.0.0.1"。IP 地址的这种表示法叫作"点分十进制表示法",这显然比 1 和 0 容易记忆得多。

例如,江西师大主页的 IP 地址是:202.101.194.133,中国传媒大学主页的 IP 地址是 116.70.0.1。

关于 IP 地址的更多内容,有兴趣的读者可查阅相关书籍。

2. 域名地址

域名即是用一组英文符号代替的 IP 地址。一个域名一般由英文字母和阿拉伯数字以及下划线组成,最长可达 67 个字符(包括后缀),并且字母的大小写没有区别,每个层次最长不能超过 22 个字母。这些符号构成了域名的前缀,主体和后缀等几个部分,组合在一起构成一个完整的域名。

Internet 主机域名地址的一般格式是:主机名.单位名.类型名.国家代码。

顶级域名是国家代码。例如,cn 代表中国,jp 代表日本,fr 代表法国,ca 代表加拿大等。常见的国家和地区的域名如表 5-1 所示,常见的类型域名如表 5-2 所示。

表 5-1　部分国家和地区的域名

域名	国家和地区	域名	国家和地区	域名	国家和地区
au	澳大利亚	fl	芬兰	nl	荷兰
be	比利时	fr	法国	no	挪威
ca	加拿大	hk	中国香港	nz	新西兰
ch	瑞士	ie	爱尔兰	ru	俄罗斯
cn	中国	in	印度	se	瑞典
de	德国	it	意大利	tw	中国台湾
dk	丹麦	jp	日本	uk	英国
es	西班牙	kp	韩国	us	美国

近年来,一些国家也纷纷开发使用本民族语言构成的域名,如德语,法语等。我国也开始使用中文域名,但可以预计的是,在我国国内今后想当长的时期内,以英语为基础的

域名（即英文域名）仍然是主流。

表 5-2　常见类型的域名

域名	用　　途	域名	用　　途
com	商业组织	mil	军事部门
edu	教育机构	org	非营利组织
gov	政府部门	net	主要网络支持中心

☞　在访问网页时，人们习惯使用域名地址，因为域名地址容易被大家记住，但是使用域名地址访问时比使用 IP 地址访问要慢，因为域名地址最终要解析为 IP 地址，才能访问，所以若读者在使用域名地址访问某网页无法打开时，不妨试着用 IP 地址访问，也许会给你惊喜。

5.1.6　IPv4 与 IPv6

IPv4 是 Internet Protocol Version 4 的缩写，其中 Internet Protocol 译为"互联网协议"，目前的互联网就是在 IPv4 的协议的基础上运行的。

前一小节介绍的 IP 地址指的就是 IPv4 的地址，它采用 32 位地址长度，它的最大问题是网络地址资源有限，从理论上讲，编址 1600 万个网络、大约 43 亿台计算机可以连接到 Internet 上。但由于技术等方面的原因，实际可用的网络地址和主机地址的数目大打折扣，以至目前的 IP 地址近乎枯竭。近十几年来由于互联网的蓬勃发展，IP 地址的需求量愈来愈大，使得 IP 地址的发放愈趋严格。据 2015 年 2 月发布的《第 35 次中国互联网络发展状况统计报告》显示，IPv4 地址数已于 2011 年 2 月分配完毕，自 2011 年开始我国 IPv4 地址总数基本维持不变。地址不足，严重地制约了我国及其他国家互联网的应用和发展。一方面是地址资源数量的限制，另一方面是随着电子技术及网络技术的发展，物联网将进入人们的日常生活，可能身边的每一样东西都需要连入因特网。最根本的解决办法还是要扩大 IP 地址，在这样的环境下，IPv6 应运而生。

IPv6 协议是 Internet Protocol Version 6 的缩写，IPv6 是下一版本的互联网协议。于 1992 年开始开发，1998 年 12 月发布标准 RFC2460。IPv6 继承了 IPv4 的优点，并总结了 IPv4 近 30 年的运行经验，目的是解决 IPv4 地址空间不足、地址结构规划不合理的问题，同时对 IPv4 协议运行中存在的不足进行了改进和功能扩充。

IPv6 的 IP 地址采用 128 位地址长度，一个 IPv6 的 IP 地址由 8 个地址节组成，每节包含 16 个地址位，以 4 个 16 进制数书写，节与节之间用冒号分隔。单从数字上来说，IPv6 所拥有的地址容量是 IPv4 的约 8×10^{28} 倍，达到 $2^{128}-1$ 个。它几乎可以不受限制地提供地址。按保守方法估算 IPv6 实际可分配的地址，整个地球每平方米面积上可分配 1000 多个地址。这不但解决了网络地址资源数量的问题，同时也为除计算机外的设备连入互联网在数量限制上扫清了障碍。

IPv6 技术体系经历了前十多年的发展，其标准化的进程缓慢，严重影响了 IPv6 技术关键应用体系的建立。近几年来由于亚洲和欧洲力量的推动，IPv6 的标准化进程明显加快，具有 IPv6 特性的网络设备和网络终端，以及相关的硬件平台的推出也已加快了进度。

在这种趋势下，IPv6 在网络通信行业以及人们日常生活中具有广阔的应用前景，主要表现在视频应用、Voice over IP、网络家电、移动 IPv6 业务、传感器网络、智能交通系统和军事应用等。

在图 5-18 中，Windows 7 不仅安装了 IPv4，还安装了 IPv6。

5.2　Windows 7 网络管理

5.2.1　共享文件夹管理

1. 网络

Windows 7 桌面上的"网络"是局域网用户访问其他工作站的一种途径，不少用户在访问共享资源时，总喜欢利用"网络"功能，来移动或者复制共享计算机中的信息。

一般 Windows 7 系统安装后"网络"图标就会出现在桌面上。对 Windows 7 来讲，若安装完后桌面上没有"网络"图标，则要在桌面上出现"网络"图标，方法是：在桌面上右击，依次单击"个性化"→"更改桌面图标"→"网络"按钮，如图 5-19 至图 5-21 所示。

2. 共享文件夹的设置

只有设置了共享的文件夹，才能被网上其他计算机所使用。设置共享的方法如下：

（1）使用"计算机"，找到要共享的文件夹，单击鼠标，单击"共享对象"按钮，如图 5-22 所示。

图 5-19　桌面快捷菜单

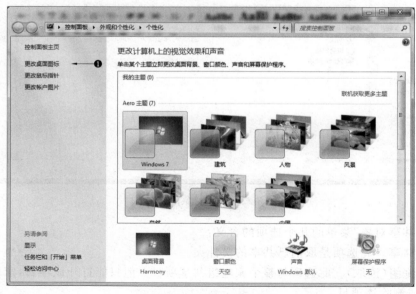

图 5-20　"个性化"对话框

图 5-21 "桌面图标设置"对话框

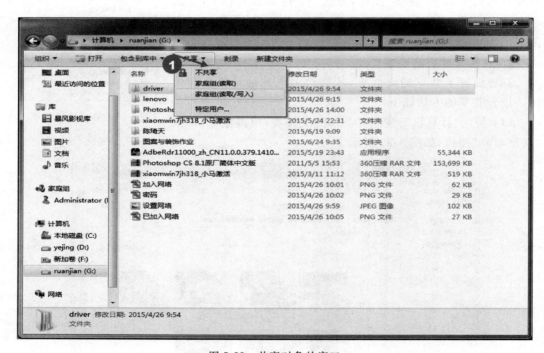

图 5-22 共享对象的窗口

（2）"共享对象"菜单的几个选项的含义：

① 不共享。此选项是取消已共享的文件夹。

② 家庭组（读取）。此选项与整个家庭组共享项目。但只能打开该项目，家庭组成员不能修改或删除该项目。

③ 家庭组（读取/写入）。此选项与整个家庭组共享项目。可打开、修改或删除该项目。

④ 特定用户。此选项将打开文件共享向导，允许用户选择与其共享项目的单个用户。

（3）单击"家庭组（读取）"按钮，共享已设置好，如图 5-23 所示。

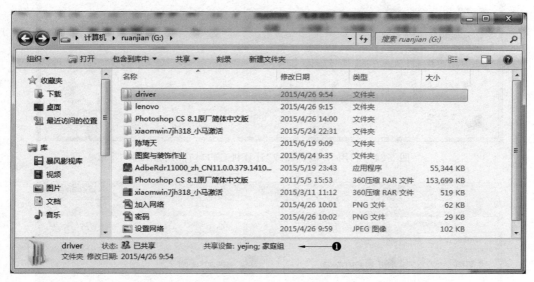

图 5-23　文件夹共享的状态栏

3. 共享文件夹的取消

如果一个文件夹，不需要共享了，则需要取消文件夹的共享，取消共享的步骤如下：

（1）使用"计算机"，找到要取消共享的文件夹，单击鼠标，单击"共享对象"按钮，如图 5-22 所示。

（2）在"共享对象"菜单中单击"不共享"按钮，此时文件夹就取消共享了。

5.2.2　访问网络资源

一台计算机要访问属于同一个局域网上的另一计算机上的共享文件夹，方法有多种，下面只介绍其中的三种。

方法 1：打开 IE 浏览器或"计算机"窗口，直接在地址栏输入"\\该计算机的 IP 或名称"，按 Enter 键，所有共享的文件和文件夹就会一目了然了。假设对方的计算机名是"yejing-pc"，IP 地址是 192.168.0.101，则可在 IE 浏览器或"计算机"窗口的地址栏中输入"\\yejing-pc"或"\\192.168.0.101"，如图 5-24 所示。

方法 2：双击桌面上的"网络"图标，打开"网络"窗口，在窗口内就可以看到网络中的计算机名了，只须打开相应的计算机，就可以看到该计算机上的共享文件夹了。如图 5-25、图 5-26 所示。

方法 3：单击"开始"菜单，在"搜索程序和文件"框中输入"\\对方计算机的 IP 或名称"，按 Enter 键即可，如图 5-27 所示。

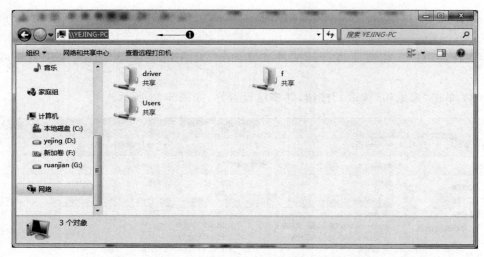

图 5-24　利用 IE 浏览器或"计算机"窗口访问网络共享

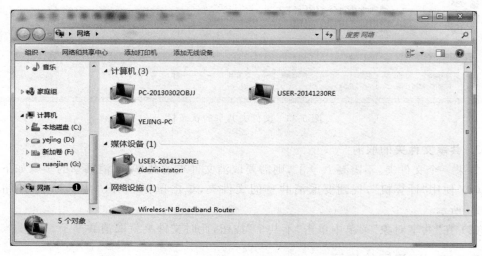

图 5-25　网络窗口

图 5-26　共享文件夹和共享设备

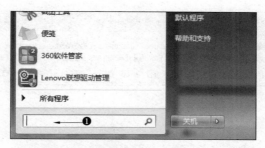

图 5-27 开始菜单的"搜索程序和文件"对话框

5.2.3 案例 1：路由器的连接与设置

普通用户不管采用什么方式上网,如果需要多台计算机组建一个局域网,形成简单的网络互连,就需要路由器这种设备。如一个办公室,一间寝室,一个家庭等,几台计算机和智能手机要互连起来就需要组建无线局域网。

一般路由器有 WAN 口和 LAN 口。WAN 口接入外线,即从互联网服务提供商(Internet Service Provider,ISP)接入网络,ISP 是向广大用户综合提供互联网接入业务、信息业务、和增值业务的电信运营商;而 LAN 口为局域网内部计算机连接网线的接口,路由器的连接如图 5-28 所示。目前路由器主要有有线路由器和无线路由器两种。智能手机通过 Wi-Fi 上网则要使用无线路由器。

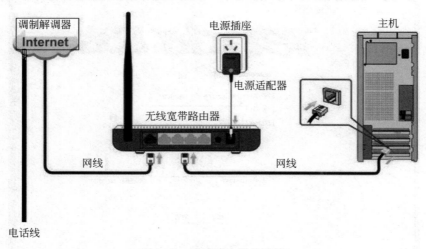

图 5-28 无线路由器的连接

路由器连接好后,第一次使用或更改时要对路由器进行设置,设置步骤如下(以TENDA 11N 无线路由器为例,不同厂家的路由设置有少许差别):

(1) 登录:在 IE 浏览器的地址栏中输入 192.168.0.1(路由器地址,有些是 192.168.1.1),如图 5-29 所示,输入登录密码,单击"确定"。

(2) 弹出如图 5-30 所示的窗口,单击"高级设置"→"WAN 口设置"按钮,弹出如图 5-31 所示窗口。

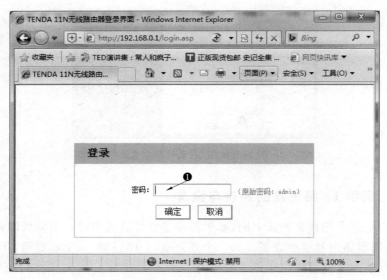

图 5-29 "登录"窗口

图 5-30 当前设置的基本情况

（3）在图 5-31 所示的窗口中，设置模式为 PPPoE，并输入 ISP 提供给你的账号和密码，单击"确定"按钮。

（4）依次单击"无线设置"→"无线基本设置"按钮，弹出如图 5-32 所示的"无线基本设置"窗口，在该窗口中输入主 SSID，即设置 Wi-Fi 名，单击"确定"按钮。

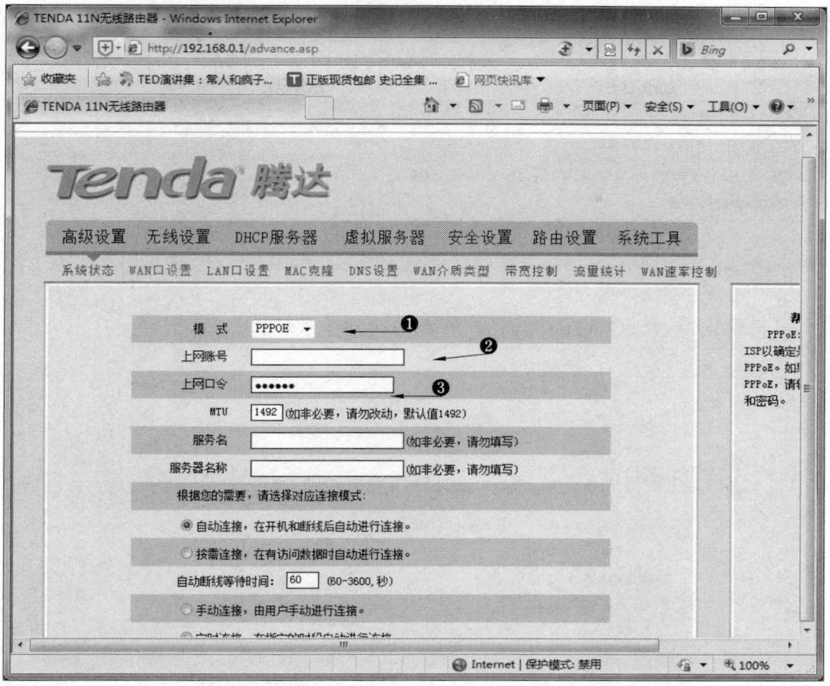

图 5-31　WAN 口设置窗口

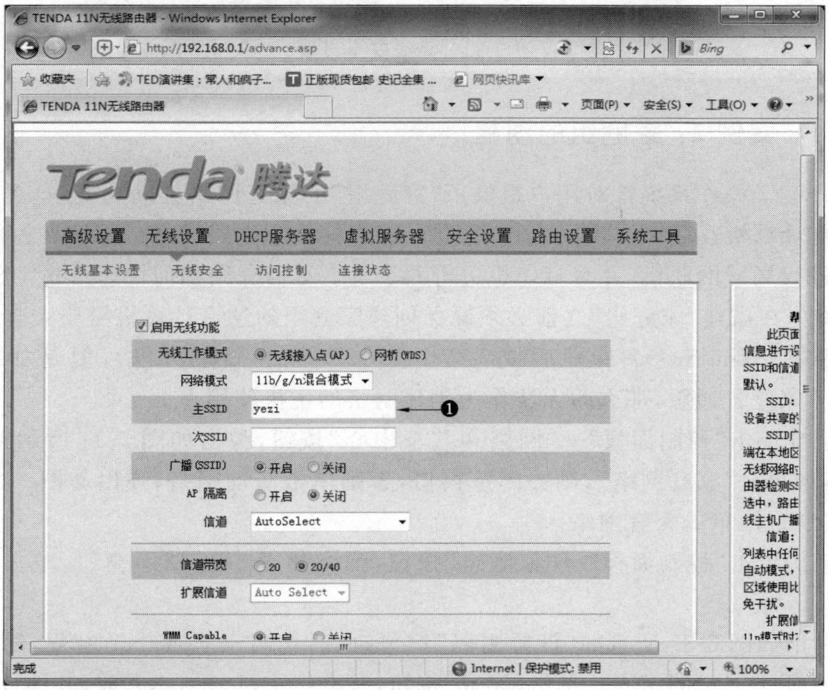

图 5-32　无线基本设置窗口

（5）单击"无线安全"按钮，弹出如图 5-33 所示的"无线安全"设置窗口，输入密钥，即设置 Wi-Fi 密码。单击"确定"按钮。关闭浏览器窗口，完成路由器的设置。

图 5-33　无线安全设置

5.2.4　案例 2：家庭组的创建

Windows 7 操作系统针对用户提供了"家庭组"的家庭网络辅助功能，这项功能主要是针对多台计算机互联来实现网络共享，并可以直接共享文档、照片、音乐等各种资源，也可以直接进行局域网联机，并对打印机进行共享等。下面介绍如何快速搭建"家庭组"。

（1）首先在搭建"家庭组"之前必须确保创建家庭组的这台计算机需要安装 Windows 7 家庭高级版（Windows 7 专业版或者 Windows 7 旗舰版也可以），但是如果系统是 Windows 7 家庭普通版，那么就无法作为创建网络的主机使用。

（2）依次单击"控制面板"→"网络和共享中心"按钮，弹出如图 5-34 所示窗口，查看活动网络，如果是"家庭网络"，则关闭该窗口，否则单击活动网络，弹出如图 5-35 所示的"网络位置"窗口，单击家庭网络。

（3）依次单击"控制面板"→"家庭组"按钮，弹出如图 5-36 所示窗口，单击"下一步"按钮。

（4）弹出如图 5-37 所示的"设置密码"窗口，此时会自动生成一个密码，用户也可输入一个自己便于记忆的密码。单击"完成"按钮，家庭组主机就创建完成，其他计算机只要加入该家庭组，即可实现通过家庭组来共享网络资源了。

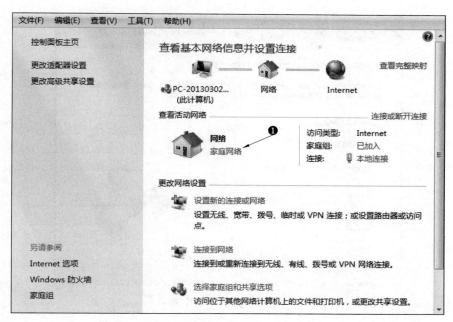

图 5-34　网络和共享中心窗口

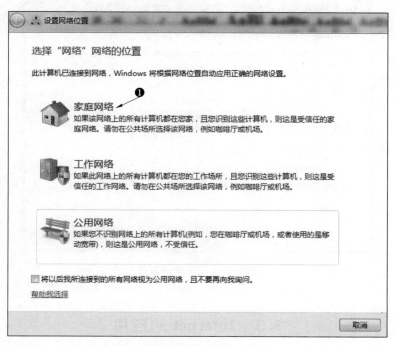

图 5-35　设置网络位置窗口

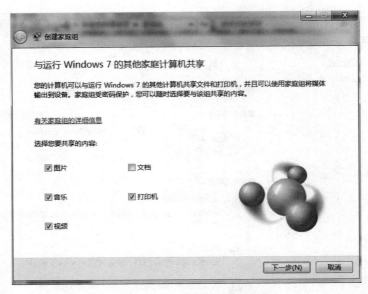

图 5-36　"创建家庭组"窗口

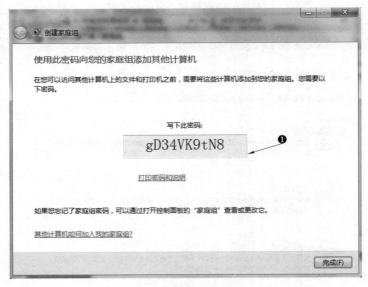

图 5-37　设置密码窗口

5.3　Internet 的应用

通过 Internet，用户可以实现与世界各地的计算机进行信息交流和资源共享、科学研究、资料查询、收发邮件、联机交谈、联机游戏、网上购物、云计算、云存储、物联网等。下面主要通过三个案例来介绍 Internet 的常用功能。

5.3.1 案例3：信息搜索

搜索又叫搜索引擎。搜索引擎（search engines）是对互联网上的信息资源进行搜集整理，然后供用户查询的系统，它包括信息搜集、信息整理和用户查询三部分。

搜索引擎是一个为用户提供信息"检索"服务的网站，它使用某些程序把因特网上的所有信息归类以帮助人们在茫茫网海中搜寻到所需要的信息。

常用搜索引擎：百度、Google、雅虎、有道、中搜、搜狐、搜客等。下面介绍百度的使用。

百度是全球最大的中文搜索引擎，2004 年起，"有问题，百度一下"在中国开始风行，百度成为搜索的代名词。中国互联网络信息中心（CNNIC）发布了《2007 年中国搜索引擎市场调查报告》，其结果显示，百度的用户首选份额为 74.5%。

打开 IE 浏览器，在地址栏中输入 http://www.baidu.com，进入百度的首页，如图 5-38 所示。

图 5-38　百度首页

1. 基本搜索

百度搜索引擎使用简单方便。仅需在文本框中输入查询内容按 Enter 键，即可得到相关资料。或者输入查询内容后，单击"百度一下"按钮，也可得到相关资料。如在文本框中输入"现在最流行的歌曲"，按 Enter 键，结果如图 5-39 所示。要查看详细内容，则在查询结果的相关主题上单击鼠标，弹出详细内容的网页窗口。

2. 输入多个词语的搜索

输入多个词语搜索，不同词语之间用空格隔开，可以获得更精确的搜索结果。在百度查询时不需要使用符号"AND"或"+"，百度会在多个以空格隔开的词语之间自动添加"+"。表示词语相与。百度提供符合全部查询条件的资料，并把最相关的网页排在前列。例如搜索"古龙的武侠小说"，可在百度中输入"武侠小说 古龙"，结果如图 5-40 所示。

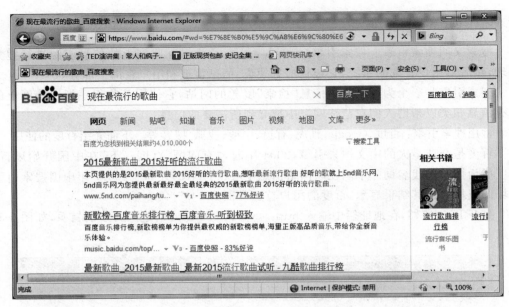

图 5-39　搜索结果

图 5-40　多个词语的搜索示例

3. 减除无关资料

在搜索时，若要排除含有某些词语的资料，缩小查询范围。百度支持"-"功能，用于有目的地删除某些词语的无关网页，但减号之前必须留一个空格。

例如，要搜寻关于"武侠小说"，但不含"古龙"的资料，可百度文本框输入"武侠小说 - 古龙"，结果如图 5-41 所示。

图 5-41　减除无关资料的搜索示例

4. 高级搜索设置

如果对百度各种查询语法不熟悉,可以使用百度集成的高级搜索界面,可以方便地做各种搜索查询。

【例 5-1】　使用百度集成的高级搜索界面。

操作步骤如下:

(1) 依次单击如图 5-38 所示的网页主页中的"设置"→"高级搜索"按钮。

(2) 弹出如图 5-42 所示的高级搜索网页,根据提示,进行各种设置。

图 5-42　百度高级搜索网页

（3）读者可以根据自己的习惯,在图 5-42 中搜索设置中,改变百度默认的搜索设定,如搜索框提示的设置,每页搜索结果数量等。

（4）设置好了,单击"高级搜索"按钮,就会弹出所要的结果。

5.3.2 案例 4：收发电子邮件

1. 电子邮件概述

电子邮件（E-mail）是 Internet 的一项基本服务项目,是当前 Internet 中应用最多、最广泛的服务项目。

电子邮件指用电子手段传送信件、单据、资料等信息的通信方法。电子邮件综合了电话通信和邮政信件的特点,它传送信息的速度和电话一样快,又能像信件一样使收信者在接收端收到文字记录。电子邮件系统又称基于计算机的邮件报文系统。

2. 电子邮件的工作过程

电子邮件的工作过程遵循客户/服务器模式。每份电子邮件的发送都要涉及发送方与接收方,发送方构成客户端,而接收方构成服务器,服务器含有众多用户的电子信箱。发送方通过邮件客户程序,将编辑好的电子邮件向邮局服务器（SMTP 服务器）发送。邮局服务器识别接收者的地址,并向管理该地址的邮件服务器（POP3 服务器）发送消息。邮件服务器识别后将消息存放在接收者的电子信箱内,并告知接收者有新邮件到来。接收者通过邮件客户程序连接到服务器后,就会看到服务器的通知,进而打开自己的电子信箱来查收邮件。

通常 Internet 上的个人用户不能直接接收电子邮件,而是通过申请信息服务提供商（ISP）主机的一个电子信箱,由 ISP 主机负责电子邮件的接收。一旦有用户的电子邮件到来,ISP 主机就将邮件移到用户的电子信箱内,并通知用户有新邮件。因此,当发送一条电子邮件给另一个客户时,电子邮件首先从用户计算机发送到 ISP 主机,再到 Internet,再到收件人的 ISP 主机,最后到收件人的个人计算机。

ISP 主机起着"邮局"的作用,管理着众多用户的电子信箱。每个用户的电子信箱实际上就是用户所申请的账号名。每个用户的电子邮件信箱都要占用 ISP 主机一定容量的硬盘空间,由于这一空间是有限的,因此用户要定期查收和阅读电子信箱中的邮件,以便腾出空间来接收新的邮件。

3. 电子邮件地址的格式

电子邮件地址的格式是"USER @ SERVER. COM",由三部分组成。第一部分"USER"代表用户信箱的账号,对于同一个邮件接收服务器来说,这个账号必须是唯一的;第二部分"@"是分隔符;第三部分"SERVER. COM"是用户信箱的邮件接收服务器域名,用以标志其所在的位置。例如某个用户的账号是 JX_1990,其是在新浪网申请的,新浪网的邮件接收服务器域名是 sina. com,所以其电子邮件的地址是 JX_1990@sina. com。

4. 电子邮箱的申请

【例 5-2】 目前,大部分门户网站都有免费电子邮箱的申请,下面以申请网易的免费电子邮箱为例来讲解申请过程。

操作步骤如下：

（1）打开 IE 浏览器，在地址栏中输入网易的域名地址：http://www.163.com，然后按 Enter 键。进入网易主页，如图 5-43 所示。

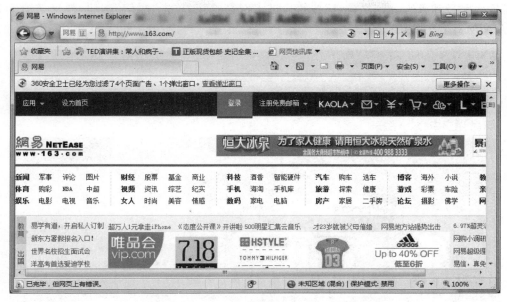

图 5-43　网易主页

（2）单击"注册免费邮箱"按钮，弹出如图 5-44 所示的窗口，然后根据提示输入相关信息，单击"立即注册"按钮，按出现的提示窗口依次操作，直到注册成功。

图 5-44　注册新账户页面

5．电子邮件的收发

（1）在图 5-43 所示的窗口，单击"登录"按钮，弹出如图 5-45 所示的网易电子邮箱窗口，输入账号和密码，单击"登录"按钮。进入网易邮箱，单击"写信"按钮，弹出如图 5-46 所示的网易电子邮箱。

图 5-45　登录窗口

（2）在图 5-46 中①所示的"收件人"后面的文本框中输入对方的电子邮箱，若一封信要同时发给多个人，则在电子邮箱地址之间用分号隔开；如要同时发给三个人，可写为 5600111001@qq.com；5600111002@qq.com；560111003@qq.com。

（3）在图 5-46 中②所示的主题中输入信件的主题，如"公园相片"。

（4）在图 5-46 中③所示的信件内容编写区输入正文，若要随信寄发相片等其他文档，则单击图 5-46 中④所示的"添加附件"按钮，按所出现的提示窗口选择附件文件。

（5）信件写好后，单击图 5-46 中⑤所示的"发送"按钮，邮件发送完毕。

（6）若要接收邮件，单击图 5-46 中⑥所示的"收件箱"按钮，在"收件箱"的邮件列表中，单击相应标题，则可阅读相关邮件。

5.3.3　案例 5：云盘

云盘是互联网存储工具，云盘是互联网云技术的产物，它通过互联网为企业和个人提供信息的存储、读取、下载等服务。具有安全稳定、海量存储的特点。

比较知名而且好用的云盘服务商有百度云盘（百度网盘）、360 云盘、金山快盘、够快网盘、微云等，这些是当前比较热的云端存储服务。下面以 360 云盘为例讲解云盘的使用。

（1）打开 IE 浏览器，在地址栏中输入 http://www.360.cn/。

图 5-46　网易电子邮箱界面

（2）下载 360 云盘客户端软件并安装。

（3）运行 360 云盘弹出如图 5-47 所示窗口，输入账号和密码，若还没有账号请先注册。

图 5-47　登录窗口

（4）登录后弹出如图 5-48 所示的窗口，窗口中显示云盘中当前的内容。

（5）若要把本地文件上传到云盘，方法有二。其一直接拖动文件或文件夹到图 5-48 窗口的空白区域；其二，单击图 5-48 窗口中的"上传文件"按钮，弹出如图 5-49 所示的窗口,选择要上传的文件,单击"添加到云盘"按钮。

图 5-48　云盘窗口

图 5-49　添加到云盘窗口

　　(6) 要下载云盘的文件或文件夹,方法有二。其一,直接拖动文件或文件夹到本地存储设备上;其二,选择所要下载的文件或文件夹,鼠标右击,在弹出的快捷菜单中选择下载到指定文件夹。

　　(7) 有关云盘的其他功能,请读者自行摸索。

习 题 5

一、选择题

1. 计算机网络最突出的优点是( )。

   A. 资源共享   B. 抵御病毒   C. 运算速度快   D. 容易维护

2. 以下对总线布局描述错误的是( )。

   A. 结构复杂,不易扩充   B. 网络响应速度快

   C. 设备量少、价格低、安装使用方便   D. 共享资源能力强

3. 以下哪种结构节点间路径更多,碰撞和阻塞更少,局部的故障不会影响整个网络的正常工作( )。

   A. 网状结构   B. 环型结构   C. 总线结构   D. 星型结构

4. IE 多级命令菜单包括( )。

   A. 文件、编辑、视图、收藏、工具、帮助

   B. 文件、编辑、格式、收藏、工具、帮助

   C. 文件、编辑、查看、收藏、工具、帮助

   D. 文件、编辑、窗口、收藏、工具、帮助

5. 局域网的拓扑结构主要有( )、环型、总线型和树型四种。

   A. 星型   B. T 型   C. 链型   D. 关系型

6. 计算机网络的主要目标是( )。

   A. 分布处理   B. 将多台计算机连接起来

   C. 提高计算机可靠性   D. 共享软件、硬件和数据资源

7. Internet 采用的通信协议是( )。

   A. SMTP   B. FTP   C. POP3   D. TCP/IP

8. 下列说法错误的( )。

   A. 电子邮件是 Internet 提供的一项最基本的服务

   B. 电子邮件具有快速、高效、方便、价廉等特点

   C. 通过电子邮件,可向世界上任何一个角落的网上用户发送信息

   D. 可发送的多媒体只有文字和图像

9. 当电子邮件在发送过程中有误时,则( )。

   A. 电子邮件将自动把有误的邮件删除

   B. 邮件将丢失

   C. 电子邮件会将原邮件退回,并给出不能寄达的原因

   D. 电子邮件会将原邮件退回,但不给出不能寄达的原因

10. 在电子邮件中,"邮局"一般放在( )。

   A. 发送方的个人计算机中   B. ISP 主机中

   C. 接收方的个人计算机中   D. 任意一台计算机中

11. 电子邮件地址格式为:username@hostname,其中 hostname 为( )。

A. 用户地址名   B. ISP 某台主机的域名

C. 某公司名   D. 某国家名

12. 因特网的意译是（   ）。

     A. 国际互连网   B. 中国电信网

     C. 中国科教网   D. 中国金桥网

13. IP 地址是由（   ）组成。

     A. 三个黑点分隔主机名、单位名、地区名和国家名 4 个部分

     B. 三个黑点分隔 4 个 0～255 的数字

     C. 三个黑点分隔 4 个部分，前两部分是国家名和地区名，后两部分是数字

     D. 三个黑点分隔 4 个部分，前两部分是国家名和地区名代码，后两部分是网络
和主机码

14. 因特网的地址系统表示方法有（   ）种。

     A. 1   B. 2   C. 3   D. 4

15. SMTP 服务器是指（   ）。

     A. 邮件接收服务器   B. 邮件发送服务器

     C. 域名服务器   D. WWW 服务器

16. 计算机网络是计算机技术与（   ）技术相结合的产物。

     A. 网络   B. 通信   C. 软件   D. 信息

17. E-Mail 邮件本质是（   ）。

     A. 一个文件   B. 一份传真   C. 一个电话   D. 一个电报

18. 域名与 IP 地址通过（   ）服务器相互转换。

     A. DNS   B. WWW   C. E-mail   D. FTP

19. 在计算机网络中，通常把提供并管理计算机共享资源的计算机称为（   ）。

     A. 服务器   B. 网桥   C. 工作站   D. 操作系统

20. 在局域网的传输介质中，传输速度最快的是（   ）。

     A. 双绞线   B. 光缆   C. 同轴电缆   D. 电话线

21. 局部地区通信网络简称局域网，英文缩写为（   ）。

     A. WAN   B. MAN   C. SAN   D. LAN

22. 每个 Internet 用户都有一个电子邮件地址，如 xiaoyao@163.net，@前面是（   ）。

     A. 用户名   B. 机构名   C. 域名   D. 国家代码

二、填空题

1. Internet 起源于美国国防部高级计划研究局的_____。

2. 一个 IP 地址包含_____位二进制数，被分为_____段，每段_____位，段
与段之间用_____分开。

3. 用户的 E-mail 地址 YGYANG @ JXNU. EDU. CN 中，YGYANG 是用户
的_____。

4. 在域名中，com 表示_____，mil 表示_____，edu 表示_____，org 表示
_____，gov 表示_____，net 表示_____。

5. 一份电子邮件一般涉及两个服务器，_____和_____。

6. 站点的第一个页面，称为_____，它是一个站点的出发点。

7. 浏览器窗口由下列六部分组成：_____、_____、_____、_____、_____和_____。

8. 计算机网络拓扑是通过网络节点与通信线路之间的_____表示网络结构。

三、简答题

1. 目前流行使用哪些无线传输介质？简述它们各自的实际应用。

2. 什么是计算机网络？其主要功能有哪些？

3. 计算机网络发展的历史过程中经历了哪几个阶段？

4. 计算机网络按照覆盖范围如何进行分类？

5. 网络的几何拓扑结构有哪几种？其特点是什么？

6. 传输介质一般分为哪两大类？

7. 简述 IP 地址的格式，并分别举例说明 A、B、C 类 IP 地址的结构特点。

四、操作题

1. 浏览指定的网页并将它保存到收藏夹中。

操作要求：

（1）浏览江西师范大学主页：http://www.jxnu.edu.en。

（2）以"师大"作为名字将它收藏到"学校网页"文件夹中。

（3）将主页上的图片以"师大图片"作为文件名保存到"图片收藏"文件夹中。

2. 申请免费的电子信箱并进行电子邮件的收发。

操作要求：

（1）到以下网站申请一个免费的电子邮件信箱，用户名自定。

微软：http://www.hotmail.com

新浪：http://www.sina.com.cn

雅虎：http://cn.yahoo.com

搜狐：http://www.sohu.com

网易：http://www.163.com

（2）给老师发送一个邮件，主题为"教师节快乐"，内容自定，插入附件自定，并将老师的电子信箱添加到"通讯录"中。

（3）接受班委发送的有关"新生联谊会"的邮件并回复。复信正文为"一定准时参加"。

3. 网上下载 360 云盘客户端软件并安装、使用。

操作要求：

（1）登录 www.360.cn 网站，下载 360 云盘客户端软件。

（2）安装 360 云盘客户端软件。

（3）运行 360 云盘，登录，若没有账号先注册。

（4）至少上传一张相片到云盘。

（5）下载一个文件。

第6章 多媒体技术

多媒体技术是计算机系统范畴内的一次革命,它将过去单纯、枯燥的以命令语言方式交互的计算机系统,转换为以图、文、声、像为主的多姿多彩的信息交互系统,从而极大地提高了计算机系统操作的便利性,更好地发挥了计算机的功能,使得计算机能更好地为人类服务。

本章主要内容:

- 多媒体概述
- 多媒体信息的计算机表示
- 多媒体工具软件使用案例

6.1 多媒体概述

6.1.1 多媒体与多媒体技术

通常所说的媒体是指日常生活中接触的报纸、杂志、电视、广播等,通过它们可以了解社会、增加知识,甚至周游世界。所以,媒体(media)就是用于传播和表示各种信息的手段。在计算机领域,媒体有两种含义:一是指信息的表示形式,如文字、图像、声音、动画、视频等,即所谓的"媒介";二是指存储信息的载体,如磁带、磁盘、光盘和半导体存储器等,即"媒质"。一般所说的媒体指前者,即信息的表示形式。

多媒体(multimedia)就是文本、图形、图像、声音、动画、视频等多种媒体成分的组合。多媒体技术(multimedia technique)可理解为:一种以交互方式将文本、图形、图像、声音、动画、视频等多种媒体信息,经过计算机设备的获取、操作、编辑、存储等综合处理后,以单独或合成的形态表现出来的技术和方法。

6.1.2 多媒体技术的特点

多媒体技术是一门跨学科的综合性高新技术,涵盖数字化信号处理技术、音频和视频技术、计算机软硬件技术、人工智能和模式识别技术、通信和图像技术等方面。当前来看,多媒体技术主要有以下五方面的特点。

1. 多样性

多样性就是要进一步把计算机所能捕获和处理的信息多样化和多维化,与之交互过程中具有更加广阔和自由的空间,满足人类感官全方位的多媒体信息需求。

2. 交互性

交互性是多媒体技术的主要特征。它向用户提供可以自由控制和干预信息处理的手段,实现人机双向通信。

3．集成性

集成性是指不同媒体信息或不同视听设备及软硬件技术的有机结合。

4．实时性

实时性是指多媒体信息的实时处理。如视频会议系统的声音和图像不能停顿。

5．数字化

数字化是将各种信息数字化，使得信息在存储、处理、传输的过程中克服了模拟方式的缺点，实现了高质量的媒体信息传播。

6.1.3　多媒体技术的应用

多媒体技术为计算机的应用开拓了更广阔的领域，如办公自动化、电子出版物、教育培训、游戏和娱乐等，开发出了适用于各领域的多媒体系统，如多媒体信息管理系统、多媒体辅助教育系统、多媒体电子出版系统、多媒体视频会议系统、多媒体远程诊疗系统、虚拟现实等。

6.1.4　多媒体计算机系统

多媒体计算机（Multimedia Personal Computer，MPC）是指能综合处理多种媒体信息，并在它们之间建立逻辑关系，使之集成为一个交互式系统的计算机。它融高质量的视频、音频、图像等媒体信息处理于一身，并具有大容量的存储器，能给人们带来图文声像并茂的视听感受。一台多媒体计算机由多媒体硬件系统和软件系统构成。

1．多媒体硬件系统

多媒体硬件系统由主机、多媒体外部设备接口卡和多媒体外部设备构成。主机可以是大/中型计算机，也可以是常见的 PC。外部设备卡根据获取、编辑音频和视频的需要插接在计算机上，常见的有声卡、显卡、光驱接口卡等。声卡上有各种接口，可连接话筒、音箱、耳机、CD 唱机、MIDI 设备、游戏操纵杆等外部设备。显卡可连接的外部设备有显示器、电视机、摄像机、影碟机、录像机等。光驱接口卡连接的设备叫"光盘驱动器"，简称光驱，这也是多媒体计算机不可缺少的设备。当前光驱可访问的光盘有 CD 和 DVD 两种，前者容量小，后者容量大，同样一张盘片，DVD 的容量可以是 CD 的 7 倍。光盘有仅一次刻录和可多次刻录两种，分别称为 CD-ROM 和 CD-RW（针对 DVD 则称为 DVD-ROM 和 DVD-RW），ROM盘片只能刻录一次，RW 盘片可反复刻录多次，现在大多数的光驱也是一台刻录机。此外，多媒体计算机连接的外部设备还可包括扫描仪、打印机、触摸屏等。图 6-1 展示了构成一台多媒体计算机的基本硬件配置。

2．多媒体软件系统

多媒体计算机的软件系统主要包括：

1）多媒体操作系统

多媒体操作系统具有实时任务调度、多媒体数据转换和同步、控制各种多媒体设备的驱动程序以及图形用户界面管理等功能。目前常见的 Windows 操作系统就具备上述功能。

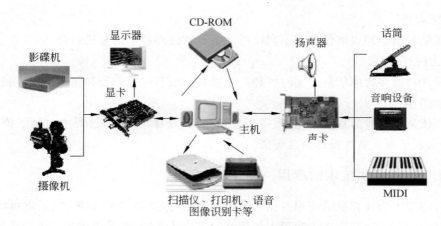

图 6-1　多媒体计算机的基本硬件配置

2）多媒体处理系统工具

多媒体处理系统工具是指多媒体数据设计和开发所需要的各种开发软件和创作平台。

3）多媒体用户应用软件

多媒体用户应用软件是指开发出来的针对特定用户或领域的多媒体系统产品。

6.2　多媒体信息的计算机表示

多媒体是多种媒体成分的组合，文本、声音、图像和视频是其中的主要成分，下面针对这四种信息在计算机中的表示进行介绍。

6.2.1　文本信息

多媒体中的文本类型是一种最基本的信息类型，一般就是指文字和符号。随着多媒体技术的发展，多媒体文本目前有以下三种类型：

1．简单文本（Simple Text）

内容只有文字和符号组成，几乎不包含任何其他的格式信息和结构信息，这种文本通常也称为纯文本，例如常见的.txt文件中存放的就是这种文本。

2．富文本（Rich Text）

富文本是由微软公司开发的跨平台文档格式，文档中除了可以包含一般的文本外，还可以为文本设定各种丰富的格式，文档中还可以插入图片、表格等对象。常见的.doc文件就是富文本格式的代表。

3．超文本（HyperText）

超文本是用超链接的方法，将各种不同空间的文字信息组织在一起的网状文本，其中的文字、图像都可以包含连接到其他位置或者文档的链接，允许从当前阅读位置直接切换到超文本链接所指向的位置。超文本的格式有很多，目前最常使用的是超文本标记语言（Hyper Text Markup Language，HTML），我们日常浏览的网页基本都是超文本。HTML是目前网络上应用最为广泛的语言，也是构成网页文档的主要语言。HTML文本是由 HTML 命令组成的描述性文本,HTML 命令可以说明文字、图形、动画、声音、表格、链接等。HTML 的结构包括头部(Head)、主体(Body)两大部分,其中头部描述浏览器所需的信息,而主体则包含所要说明的具体内容。简单地说,HTML 是用来描述如何显示数据的。

☞ 超链接是一种对象,它以特殊编码的文本或图形来实现链接,如果单击该链接,则相当于指示浏览器移至同一网页内的某个位置,或打开一个新的网页,或打开某一个新的 WWW 网站中的网页。

图 6-2 展示的就是超文本在多个文件之间形成的链接关系。

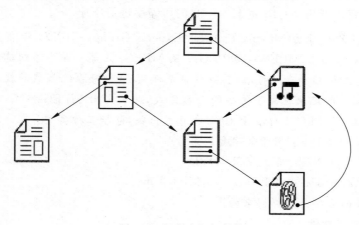

图 6-2 超文本组织结构

6.2.2 声音信息

现实世界中的各种声音都必须转换成数字信号并经过编码(甚至压缩),才能被计算机接收和处理。这种数字化的声音信息在计算机中都是以文件的形式保存的,即通常所说的音频文件或声音文件。音乐是声音的一个主要分支,计算机中存放的大多数声音文件其实都是歌曲。因此,从音乐角度来了解现在有哪些声音文件类型是一个很好的选择。

1. MIDI 格式文件

乐器数字接口(Musical Instrument Digital Interface,MIDI)是在电子乐器和计算机之间交换信息的一种协议,常见的电子乐器有 MIDI 键盘、MIDI 吹管、MIDI 吉他、MIDI 小提琴等。MIDI 文件是最早出现的音乐文件格式,只要把电子乐器连接到计算机声卡的 MIDI 端口,电子乐器演奏的音乐就能够自动转换成 MIDI 格式文件。由于 MIDI 音乐是由电子乐器发声产生的,所以它不支持真人原唱,主要用来创作器乐曲或制作伴奏。现在手机上的和弦铃声就是由 MIDI 制作的。

2. WAV 格式文件

为了弥补 MIDI 的不足,微软制订了能存储数码原声的 wav 格式文件,wav 文件是由外部音源(麦克风、录音机等)直接录制而成,录制时由声卡将外部获取的声音模拟信号转换成数字信号并存储在 wav 文件中,播放时再由声卡还原成模拟信号由扬声器播放。但是这样录制的 wav 文件由于没有经过压缩处理而导致容量过大,不适合存储和传播。之后,很多公司(包括微软)都进一步开发出了支持音频压缩且仍保持高水平音质的各种音乐文件格式,如 WMA、MP3 等。

3. MP3 格式文件

MP3 仍然是目前流行的音乐文件格式,比如网络和手机上的歌曲大多数都是这种格式。MP3 利用一种音频压缩技术——MPEG Audio Layer3(MP3)。因为人耳只能听到一定频段内的声音,而其他更高或更低频率的声音对人耳是没有用处的,所以 MP3 技术就把这部分声音去掉了,从而使得文件体积大为缩小,但在人耳听起来,却并没有什么失真。MP3 可以将声音用 1∶10 甚至 1∶12 的压缩率进行压缩。

☞ MPEG 的全称为 Moving Pictures Experts Group。MPEG 标准主要有以下五个∶MPEG-1、MPEG-2、MPEG-4、MPEG-7 及 MPEG-21 等。该专家组建于 1988 年,专门负责为 CD 建立视频和音频标准,其成员都是视频、音频及系统领域的技术专家。他们成功将声音和影像的记录脱离了传统的模拟方式,并制定出 MPEG 格式,令视听传播进入了数字化时代。MPEG-1 标准于 1992 年正式出版,包括三种类型∶

MPEG-1 Layer 1 层∶用于数字盒式录音带

MPEG-1 Layer 2 层∶用于 VCD,DVD

MPEG-1 Layer 3 层∶用于 Internet,MP3 音乐

所以,MP3 的名字是这样得来的。

4. WMA 格式文件

WMA 的全称是 Windows Media Audio,是微软公司推出的与 MP3 格式齐名的一种新的音频格式。WMA 的优势在低数据率,数据率越小越有优势,并且支持流式播放,数据率在 128kbps 下,WMA 没有对手。但在大于 128kbps 时与 MP3 相比并无优势,而且高频失真情况比较严重。另外,由于 WMA 标准掌握在微软手里,而 MP3 是个开放的标准,没有版权问题,所以 MP3 比 WMA 流行。

5. AAC 格式文件

AAC 是诺基亚与 Fraunhofer IIS、AT&T、索尼等公司展开合作,共同开发出的被誉为“21 世纪的数据压缩方式”的 Advanced Audio Coding(AAC)音频格式,以取代 MP3 的位置。AAC 的过人之处在于增加了诸如对立体声的完美再现、比特流效果音扫描、多媒体控制、降噪优异等 MP3 没有的特性,使得在音频压缩后仍能完美地再现 CD 音质。AAC 是诺基亚大力宣传的音乐格式,确实在数据压缩方面比较强大,但是此类音乐格式的歌曲较少,支持的播放器也不是很好,因此用户不太多。

6. OGG 格式文件

OGG 格式是由 Xiph 基金会赞助开发的,这是一个资助开放源代码开发活动的非营利性组织,所以 OGG 是一种免费的开发性的格式。OGG 编码也比 20 世纪 90 年代开发成功的 MP3 先进,它可以在相对较低的数据速率下实现比 MP3 更好的音质。OGGPlay 是支持 OGG 音乐的标准播放器,由于 OGG 的开放性,OGG 格式正在不断地被大家接受。

6.2.3 图形图像信息

图形图像作为一种视觉媒体,一直以来都是人类信息传输、思想表达的重要方式之一。在计算机出现以前,图像处理主要依靠光学、照相、相片处理和视频信号处理等模拟方式的处理。随着多媒体计算机的产生与发展,数字图像代替了传统的模拟图像技术,形成了独立的"数字图像处理技术",并且这一技术还在不断发展变化之中,赋予人类各种各样强大而灵活的图像处理手段。下面介绍几个当前比较流行的图像文件格式。

1. BMP 格式

BMP 是英文 Bitmap(位图)的简写,它是 Windows 操作系统中的标准图像文件格式,能够被多种 Windows 应用程序所支持。位图也叫点阵图、栅格图像、像素图等。简单地说,就是由最小单位像素构成的图,位图有丰富的色彩和细节,几乎不进行压缩,但缩放会失真,存储位图所需的空间也较大,位图图像可以通过数字相机、扫描仪获得。BMP 文件采用位映射存储格式,图像深度可选 1bit、4bit、8bit 及 24bit。

2. JPG 格式

该格式由联合照片专家组(Joint Photographic Experts Group)开发,简称为 JPG 或 JPEG。JPG 是一种先进且高效率的压缩技术,它用有损压缩方式去除冗余的图像和彩色数据,在获取极高压缩率的同时又能展现十分丰富生动的图像。换句话说,就是可以用最少的磁盘空间得到较好的图像质量,并且文件压缩比是可根据需要来调整。由于 JPEG 优异的品质和杰出的表现,它的应用非常广泛,特别是在网络和光盘读物上。

3. GIF 格式

GIF 是英文图形交换格式(Graphics Interchange Format)的缩写。20 世纪 80 年代,美国一家著名的在线信息服务机构 Comput Serve 针对当时网络传输带宽的限制,开发出了这种 GIF 图像格式。它可将数张图片存为一个文件,形成动态效果。GIF 格式只能保存最大 8 位色深的数码图像,所以它最多只能用 256 色来表现物体,对于色彩复杂的物体它就力不从心了。尽管如此,该格式与 JPG 一样在网上仍被广泛使用,这和 GIF 图像文件短小、下载速度快、可用许多具有同样大小的图像文件组成动画等优势是分不开的。

4. PSD 格式

这是著名的 Adobe 公司的图像处理软件 Photoshop 的专用格式 PhotoShop Document(PSD)。PSD 格式采用了一些专用的压缩算法,在 PhotoShop 中应用时,存取速度很快。PSD 其实是 PhotoShop 进行平面设计的一张"草稿图",它里面包含有各种图层、通道、遮罩等多种设计的样稿,以便于下次打开文件时可以修改上一次的设计,很适用于修改和制作各种特色效果。由于 PhotoShop 越来越被广泛地应用,所以这种格式也在逐步流行起来。

5. TIF 格式

TIF 是现存图像文件格式中最复杂的一种,它具有扩展性、方便性、可改性,3DS、3DS MAX 中的大量贴图就是 TIF 格式的。该格式有压缩和非压缩两种形式,其中压缩可采用 LZW 无损压缩方案存储。

☞ LZW(Lempel-Ziv-Welch)是 Abraham Lempel、Jacob Ziv 与 Terry Welch 创造的一种通用无损数据压缩算法。

6. TGA 格式

TGA 的结构比较简单,属于一种图形/图像数据的通用格式,支持 8 位到 32 位真彩色,其最大特点是可以做出不规则形状的图形/图像文件。TAG 格式在多媒体领域有很大影响,是计算机生成图像向电视转换的一种首选格式。TGA 格式使用不失真的压缩算法。

7. SVG 格式

SVG 的英文全称为 Scalable Vector Graphics,意思为可缩放的矢量图形,是一个基于 XML 的矢量图形格式,是万维网联盟(World Wide Web Consortium)为浏览器定义的图形标准。SVG 任意放大图形显示,边缘清晰,生成的文件很小,下载很快,十分适合于设计高分辨率的 Web 图形页面。矢量图也叫向量图、绘图图像等,基本原理是通过数学函数来记录每个对象的图像,这种方式不记录像素数量,而是根据相应的数学公式来完成图像任意的放大缩小,不会出现失真。矢量图只能表示有规律线条组成的图形,如工程图、三维造型或艺术字等;对于由无规律的像素点组成的图像(风景、人物、山水),则难以用数学形式表达,不宜使用矢量图格式;矢量图不容易制作色彩丰富的图像,绘制的图像不真实,并且在不同的软件之间交换数据也不太方便;矢量图像无法通过扫描获得,它们主要是依靠设计软件生成。矢量图形文件还有.ai、.cdr、.eps、.wmf、.fh、.dxf、.pdf、.fla、.swf 等,其实大多数文件都是混合格式的,其中既可包含矢量图又可包含位图。

☞ 可扩展符号化语言(Extensible Markup Language,XML)是一种简单的数据存储语言,使用一系列简单的标记描述数据。XML 不是 HTML 的替代品,XML 和 HTML 是两种不同用途的语言。XML 与 HTML 的区别是:XML 是用来存储数据的,重在数据本身;而 HTML 是用来定义数据的,重在数据的显示模式。XML 与 HTML 一样,都属于标准通用标记语言(Standard Generalized Markup Language,SGML)的范畴。

6.2.4 视频信息

视频信息包括动画和视频两部分,前者是由计算机设计出来的,把一张张的图形连续显示;后者是由视频捕捉设备(如摄像机、录像机)实时录制的,可理解为将一幅幅图像连续的播放。二者在放映时都是采用"帧"的方式连续播放,所以本质上是一样的。二者在播放时都可有伴音。下面列举计算机中常见的视频文件类型。

1. AVI 格式

AVI 是音频视频交错(Audio Video Interleaved)格式的缩写。它是由 Microsoft 公司开发的一种数字音频与视频文件格式,可被大多数操作系统直接支持,该格式允许视频和音频交错在一起同步播放。我们常常可以在多媒体光盘上发现它的踪影,一般用于保存电影、电视等各种影像信息,有时它也出没于 Internet 中,主要用于让用户欣赏新影片的精彩片段。AVI 的优点在于兼容好、调用方便、图像质量好,但缺点也是比较突出的,那就是文件体积过于庞大,也正是由于这个原因,我们才看到了 MPEG 的诞生。

2. MPEG 格式

MPEG 在前面已有介绍,其被广泛地应用在 VCD 的制作和一些视频片段下载的网络应用上。MPEG 的平均压缩比为 50∶1,最高可达 200∶1,压缩效率之高由此可见一斑。同时图像和音响的质量也非常好,并且在微机上有统一的标准格式,兼容性相当好。

3. DAT 格式

DAT 格式就是我们非常熟悉的 VCD 格式。用计算机打开 VCD 光盘,可看到有个 MPEGAV 目录,里面便是类似 MUSIC01. DAT 或 AVSEQ01. DAT 命名的文件。DAT 文件也是 MPEG 格式的,是 VCD 刻录软件将符合 VCD 标准的 MPEG 文件自动转换生成的。还有. dat 文件也是一种常见的配置文件,不要与视频文件混淆,一般通过文件大小可以辨认。

4. RM 格式

RM(RealMedia)格式是 RealNetworks 公司开发的一种新型流式视频文件格式,是目前 Internet 上最流行的跨平台的客户/服务器结构多媒体应用标准。RM 可以根据不同的网络传输速率制定出不同的压缩比率,从而实现在低速率的网络上进行影像数据实时传送和播放。这种格式的另一个特点在于它的流式播放,即先从服务器上下载一部分视频文件,形成视频流缓冲区后实时播放,同时继续下载,为接下来的播放做好准备。这种"边传边播"的方法避免了用户必须等待整个文件从 Internet 上全部下载完毕才能观看的缺点,因而特别适合在线观看影视。

5. ASF 格式

Microsoft 公司推出的高级流格式(Advanced Streaming Format ,ASF),也是一个在 Internet 上实时传播多媒体的技术标准。使用 MPEG4 的压缩算法,所以压缩率和图像的质量都很不错。ASF 的主要优点包括:本地或网络回放、可扩充的媒体类型、部件下载以及扩展性等。还有一种 WMV 格式,它是在 ASF 格式上的升级产品。

6. MOV 格式

MOV 即 QuickTime 影片格式,它是 Apple 公司开发的音频、视频文件格式,可以存储丰富的数字媒体类型,如音频、视频、动画、静态图像等。MOV 也可以作为一种流文件格式。QuickTime 能够通过 Internet 提供实时的数字化信息流、工作流与文件回放功能,为了适应这一网络多媒体应用,QuickTime 为多种流行的浏览器软件提供了相应的 QuickTime Viewer 插件(Plug-in),能够在浏览器中实现多媒体数据的实时回放。

7. SWF 格式

SWF(Shock Wave Flash)是 Macromedia 公司的动画设计软件 Flash 的专用格式,是一种支持矢量和点阵图形的动画文件格式。具有缩放不失真、文件体积小等特点。它采用了流媒体技术,可以一边下载一边播放,目前被广泛应用于网页设计,动画制作等领域。

8. FLV 格式

FLV(Flash Video)是一种新的视频流媒体格式,它形成的文件较小、加载速度快,使得网络观看视频文件成为可能。它的出现有效地解决了以前视频文件导入 Flash 后,导出的 SWF 文件体积庞大、不能在网络上很好使用的缺点。前面介绍的不同格式的视频有时需要选择相应的播放器,这对于本地计算机没有安装相应播放器的用户来说,这些视频无法收看。而对于 FLV 来说,播放器是直接嵌入在浏览器中的,解决了一般视频文件需要挑选和安装播放器的问题,这当然也是 FLV 的优势。FLV 中导入的视频压缩算法是由 sorenson 公司开发出来的,sorenson 公司也为 MOV 格式提供算法。

6.3 多媒体工具软件使用案例

前面介绍了当今常见的各种媒体文件类型,这些文件需要相应的处理软件才能播放或显示出来,下面通过一些具体案例来说明一些多媒体软件的使用。

6.3.1 案例1: 个性手机铃声 DIY

自己喜欢的一首歌曲,你是否想把它做成手机铃声呢？在这里介绍一款简单易用的手机铃声剪辑软件——GoldWave,只要将自己喜欢的歌曲/声音,通过该软件用简单的几步就可以制作出铃声来,让你的手机铃声真正个性化。GoldWave 是标准的绿色软件,不需要安装且体积小巧,将下载的压缩包释放到硬盘下的某个指定目录中,直接双击其中的GoldWave.exe 就可以运行。

GoldWave 是一个集声音编辑、播放、录制和转换的音频工具,体积小巧,功能却不弱。可打开的音频文件相当多,包括 WAV、OGG、VOC、IFF、AIF、AFC、AU、SND、MP3、MAT、DWD、SMP、VOX、SDS、AVI、MOV 等音频文件格式,也可以从 CD 或 VCD 或 DVD 或其他视频文件中提取声音。内含丰富的音频处理特效,从一般特效如多普勒、回声、混响、降噪到高级的公式计算(利用公式在理论上可以产生任何你想要的声音),效果多多。下面通过一个案例来说明 GoldWave 的使用。

【例 6-1】 用 GoldWave 制作手机铃声。

操作步骤如下:

(1) 启动 GoldWave,在打开的主窗口中,单击"文件"→"打开"按钮,选择要处理的音频文件,此处打开的是"大城小爱.wma"。界面如图 6-3 所示。

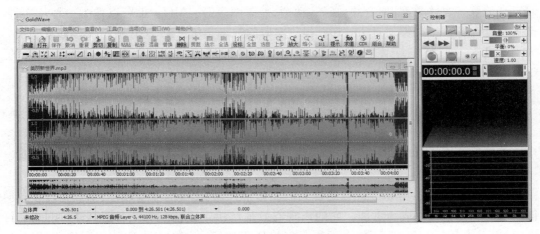

图 6-3 GoldWave 主窗口

☞ 整个主界面分为左右两个窗口。左侧窗口从上到下被分为两大部分，最上面是菜单命令和快捷工具栏，下面是音频的波形显示，主要操作集中在波形显示区域内。如果是立体声文件则分为上下两个声道，可以分别或统一对它们进行操作。右侧窗口是控制器窗口，负责播放控制。

（2）图6-3中控制器窗口的第一个三角形"播放"按钮，是用于从头开始播放打开的歌曲，可单击该按钮，大致找到你想要截成铃声的部分。第二个三角形"播放"按钮是播放选定的歌曲部分（如何选定看下面第（3）点的介绍）。

（3）利用鼠标的左右键选定要截取的部分。在波形图某一位置上单击就确定了截取部分的起始点，在另一位置上右击鼠标，在弹出的菜单中选择"设置结束标志"命令，就确定了终止点，这部分选择的区域将以高亮度显示，以后的所有操作都只会对这个高亮度区域进行，其他的阴影部分不会受到影响。若选择不对，可重新进行选择。选择后的效果如图6-4所示。

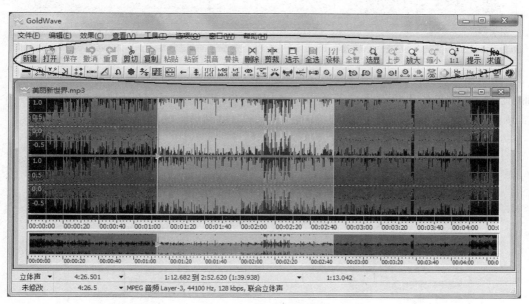

图6-4　选择铃声区段

☞ 对选定部分可以进行复制、剪切、粘贴、撤销等基本操作，还可进行各种特殊的音效操作，如回声、混响、降噪等，这才是GoldWave的主要特色所在，这些功能均在窗口的工具栏上，如图6-4圈出部分。

（4）对选定区域做了需要的各种设置后，单击工具栏上的"裁剪"按钮，则高亮区域之外的阴影区域被删除，只有高亮度选定区域保留下来，如图6-5所示。选择"文件"→"另存为"命令，（不要选择"保存"，否则会将原音频文件覆盖）将制作好的音频部分保存下来，保存时注意选择与手机兼容的文件类型。这样，制作好的铃声就可以发送到手机上使用了。

制作铃声要有耐心，多练习，熟练使用软件，这样才能听准音，找到最适合的截取点，

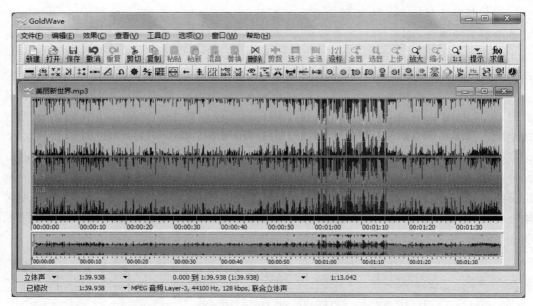

图 6-5 裁剪好的铃声

制作出较好效果的手机铃声。若觉得 GoldWave 有些麻烦,可以使用"酷狗"自带的一个简单的铃声制作小工具——"酷狗铃声制作专家",启动后界面如图 6-6 所示。

图 6-6 酷狗铃声制作工具窗口

在图中设定好铃声的起始点,然后单击"保存铃声"按钮,铃声只能以 MP3 和 WAV 两种形式存放。该工具只能截取音频中的一部分,不能进行各种特殊的音效处理,只想对音频进行简单裁剪的用户可以使用该工具。

6.3.2 案例2：屏幕抓图处理

红蜻蜓抓图精灵（RdfSnap）是一款完全免费的专业级屏幕捕捉软件，使用它能够轻松地捕捉到需要的屏幕截图。它可以捕捉整个屏幕、活动窗口、选定区域、固定区域、选定控件、选定菜单以及选定网页等，捕捉的图像可以输出到文件、剪贴板、画图或打印机，同时软件内置图像编辑器，提供基本的图像编辑功能。

【例6-2】 用 RdfSnap 抓取弹出的菜单及子菜单。

操作步骤如下：

（1）启动红蜻蜓抓图精灵软件，出现如图6-7所示界面。

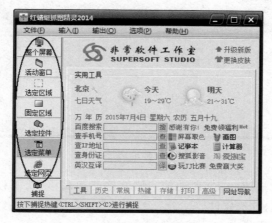

图6-7 "红蜻蜓抓图精灵"主窗口

☞ 用户在图6-7圈出的部分选择捕捉对象，其实 Windows 本身就提供了"整个屏幕"和"活动窗口"抓图快捷键，用户使用较多的还是它提供的一些特殊抓图功能。

（2）在捕捉对象区域中选择"选定菜单"命令（注意：不要单击下面的"捕捉"按钮，因为菜单的抓取比较特殊），然后，直接去选择你要抓取的菜单，将菜单保持在弹出状态，并且鼠标要置于菜单中，然后按下捕捉热键"Ctrl＋Shift＋C"，抓取的菜单显示在如图6-8所示的窗口中。

（3）在图6-8所示窗口中，用户可以对抓取的图像进行简单的编辑，比如单击"剪贴板"按钮，将抓取的图像粘贴到目标文件中；将图像保存到某种类型的图像文件中；将图像裁剪、翻转、放大或缩小等。

☞ 抓取菜单只能用热键，但抓取其他类型对象时，使用热键或单击"捕捉"按钮均可，操作比较简单。另外，捕捉热键是可以重定义的，单击主窗口下方的"热键"标签就可进行更改。

6.3.3 案例3：录制屏幕录像

"屏幕录像专家"是一款专业的屏幕录像制作工具。使用它可以轻松地将屏幕上的软件操作过程、网络教学课件、网络电视、网络电影、聊天视频等录制成 FLASH 动画、ASF

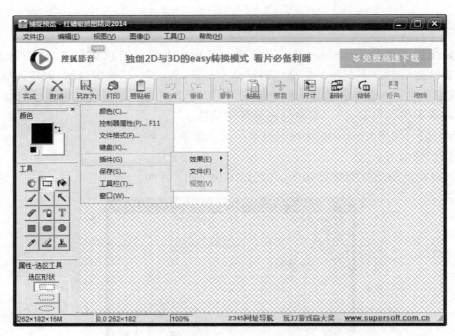

图 6-8　抓取图形预览

动画、AVI动画或者自播放的 EXE 动画。该软件使用简单,功能强大,是制作各种屏幕录像和软件教学动画的首选软件。

【例 6-3】　用屏幕录像专家录制软件操作过程。

操作步骤如下:

(1) 启动录像专家后,出现如图 6-9 所示界面。

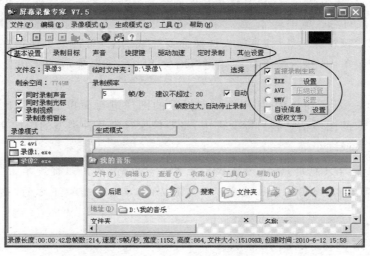

图 6-9　录像专家主窗口

图 6-9 中上部圈出部分有 7 个按钮标签,能分别对录制进行不同方面的设置,一般用

的比较多的是前面三个。"基本设置"中的功能就是图中所看到的,其中右边圈出部分是选择录像生成的文件类型。

单击"录制目标"按钮,出现如图 6-10 所示界面。

图 6-10　录制目标选项设置

默认是以整个屏幕作为录制背景,选择"窗口"或"范围"单选按钮,可设置录制的专门区域。

单击"声音"按钮,出现如图 6-11 所示界面。

图 6-11　录制声音选项设置

若录制过程中有声音或音乐,可在此设置对声音的录制方式,一般选择默认即可。

(2) 有关设置确定后,就可开始录制了。可单击窗口上的"开始录制"按钮![icon],或按下快捷键 F2,这时,录像专家自动转到后台,在任务栏的托盘区域会出现一个闪烁变化的![icon]图标,表示录制正在进行,用户当前在计算机屏幕上的软件操作过程均被实时录制下来,当要结束录制时,仍然按下 F2 键结束录制。录制完毕后,出现如图 6-12 所示界面。

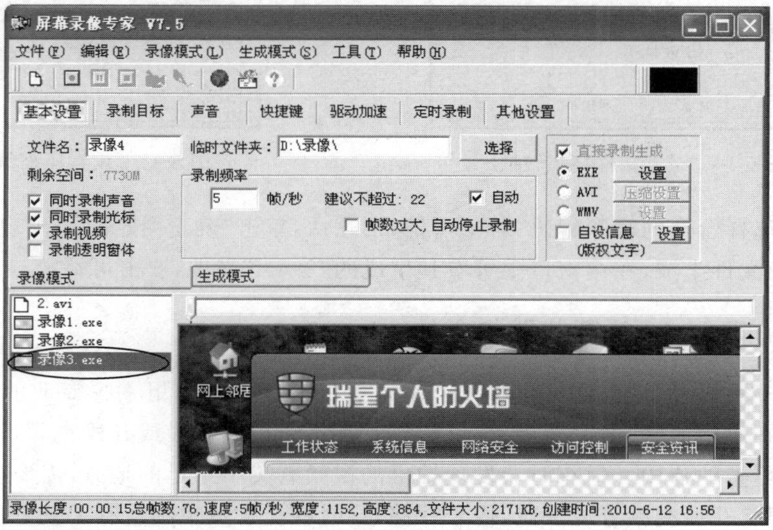

图 6-12　录制完毕界面

可看到其中多出了个"录像 3. exe"文件,之前的操作过程就保存在该文件中,双击该文件就可进行放映。

☞ 录制过程中,如需要暂停录制,按 F3 键,恢复录制也按 F3 键。

(3) 若要对生成的录像文件进行格式转换,则选中该文件,单击"工具"按钮,在弹出的菜单中进行选择,如图 6-13 所示。

图 6-13　选择录制文件转换类型

选择转换成 AVI 格式,出现如图 6-14 所示界面。

单击"转换"按钮,在弹出的窗口中输入要生成的 AVI 文件名(如"3")并保存后,弹出如图 6-15 所示的窗口。

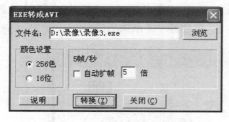

图 6-14　录制文件格式转换

图 6-15　设置压缩编码

在其中选择合适的视频编码,若不清楚,则默认,单击"确定"按钮后,出现任务进度提示,最后转换文件生成,在主窗口中可看到生成的"3.avi"文件,双击可播放。

6.3.4　案例 4:视频截取与合并

现在很多数码设备都具备摄像功能,比如手机、数码相机,更别提专业的数码摄像机了。很多人在出门旅游、朋友聚会、会议学习时都不忘拍上一段或几段视频,以留作纪念,有些还是很珍贵的片段。但有时会发现拍摄的视频有美中不足的地方,需要进行裁剪、修饰,有时又想将几段视频合成一段,便于存储,这时就会自然想到若有一款方便易用、功能强大的视频处理软件该多好啊。其实,视频处理软件还是挺多的,各有各的特点,但这里要给大家隆重推荐的是台湾友立资讯股份有限公司出品的"会声会影"视频处理软件,该软件不仅简单易学,而且功能强大,相信使用过的用户一定会喜欢它。

【例 6-4】 使用会声会影进行视频的裁剪与合并。

操作步骤如下:

(1) 启动会声会影后,出现如图 6-16 所示的界面。

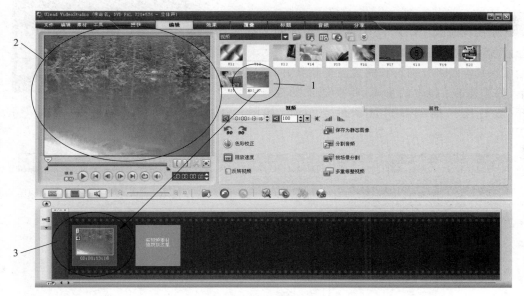

图 6-16 会声会影主窗口

单击窗口上方的 🗁 按钮,在打开的对话框中选择要处理的视频文件,打开后,在图 6-16 的 1 处显示它的缩略图,视频的首帧画面在 2 处显示,然后将 1 处的视频对象直接拖到 3 处,该处是视频编辑区。视频编辑区有三种视图,分别为 🖳-故事版视图、🖳-时间轴视图、🔊-音频视图,单击这三个按钮可进行切换,默认是故事版视图,这也是最通用的编辑视图。

(2) 对编辑区的视频对象可进行裁剪、合并、添加声音、设置转场效果等各种操作。先说明如何进行裁剪,这要用到窗口中如图 6-17 所示的控件。

图 6-17 裁剪和预览控件

将 1 处所指滑轮往右移动到某处,按下 4 处按钮设定开始位置,再往后移动滑轮至另一处,按下 5 处按钮设定结束位置,如图 6-18 所示。

图 6-18 设置素材保留区间

这样,所选视频对象就被"掐头去尾"了,2、3处所指的两个小直角三角形分别表示当前被保留视频的新开始/结束时间点。当然,裁剪前要单击6处的按钮进行预览,来大致确定要保留的区域,若要精确设置,可利用8处所指时间控件进行微调。

（3）若要将视频在某时间点一分为二,则将1处所指滑轮移到该处,然后单击7处所指按钮,该视频就被从该处切断,分为两段了,如图6-19所示。

原视频总长13秒,现在分成了6秒和7秒两部分,不需要的片段可以删除。

（4）若想将分别录制的多段视频合并,其实很简单,只须重复（1）中的步骤,将要添加的视频分别打开,然后逐一拖到编辑区新的空位处,如图6-20所示。

图 6-19　视频被一分为二

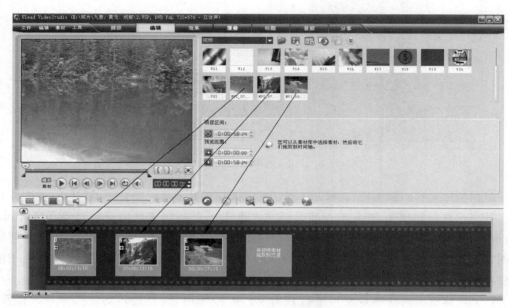

图 6-20　添加若干视频到编辑区

这样,三段不同视频就合并好了,单击"播放"按钮就可预览了。播放前要将滑轮移到滑竿最左端,这样可以从头开始播放;也可以将滑轮定位在某时间点,从该处播放。

☞ "播放"按钮 有两种选项:"项目"和"素材",若要播放整个合并的视频,则单击"项目"→"播放"按钮;若只播放编辑区中某个特定对象,则选择"素材"再单击"播放"按钮。

（5）由于是三段视频合并在一起的,在播放到两段视频连接处时,可能过渡不自然,若想实现自然过渡,可在两段视频间添加转场效果（即过渡效果）。单击窗口上的"效果"按钮,弹出如图6-21所示的菜单。

收藏夹
三维
相册
取代
时钟
过滤
胶片
闪光
遮罩
果皮
推动
卷动
旋转
滑动
伸展
擦拭

图 6-21　选择转场效果

在其中选择一项，每项当中都包含许多具体的转场效果，如选择"擦拭"命令，将自己喜欢的转场效果拖放到相邻视频之间就可以了，播放时就能看到它们的过渡作用，如图 6-22 所示。

图 6-22　添加转场效果到相邻视频间

☞ 若对转场效果不满意，可直接按 Delete 键将其删除，然后重新添加；对编辑区中的视频段也可以删除并选择别的视频，甚至可以直接用鼠标拖动某段视频放到其他视频之前或之后；错误的操作可以用 Ctrl＋Z 快捷键撤销。这些操作与 Windows 中的操作一样。

（6）在欣赏视频中的美景时，又能听到美妙的音乐，可称得上较为完美了。若想给视频添加一段背景音乐，单击"视图切换"按钮，进入"时间轴视图"，在最下一行"音乐轨"中鼠标右击，在弹出的菜单中选择"插入音轨"→"到音乐轨"命令（见图 6-23），将一首歌曲插入到视频中，这样再放映视频时，就有背景音乐了。

图 6-23　为视频添加背景音乐

☞ 此处也可对插入的音乐进行剪辑,裁减掉不需要的部分,保留自己喜欢的那一部分作为背景音乐。操作方式类似于对视频的剪辑。

(7)但放映视频时,可能会出现一些问题。比如视频本身在录制时记录下了当时周边环境的一些嘈杂音,对背景音乐进行了干扰,若能去除视频中的声音就好了,这其实很容易做到。单击某段视频,鼠标右击,在弹出的菜单中选择"分割音频"命令,如图 6-24所示。

然后发现视频中的音频被分离出来并放在了"声音轨"上(图 6-25 圈出部分),用户只须选中它并按 Delete 键删除就可以了,再放映时就没有杂音的干扰了! 对其他视频如法操作即可。

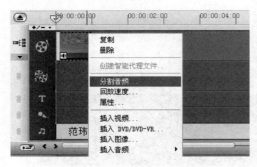

图 6-24　准备分离出视频中的声音

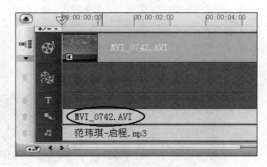

图 6-25　分离出的视频声音

(8)最后,要将编辑好的作品输出。单击"分享"→"创建视频文件"按钮,弹出如图 6-26 所示的菜单。

一般情况下选择第一项即可,若要生成特定类型文件,可按菜单中提供的类型选择,选定好后,出现下面的进度条。需要指出的是,若选择的是 AVI、MPEG 格式的,则生成的时间会比较长,因为这两种格式视频质量较高,文件比较大;若选择 WMV、RM 等格式,文件相对较小,生成时间短,但失真相对较大。生成过程提示

图 6-26　选择输出视频文件类型

如图 6-27 所示。

初学者在学习使用该软件时,不必去搜寻相关练习素材,软件中已提供了许多视频、图像、音频等方面的材料,用户完全可以就地取材,用户按照如图 6-28 所示进行选择即可。

图 6-27　输出进度指示　　　　　图 6-28　选择素材类型

会声会影中还有很多其他功能,比如给视频添加字幕、素材叠加、直接从数码设备中获取视频等,但由于篇幅限制,这里就不具体叙述了,用户可自己去揣摩,使用后就会发现,会声会影不但功能强大,而且简单易学。

6.3.5　案例 5:不同媒体格式转换

网上的音频、视频转换软件很多,让人看了觉得头疼。如果对转换效果不太苛求,这里介绍一款非常全能的媒体格式类型转换工具,因为它可以支持视频、音频甚至不同图像格式之间的转换,并且还是免费的,该软件名叫"格式工厂"(FormatFactory)。从网上下载它的安装包,解压后运行其中的安装程序即可。

【例 6-5】　用 FormatFactory 进行视频格式转换。

操作步骤如下:

(1) 启动 FormatFactory,出现如图 6-29 所示的界面。

在图中可以看到,在窗口的左边有"视频"、"音频"和"图片"三种媒体类型按钮,说明它支持三种媒体格式的转换。默认展开的是视频格式转换列表,单击垂直滚动条的向下按钮还可看到更多的视频转换类型。"音频"和"图片"的转换类型读者可单击展开浏览。

(2) 单击其中的"->RMVB"按钮表示准备将某类型视频转换成 RMVB 格式的文件,出现如图 6-30 所示的"->RMVB"对话框。

单击该框中的"添加文件"按钮,就出现最上层的"打开"对话框,定位到视频文件存放的位置,选择需转换的视频文件,也可按 Ctrl 键同时选中多个文件,单击"打开"按钮回到后面的"->RMVB"对话框,这时要注意下方的"输出文件夹"位置,因为转换后新生成的文件是放在这的。

(3) 最后单击"确定"按钮,就回到了如图 6-31 所示的主窗口,里面显示的是当前添加的所有待转换的任务,其中还多出了一个任务,这是单击主窗口左边的"音频"按钮添加的,方法和步骤类似前面添加视频转换任务。然后单击窗口上方的"开始"按钮进行转换。

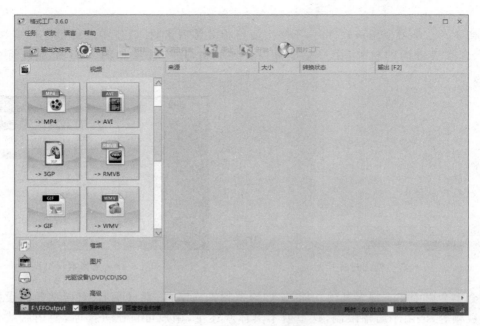

图 6-29　格式工厂启动界面

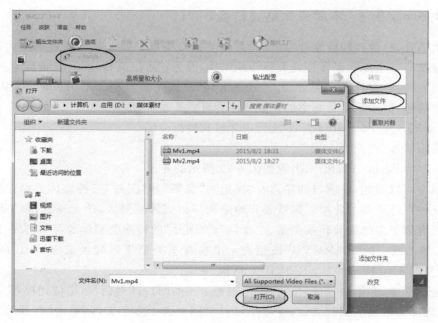

图 6-30　添加转换任务

最后转换成功,输出文件均存放到指定位置。

（4）该软件功能强大,使用中还发现,对选择的待转换视频和音频文件,还可截取要转换的片段,从而更好地满足用户的要求。

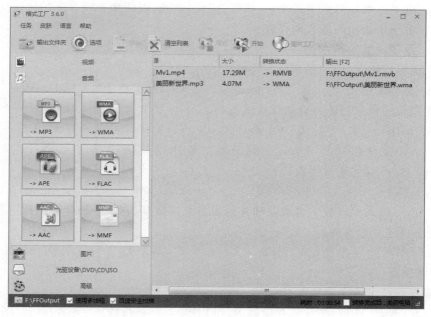

图 6-31　开始转换

习　题　6

一、选择题

1. CD-ROM（　　　）。

　　A. 仅能存储文字 　　　　　　　　　　B. 仅能存储图像

　　C. 仅能存储声音 　　　　　　　　　　D. 能存储文字、声音和图像

2. 多媒体数据具有（　　　）特点。

　　A. 数据量大和数据类型多

　　B. 数据类型间区别大和数据类型少

　　C. 数据量大、数据类型多、数据类型间区别大、输入和输出复杂

　　D. 数据量大、数据类型多、数据类型间区别小、输入和输出不复杂

3. 彩色可用（　　　）来描述。

　　A. 亮度,饱和度,色调 　　　　　　　B. 亮度,饱和度,颜色

　　C. 亮度,对比度,颜色 　　　　　　　D. 亮度,色调,对比度

4. 下面列出的格式中不属于图像文件格式的是（　　　）。

　　A. GIF 　　　　　　B. BMP 　　　　　　C. AVI 　　　　　　D. PCX

5. MP3 的压缩算法来源于何种标准（　　　）。

　　A. JPEG 　　　　　B. MPGE-1 　　　　C. MPGE-2 　　　　D. MPGE-5

6. 下面说法中,（　　　）是不正确的。

　　A. 电子出版物存储容量大,一张光盘可存储几百本书

B. 电子出版物可以集成文本、图形、图像、动画、视频和音频等多媒体信息

C. 电子出版物不能长期保存

D. 电子出版物检索快

7. 下面格式中,(　　)是音频文件格式。

A. WMA 格式　　　　B. JPG 格式　　　　C. DAT 格式　　　　D. MOV 格式

8. 使用录音机录制的声音文件格式为(　　)。

A. MIDI　　　　　　B. WAV　　　　　　C. MP3　　　　　　D. CD

9. (　　)文件格式是 Apple 公司开发的专用视频格式,但只要在 PC 上安装了 QuickTime 软件,就能正常播放。

A. AVI　　　　　　B. MOV　　　　　　C. FLV　　　　　　D. MP3

10. (　　)格式允许数字合成器和其他设备交换数据,它是一种计算机数字音乐接口产生的数字描述音频文件。

A. WAV　　　　　　B. MP3　　　　　　C. WMA　　　　　　D. MIDI

二、填空题

1. 多媒体技术的主要特点有_____、_____、_____、_____、和_____。

2. 磁盘、光盘、磁带、半导体存储器等,可称作_____;数字、文字、声音、图形等,中文可称为_____。

3. _____运动图像专家组提出的一种图像及其伴音的压缩编码技术标准。

4. 在屏幕上显示图像通常有两种方法:一种称为点阵图像,另一种称为_____。

5. _____是一种非线性结构,以结点为单位组织信息,在结点之间通过它们之间的关系链加以连接,构成表达特定内容的信息网络。

6. 目前常用的压缩编码方法分为两类:_____和_____。

7. 流媒体技术是网络_____、_____技术发展到一定阶段的产物,是一种解决_____播放时带网络宽拥堵问题的"软技术"。

三、判断题

1. 计算机中,像素(Pixel)是构成图像的基本单位。　　　　　　　　　　　　　(　　)

2. 同样一个声音,保存成 WAV 格式的文件体积会小于 MP3 格式文件体积。

(　　)

3. OGG 是一种压缩的音乐格式,且压缩时声音的失真度相当低。　　　　　　(　　)

4. 在 Flash 中绘制出来的图形格式为位图。　　　　　　　　　　　　　　　　(　　)

5. GoldWave 支持各种声音文件格式的成批转换。　　　　　　　　　　　　　(　　)

6. 数码相机具有共享容易、实时图像、不需底片或冲洗、可在家打印等优点,已逐渐取代传统相机。　　　　　　　　　　　　　　　　　　　　　　　　　　　　(　　)

7. 视频格式有 MPEG、MOV、SWA、AIFF 等多种。　　　　　　　　　　　　　(　　)

四、简答题

1. 什么叫多媒体信息?

2. 多媒体系统由哪几部分组成的?

3. 多媒体数据具有哪些特点?

4. 简述 JPEG 和 MPEG 的主要差别。

5. 叙述位图和矢量图的区别。

五、操作题

1. 从网上下载一首自己喜欢的歌曲,利用 GoldWave 和"酷狗铃声制作专家"分别制作自己的手机铃声,并比较两种软件的不同。

2. 利用红蜻蜓抓图软件练习"选定区域"、"固定区域"、"选定控件"和"选定菜单"的抓图方法。

3. 利用屏幕录像专家录制自己在计算机上操作的两段过程,分别用不同的文件格式保存。

4. 利用会声会影将上题中创建的两个视频文件合并,并为合并视频添加背景音乐。若其中有 EXE 自播放文件,要先将其转换成其他格式再合并。

5. 在网上搜索并下载一个音频格式转换器,练习将某种音乐格式文件转换为另一种,并比较转换后两者的文件大小。

6. 利用红蜻蜓抓取一幅图像并保存为某种格式文件;利用屏幕录像软件制作一段视频。然后用 FormatFactory 分别将它们转换成其他类型的媒体文件,播放并查看转换前后效果有无不同。

第四篇
专业软件应用篇

第四篇

自动控制原理

第 7 章　电子表格软件 Excel 2010

Microsoft Office Excel 2010 是 Microsoft Office 2010 办公套装软件的一个重要组成部分,具有强大的电子表格处理功能,使用它可以进行各种数据处理、统计分析和辅助决策等。本章主要以实例入手,介绍 Excel 2010 的基本功能和使用方法。

本章主要内容:

- Excel 2010 概述
- 工作表的建立和编辑
- 工作表的格式化
- 公式和函数的使用
- 数据图表的创建
- 数据的管理与分析
- 工作表的打印
- 综合案例

7.1　Excel 2010 概述

Excel 2010 作为电子表格处理软件,功能强大,使用方便。本节主要介绍 Excel 2010 的基础知识,包括 Excel 2010 工作界面以及工作簿与工作表的基本概念。

7.1.1　Excel 2010 工作界面

启动 Excel 2010 之后,屏幕将出现 Excel 2010 的工作界面,如图 7-1 所示。

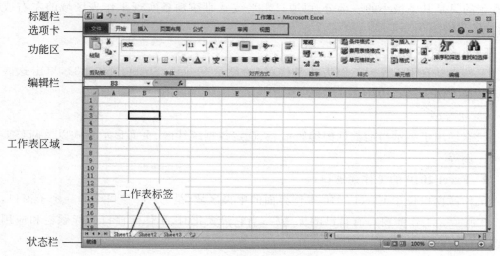

图 7-1　Excel 2010 工作界面

1. Excel 2010 的界面组成

Excel 2010 的工作界面主要由以下几部分组成：

1）标题栏

标题栏包含控制菜单图标、快速访问工具栏、工作簿名称以及窗口最小/大化、关闭按钮。

2）选项卡

选项卡包含"文件"、"开始"、"插入"等多个选项卡，系统默认的选项卡是"开始"选项卡。

3）功能区

功能区包含多个选项组，每个选项组提供多个命令按钮、列表框和对话框等。单击选项卡最右侧的"功能区最小化"按钮（或"展开功能区"按钮）可以折叠（或展开）功能区。

4）编辑栏

编辑栏用来定位和选择单元格以及显示活动单元格中的数据或公式，包括名称框和公式栏，如图 7-2 所示。当选择单元格或单元格区域时，相应的单元格或区域名称即显示在名称框中，当在单元格中输入或编辑数据时，公式栏上就会显示"取消"和"输入"两个按钮，分别用于取消或确认输入或编辑的内容，同时在按钮右边的文字输入区域内显示单元格中输入或编辑的内容。

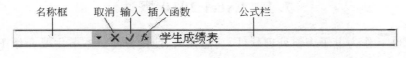

图 7-2　编辑栏

5）工作表区域

工作表区域用来记录数据的区域，最多可包含 1 048 576×16 384 个单元格，窗口中所看到的只是其中极小的一部分，可通过水平或垂直滚动条实现工作表区域的左右或上下移动。

6）工作表标签

工作表标签用于显示工作表的名称（初始显示 Sheet1、Sheet2、Sheet3），单击这些标签可以在工作表之间切换。

7）状态栏

状态栏用于显示当前数据的编辑信息、选定数据统计区、页面显示方式以及调整页面显示比例等。

2. Excel 2010 的工作簿窗口

工作簿窗口位于 Excel 2010 工作界面的中央区域，是 Excel 窗口中的一个子窗口，如图 7-3 所示。工作簿窗口有自己的标题栏，当它最大化时，工作簿窗口的标题栏和应用程序窗口的标题栏合并。

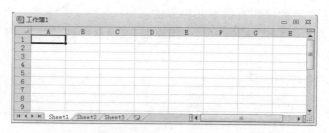

图 7-3　Excel 窗口中的"工作簿 1"工作簿窗口

7.1.2　Excel 2010 基本概念

工作簿、工作表和单元格是 Excel 的三个重要概念。

1. 工作簿与工作表

工作簿就是存储数据的 Excel 文件，一个工作簿由一张或若干张表格组成，每一张表格称为一个工作表。默认情况下，一个工作簿中有 3 个工作表，用户根据实际情况可以增减工作表，但其中最多包含 255 张工作表。

工作表是指由行和列组成的一张二维表格，行用数字表示，称为行号，由上到下依次为 1、2、3、……、1 048 576，共 1 048 576 行，列用字母表示，称为列标，从左到右依次为 A、B、……、Z、AA、AB、……、XFD，共 16 384 列。

2. 单元格与单元格区域

单元格是组成工作表的最小单位。工作表中每一行、列交叉区域即为一个单元格。每个单元格由所在列标和行号来标识，称为单元格名称或单元格地址，用以指明单元格在工作表中所处的位置。如 A2 单元格，表示位于工作表的第 A 列、第 2 行。当单击某单元格时，该单元格名称会在编辑栏的名称框内显示，同时它的边框线加粗，表示该单元格为活动单元格（又称当前单元格），一个单元格最多可以保存 32 000 个字符。

单元格区域是指由一个或多个单元格组成的矩形区域。区域名称由矩形对角的两个单元格的名称组成，中间用冒号":"相连。如单元格区域 B2:E8，表示从左上角 B2 单元格到右下角 E8 单元格的连续区域。

7.2　工作表的建立和编辑

Microsoft Excel 工作簿是计算和存储数据的文件，每一个工作簿可以包含多张工作表，工作表则由单元格组成。下面介绍工作簿、工作表和单元格的基本操作。

7.2.1　工作簿和工作表的基本操作

一个工作簿就是一个 Excel 文件，其扩展名为 .xlsx。

1. 工作簿的基本操作

启动 Excel 2010 时，系统会自动创建一个暂命名为"工作簿 1"的空白工作簿。如果接着创建其他的工作簿，Excel 会自动将其取名为"工作簿 2"、"工作簿 3"等。

创建一个新工作簿的操作有以下几种方法：

（1）单击"文件"→"新建"按钮，在"可用模板"选项区中选择"空白工作簿"命令，单击"创建"按钮，如图 7-4 所示。

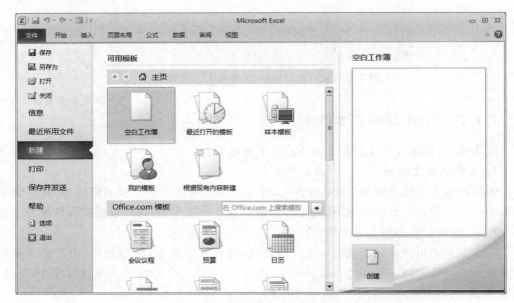

图 7-4　创建"空白工作簿"窗口

（2）单击"快速访问工具栏"→"新建"按钮，创建一个新工作簿。

（3）按 Ctrl＋N 快捷键创建一个新工作簿。

工作簿的保存、打开、关闭也是通过"文件"选项卡完成。其操作方法与 Word 2010 相似，这里不再叙述。

2. 工作表的基本操作

创建一个新工作簿时，Excel 默认包括 3 个工作表，名称分别为 Sheet1、Sheet2 和 Sheet3。如果这 3 个工作表不够使用，可以插入新工作表或者重新设置工作簿的默认工作表数。

1）插入新工作表的操作

（1）单击"工作表标签"最右侧的"插入工作表"标签按钮，插入一个新工作表。

（2）单击"开始"→"单元格"→"插入"按钮旁的下拉按钮，在下拉列表中单击"插入工作表"按钮，插入一个新工作表。

2）设置工作簿内工作表数的操作方法

（1）单击"文件"→"选项"按钮，弹出"Excel 选项"对话框，选定"常规"命令。

（2）在"包含的工作表数"框中直接输入或单击增、减按钮设置所需的工作表数，然后单击"确定"按钮，完成工作表数量的设置。

设置工作表数量后，当新建一个工作簿时新工作簿中包含的工作表数量将随之变化。

工作表的删除、移动、复制和重命名等其他操作，可以右击某个工作表标签，然后在弹出的快捷菜单中选择相应的菜单命令来完成。

3. 单元格、行、列的基本操作

1) 单元格和单元格区域的选定

对单元格操作时必须先选定单元格。被选定的单元格由黑色粗框线框起,被选定的单元格区域除左上角单元格外均以蓝底显示。选定单元格或单元格区域的方法如下。

(1) 单个单元格:单击相应的单元格,或用方向键移动到相应的单元格。

(2) 单元格区域:单击该区域的第一个单元格,用鼠标拖动直至选定最后一个单元格。或单击第一个单元格后,按住 Shift 键再单击最后一个单元格。

(3) 整行单元格区域:单击工作表区域左侧的行号。

(4) 整列单元格区域:单击工作表区域上方的列号。

(5) 不相邻单元格区域:先选定一个单元格区域,按住 Ctrl 键再选定其他区域。

(6) 全部单元格:单击工作表区域左上角的全选框,或者按 Ctrl+A 快捷键。

2) 单元格、行、列的插入

一个工作表中的行数和列数是固定的。所谓插入,实际上只是使插入区域的数据向右移动或向下移动,使插入区域"空出来"。

(1) 插入单元格的操作方法如下:

选定活动单元格,单击"开始"→"单元格"→"插入"按钮旁的下拉按钮,在下拉列表中选择"插入单元格"命令,弹出"插入"对话框,选中"活动单元格右移"(或者"活动单元格下移")单选钮后,单击"确定"按钮,即插入一个空白单元格。

(2) 插入行的操作方法如下:

选定行,单击"开始"→"单元格"→"插入"按钮旁的下拉按钮,在下拉列表中选择"插入行"命令,则新行将添加在选定行的上方。如果要一次插入多行,可以选中多行后,再做插入操作。

插入列的操作方法与插入行的操作方法相似。

7.2.2 数据的录入和编辑

Excel 2010 提供多种数据类型,下面介绍数字型、文本型、日期时间型数据的输入。

1. 输入数据

可以在单元格中直接输入数据,也可以在编辑栏中输入。输入结束按 Enter 键、Tab键或单击编辑栏上的"√"按钮均可确认输入;按 Esc 键或单击编辑栏上的"×"按钮可取消输入。

1) 数字型数据

Excel 2010 中有效的数字可以是:表示数字的 0～9,表示符号的 +、一、(、)、/、$、%、E、e 等字符。不同的数字符号有不同的输入方法,需要遵循不同的输入规则。在默认状态下,输入的数字在单元格中右对齐。

(1) 输入负数时,必须在数字前加一个负号"一",或用"()"把数字括起来。例如,输入"一25"和"(25)"都在单元格中得到"一25"。

(2) 输入分数时,应先输入"0"和一个空格,如输入分数"11/23",应输入"0 11/23",否则系统将默认其为日期型数据,单元格中会显示"11 月 23 日"。

☞ 当输入的数字太长超过单元格的宽度时，数字只显示在编辑栏中，而单元格中则显示"＃＃＃＃"。若想在单元格中显示该值，可加大列宽或将数字改为科学计数法。

2）文本型数据

文本包含汉字、英文字母、数字、空格以及其他符号。在默认状态下，输入的文本在单元格中左对齐。

对于一些特殊形式的文本数据，如学号、身份证号等，若需要作为文本数据来处理，Excel 规定先输入一个单引号"'"再输入这些特殊文本，有以下几种情况：

（1）由数字组成的文本。例如，'04120010。

（2）带等号的文本。例如，'=12+34。

（3）日期时间型文本。例如，'11/23。

☞ 如果输入的文字过多超过了单元格的宽度，若右边相邻的单元格中没有数据时则超出的文字会显示并盖住右边的单元格；若右边相邻的单元格中有数据时则超出的文字不会显示，必须加大列宽才能显示全部内容。

3）日期与时间型数据

Excel 2010 能够识别大部分以常用表示法输入的日期和时间格式。在默认状态下，输入的日期时间型数据在单元格中右对齐。

（1）输入日期，使用 YY/MM/DD 或 YY-MM-DD 格式，即先输入年，再输入月，最后输入日，例如输入"04/12/25"，在单元格得到"2004-12-25"。

（2）输入时间，使用"HH:MM:SS"格式，可以按 12 小时制和 24 小时制输入。如按 12 小时制输入时间，系统默认为上午时间，例如输入"5:10:10"，会在编辑栏中显示"5:10:10 AM"。若要输入下午时间，则在时间后面加一空格，然后输入"PM"，例如输入"5:10:10 PM"。

（3）同时输入日期和时间，只需将日期和时间用空格分开，例如输入"2004/12/25 5:10:10 PM"。

2．填充数据

Excel 2010 提供的自动填充功能可以用来输入重复数据或者某一类型的数据序列，包括数值序列、数字和文本的组合序列以及日期和时间序列等。

自动填充数据是指在初始单元格内输入数据后，与其相邻的单元格可以自动地输入一定规则的数据，它们可以是相同的数据，也可以是一组序列（等差或等比）。自动填充数据的方法有两种：使用填充柄和使用命令按钮。

1）使用填充柄

在起始单元格中输入数据，鼠标指向该单元格方框的右下角，当鼠标指针变为黑十字"+"形状（称为填充柄）时，按住鼠标左键并拖动到目标单元格后释放鼠标，数据被填充到拖过的区域中。

2）使用命令按钮

在起始单元格中输入数据，选定要填充的区域，再单击"开始"→"编辑"→"填充"按钮，在下拉列表中根据情况选择填充方向或者按序列填充。

例如，自动填充各种类型数据及序列数据，填充效果如图 7-5 所示。其中：

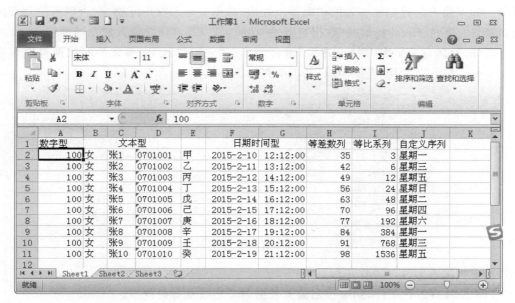

图 7-5　各种类型数据的填充示例

（1）A～G 列 3 种类型数据的填充方法：先在 A2～G2 单元格分别输入各列的初始值，然后拖曳填充柄到目标单元格即可。几种特殊填充方式如下：

① 初始值为纯文字或纯数字，填充相当于复制，如 A 列和 B 列数据。

② 初始值为数字型文本，填充时数字递增或递减。如 D 列数据，初始值为"0701001"，自动填充为"0701002"、"0701003"、……。

③ 初始值为文字数字混合体，填充时文字复制，最右边的数字递增或递减。如 C 列数据，初始值为"张 1"，自动填充为"张 2"、"张 3"、……。

④ 初始值为"自定义序列"中的一员，填充时按自定义序列中的顺序循环填入。如 E 列数据，初始值为"甲"，自动填充为"乙"、"丙"、……。

⑤ 初始值为日期或时间型，填充时日期按天数、时间按小时数递增或递减。如 F 列数据，初始值为"2015-2-10"，自动填充为"2015-2-11"、"2015-2-12"、……。

（2）H 列的等差数列和 J 列的自定义序列数据也使用填充柄完成。如先在 H2 和 H3 两个单元格里分别输入初值"35"和"42"，然后选定这两个单元格，再拖曳填充柄到目标单元格 H11。

（3）I 列的等比数列使用命令按钮完成。在第一个单元格里输入初值"3"，选定包括初值在内的需要填充数据的单元格区域 I2:I11，单击"文件"→"编辑"→"填充"按钮，在下拉列表中选择"系列"命令，弹出"序列"对话框，如图 7-6 所示，选中"等比序列"单选钮，输入步长值"2"，单击"确定"按钮。

3. 有效性数据

数据有效性用于指定单元格中输入数据的权限

图 7-6　"序列"对话框

范围。如果输入的数据在有效的权限范围之内,数据会显示在单元格中,否则系统会发出错误警告。通过 Excel 提供的"数据有效性"功能,可以提高用户输入数据的准确率。

例如,对体育成绩表中"100 米"、"仰卧起坐"、"立定跳远"三项成绩的数据有效性定义在 0～7 之间,并利用"公式审核"功能圈释出无效数据,如图 7-7 所示。

	A	B	C	D	E	F	G	H
1	学号	姓名	性别	平时	考试	100米	仰卧起坐	立定跳远
2	070101	甲	女	3	5.5	6.5	6	6.5
3	070102	乙	女	2.5	5	5	5	5
4	070103	丙	女	2.5	5.5	5.5	6	5.5
5	070104	丁	女	2	4.5	4.5	7.5	4
6	070105	戊	女	2.5	5	4.5	5	5
7	070106	己	女	2.5	5	5	5	6
8	070107	庚	女	3	5.5	5.5	5	5
9	070108	辛	女	3	5	6	6	6
10	070109	壬	女	3	6	6.5	6.5	6
11	070110	癸	女	2.5	5	8	5.5	5
12								

图 7-7 "体育成绩表"中圈释无效数据

设置数据有效性的操作步骤如下:

(1) 设置有效性条件,用来控制输入数据的类型以及有效范围。

选定单元格区域 F2:H11,单击"数据"→"数据工具"→"数据有效性"按钮,弹出"数据有效性"对话框,选择"设置"选项卡,如图 7-8 所示。在"允许"下拉列表框中选择允许输入的数据类型:小数;在"数据"下拉列表框中选择所需的操作符:介于,并输入最小值 0,最大值 7。

(2) 设置输入提示信息,提示用户在输入数据时要求输入的数据类型和范围。

切换到"输入信息"选项卡,选中"选定单元格时显示输入信息"复选框,如图 7-9 所示。在"标题"和"输入信息"两个文本框中分别输入需要显示的信息"请注意"、"必须输入 0～7 之间的数据"。

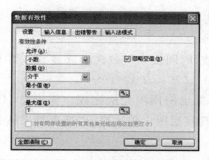

图 7-8 "设置"选项卡

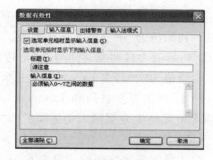

图 7-9 "输入信息"选项卡

(3) 设置出错警告,当输入的数据不符合有效性条件时,会自动发出错误警告。

切换到"出错警告"选项卡,选中"输入无效数据时显示出错警告"复选框,如图 7-10 所示。选择"停止"命令,在"标题"文本框输入"输入错误";在"错误信息"文本框输入"数据有误,请重新输入"。

设置出错警告后,当输入了有效范围以外的数据时,将弹出如图 7-11 所示对话框。

(4) 无效数据审核,利用"公式审核"功能可以圈释出无效数据。

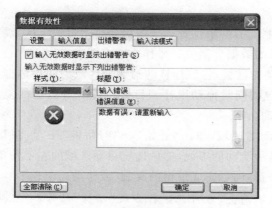

图 7-10　"出错警告"选项卡　　　　　图 7-11　"输入错误"对话框

单击"数据"→"数据工具"→"数据有效性"旁的下拉按钮,在下拉列表中选择"圈释无效数据"命令,则在含有无效数据的单元格上会显示一个圆圈作为标记,如图 7-7 所示,当更正无效数据后圆圈随即消失。

4. 编辑数据

1) 数据的清除和删除

数据清除是把单元格的内容清除,使之成为空单元,数据清除后单元格本身仍留在原位置不变。数据删除是把单元格连同单元格的全部内容都从工作表中消失。

(1) 数据清除的操作方法:先选定要清除的单元格或单元格区域,单击"开始"→"编辑"→"清除"按钮旁的下拉按钮,弹出下拉列表,如图 7-12 所示,选择相应选项,分别清除单元格的格式、内容、批注、超链接等,其中"全部清除"选项会将选定区域中的格式、内容、批注和超链接全部都清除。

(2) 数据删除的操作方法:先选定要删除的单元格或单元格区域,单击"开始"→"单元格"→"删除"按钮旁的下拉按钮,在下拉列表中选择"删除单元格"命令,弹出"删除"对话框,如图 7-13 所示。其中:

图 7-12　"清除"按钮的下拉列表　　　图 7-13　"删除"对话框

① 右侧单元格左移:在删除选定的单元格后其右侧的所有单元格依次左移;

② 下方单元格上移:在删除选定的单元格后其下方的所有单元格依次上移;

③ 整行或整列:在删除选定的行(或列)后其下方所有行(或其右侧所有列)依次上移(或左移)。

2）数据的复制和移动

数据复制是指将选定区域的数据复制到另一个位置。数据移动是指将选定区域的数据从一个位置移动到另一个位置,原位置的数据会消失。操作方法有两种:

（1）鼠标拖曳法。选定要复制或移动的区域,将鼠标移动到选定区域的四周边框,当鼠标指针呈双向十字箭头时,按住 Ctrl 键的同时拖动鼠标到目标位置完成数据的复制,直接拖动鼠标到目标位置完成数据的移动。

（2）使用剪贴板。选定要复制或移动的区域,单击"开始"→"剪贴板"→"复制"（或"剪切"）按钮,此时,选定的源区域周围显示流动的虚线,然后选定目标区域的左上角单元格,再单击"开始"→"剪贴板"→"粘贴"按钮,即可完成数据的复制（或移动）。

☞ 只要选定区域周围流动的虚线不消失,就可以执行多次"粘贴"操作,一旦按下 Esc 键取消选定区域周围流动的虚线,粘贴就无法进行。

7.2.3 工作表窗口的拆分和冻结

对于较大的表格,由于屏幕大小的限制,无法看到全部的单元格。若要在同一屏幕察看相距甚远的两个区域的单元格,可以对工作表窗口进行拆分和冻结,以便查看或编辑同一工作表中的不同部分。

1. 工作表窗口的拆分

工作表窗口的拆分是指将工作表窗口分为几个窗口,每个窗口均可显示工作表。操作方法如下:

（1）选定某个单元格作为分割点,如 D5 单元格。

（2）单击"视图"→"窗口"→"拆分"按钮,Excel 则以所选单元格的左上角为交点,将工作表拆分为 4 个独立的窗格,如图 7-14 所示。

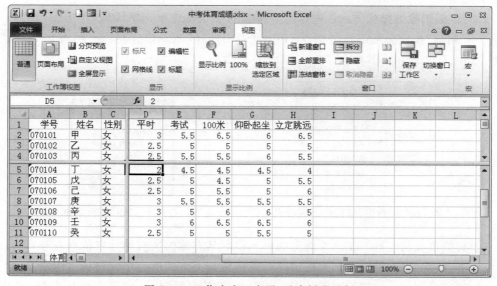

图 7-14　工作表窗口水平、垂直拆分示例

撤销窗口拆分可再次单击"拆分"按钮,或者直接双击窗口拆分线。

2. 工作表窗口的冻结

工作表的冻结是指将工作表窗口的上部或左部固定,且不随滚动条而移动。其操作方法与窗口拆分相似。图 7-15 所示的为水平、垂直同时冻结窗口,冻结线为黑色细线。

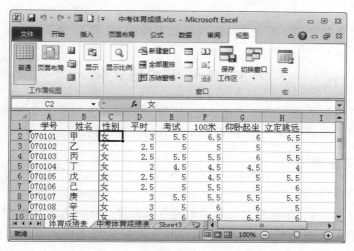

图 7-15　工作表窗口水平、垂直冻结示例

撤销窗口冻结可单击"冻结窗格"按钮下拉列表中的"取消冻结窗格"选项。

7.2.4　案例 1:建立"体育成绩表"

【例 7-1】　每年中考,学生的体育成绩要记入中考总分,假定体育成绩由三部分组成:身体素质三项测试 21 分、体育课考试 6 分、平时参加体育锻炼情况考核 3 分,满分为 30 分。建立如图 7-16 所示的"体育成绩表"工作表。

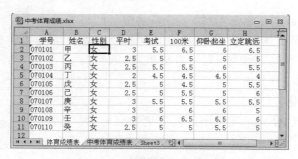

图 7-16　"体育成绩表"工作表

操作步骤如下:

(1) 新建工作簿。启动 Excel 2010,系统自动创建一个空白工作簿。

(2) 输入数据。选定工作表"Sheet1",分别输入 A 列到 H 列的数据。其中,学号、姓名和性别数据可以使用自动填充功能完成输入,其他列数据直接输入。

(3) 更改工作表名称。双击"Sheet1"工作表标签,输入"体育成绩表"按 Enter 键。

（4）复制工作表。按住 Ctrl 键拖动"体育成绩表"标签到"Sheet2"工作表标签上，复制得到"体育成绩表（2）"，更名为"中考体育成绩表"。

（5）保存工作簿。单击"文件"→"保存"按钮，在打开的"另存为"对话框中选择文件保存位置，文件名为"中考体育成绩"，文件类型为"Excel 工作簿（ * . xlsx）"，单击"保存"按钮。

（6）关闭工作簿窗口。单击工作簿窗口右上角的"关闭"按钮。

7.3　工作表的格式化

Excel 2010 提供了强大的格式化功能，使用它可以对已经建立和编辑的工作表进行数据和单元格格式的设置等工作，从而使工作表的外观漂亮，重点突出，易于理解。

7.3.1　预备知识

1. 调整行高和列宽

工作表建立时，所有单元格具有相同的宽度和高度。在输入工作表内容的过程中，由于各种文字和数据大小不同、长短各异，所以经常要调节单元格的宽度和高度，以达到数据完整清楚、表格整齐美观的效果。

调整单元格的行高和列宽可使用鼠标拖动或单击命令按钮。利用鼠标拖动方便、直观，而单击命令按钮可以精确调整行高和列宽数值。

1）鼠标拖动

使用鼠标指向需要调整行高（或列宽）的行号（或列标）分割线，当鼠标指针变为"✛"双向箭头时拖动分割线到适当位置后释放鼠标即可。拖动分割线时会出现一条黑色的虚线，同时显示行高（或列宽）的数值。

2）命令按钮

选定调整的行（或列），单击"开始"→"单元格"→"格式"按钮，在下拉列表中选择"行高"（或"列宽"）命令，如图 7-17 所示，弹出"行高"（或"列宽"）对话框，输入行高（或列宽）的具体数值，再单击"确定"按钮。

2. 单元格格式化

设置单元格格式，使得单元格中的内容更加突出，视觉效果更好。

选定要格式化的单元格区域，单击"开始"→"单元格"→"格式"按钮旁的下拉按钮，在下拉列表中选择"设置单元格格式"命令，打开"设置单元格格式"对话框，如图 7-18 所示。

1）设置数字格式

Excel 2010 提供了大量的数字格式，包括常规、数值、货币、会计专用、日期、时间、百分比、分数、科学记数、

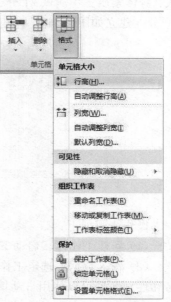

图 7-17　"格式"按钮下拉列表

文本、特殊、自定义 12 种，如图 7-18 所示。数字格式只是改变数字在单元格中的显示，并不会改变数字在编辑栏中的显示。

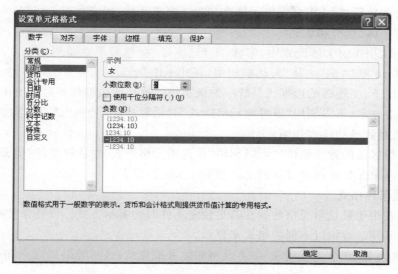

图 7-18　"设置单元格格式"对话框

2）设置对齐方式

默认情况下，Excel 2010 规定单元格中的文本数据是左对齐，而数值、日期时间数据是右对齐，有时为了产生更好的效果，可以重新设置对齐方式，如图 7-19 所示。其中：

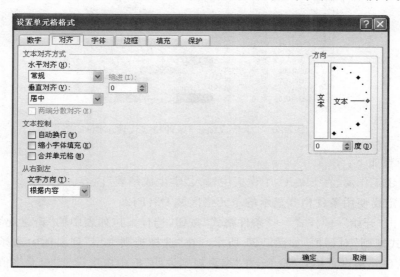

图 7-19　"设置单元格格式"对话框中的"对齐"选项卡

（1）"水平对齐"下拉列表框用来设置数据的水平对齐方式。

（2）"垂直对齐"下拉列表框用来设置数据的垂直对齐方式。

而"文本控制"组的三个复选框用来设定单元格中文字较长时的显示样式。

（1）"自动换行"：对输入的文本根据单元格列宽自动换行。

（2）"缩小字体填充"：减小单元格中的字符大小，使数据的宽度与列宽相同。

（3）"合并单元格"：将多个单元格合并为一个单元格，用来存放长数据。

3）设置字体、边框和填充

在 Excel 2010 的字体设置中，字体、字形、字号、颜色等是主要的几个方面。"字体"选项卡与 Word 2010 的"字体"对话框相似，在此不作介绍。

默认情况下，工作表的边框线是统一的淡实线。这样的边框线不适合突出重点数据，打印时也不会显示，可以利用"设置单元格格式"对话框中的"边框"选项卡为其设置边框线的种类，选择线条的样式和颜色。

填充是指区域的背景颜色。可以利用"设置单元格格式"对话框中的"填充"选项卡对选定单元格或单元格区域的背景颜色及填充效果进行设置。

3. 设置条件格式

条件格式用于设置单元格数据在满足预定条件时的显示方式。设置条件格式可以使得工作表中不同的数据以不同的格式来显示。

例如，突出显示"学生成绩表"中不及格和优秀的成绩，显示效果如图 7-20 所示。

操作要求：

（1）小于 60 分的成绩设置条件格式：字形加粗、文字黄色、单元格背景为红色。

（2）≥90 分的成绩设置条件格式：字形倾斜加粗、文字白色、单元格背景为蓝色。

	A	B	C	D	E	F	G
1				学生成绩表			
2	学号	姓名	性别	平时	机试	笔试	
3	080301001	赵1	女	64	70	64	
4	080301002	赵2	男	55	96	68	
5	080301003	赵3	女	79	81	82	
6	080301004	赵4	女	86	87	58	
7	080301005	赵5	男	88	82	89	
8	080301006	赵6	男	94	83	83	
9	080301007	赵7	男	88	50	86	
10	080301008	赵8	男	68	86	95	
11	080301009	赵9	男	85	87	78	
12	080301010	赵10	女	90	80	96	
13							

图 7-20 "学生成绩表"条件格式设置示例

操作步骤如下：

（1）新建工作簿，在 Sheet1 工作表中输入"学生成绩表"内容。

（2）选定要使用条件格式显示的单元格区域 D3：F12。

（3）单击"开始"→"样式"→"条件格式"按钮，选择下拉列表中的"新建规则"命令，打开"新建格式规则"对话框，如图 7-21 所示。在"选择规则类型"列表框中选择"只为包含以下内容的单元格设置格式"命令，在"编辑规则说明"框中依次设置"单元格值"、"小于"、"60"，并单击"格式"按钮，在打开的"单元格格式"对话框中设置字形加粗、颜色为黄色、背景填充为红色，单击"确定"按钮。

（4）单击"开始"→"样式"→"条件格式"按钮，选择下拉列表中的"管理规则"命令，打开"条件格式规则管理器"对话框，单击"新建规则"按钮，设置"≥90 分"的另一个条件格式，方法类似，设置结果如图 7-22 所示。

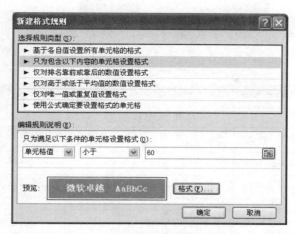

图 7-21 "新建格式规则"对话框

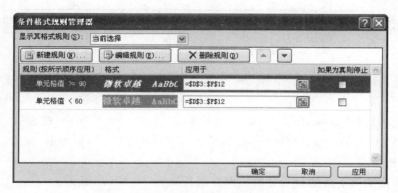

图 7-22 "条件格式规则管理器"对话框

（5）保存工作簿为"学生成绩表.xlsx"，关闭工作簿窗口。

7.3.2 案例 2：格式化"中考体育成绩表"

【例 7-2】 对案例 1 中建立的"中考体育成绩表"工作表进行下列格式化操作，效果如图 7-23 所示。

操作要求：

（1）添加标题"中考体育成绩表"，设置格式：黑体、16 磅、居中。

（2）设置行高，第 1 行高度：24.00（32 像素），第 2 行高度：30.00（40 像素）。

（3）设置对齐方式，A2：H2 和 C3：C12 居中，C2～H2 单元格文字分行显示。

（4）设置边框线，外框粗实线，内框细实线。

操作步骤如下：

（1）打开工作簿。启动 Excel 2010，打开"中考体育成绩.xlsx"工作簿文件，选择"中考体育成绩表"工作表。

（2）添加标题和合并单元格。

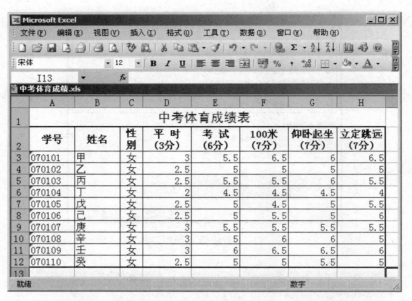

图 7-23　"中考体育成绩表"工作表格式化效果示例

① 选定 A1 单元格,单击"开始"→"单元格"→"插入"按钮,选择"插入工作表行"命令后插入一新行。

② 选定 A1:H1 区域,单击"开始"→"对齐方式"→"合并后居中"按钮。

③ 在 A1 单元格中输入"中考体育成绩表",字体为黑体,字号为 16 磅。

（3）调整行高。

① 鼠标拖动第 1 行的行号分割线调整其行高为 24.00(32 像素)。

② 鼠标拖动第 2 行的行号分割线调整其行高为 30.00(40 像素)。

（4）设置对齐方式和分行显示。

① 修改 D2～H2 单元格文字内容,将 A2～H2 单元格文字的字型加粗。

② 选定 A2:H2 区域,单击"开始"→"单元格"→"格式"按钮,选择"设置单元格格式"命令,打开"设置单元格格式"对话框,切换到"对齐"选项卡,设置水平对齐和垂直对齐为"居中",单击"确定"按钮。同理,选定 C2:C12 区域,设置水平对齐为"居中"。

③ 选定 C2:H2 区域,单击"开始"→"单元格"→"格式"按钮,选择"设置单元格格式"命令,打开"设置单元格格式"对话框,切换到"对齐"选项卡,选中"自动换行"复选框,单击"确定"按钮。

④ 鼠标拖动列号分割线分别调整 C 列～H 列的宽度,使其单元格文字分行显示。

（5）设置边框线。

① 选定 A2:H12 区域,单击"开始"→"单元格"→"格式"按钮,选择"设置单元格格式"命令,打开"设置单元格格式"对话框,切换到"边框"选项卡,如图 7-24 所示。

② 先选择"样式"列表中的粗实线,单击"预置"区域中的"外边框"按钮,再选择"样式"列表中的细实线,单击"预置"区域中的"内部"按钮,然后单击"确定"按钮。

（6）保存工作簿。单击快速访问工具栏上的"保存"按钮,关闭工作簿窗口。

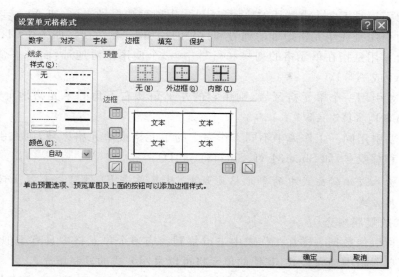

图 7-24 "设置单元格格式"对话框中的"边框"选项卡

7.4 公式和函数的使用

使用公式和函数,可以对不同类型的数据进行各种复杂运算,为分析和处理工作表中的数据提供了极大的方便。

7.4.1 预备知识

1. 使用公式

公式是指一个等式,包含运算符、常量、函数以及单元格引用等元素。使用公式可以进行加、减、乘、除等简单的运算,也可以完成统计、汇总等复杂的计算。

1) 公式的输入与编辑

在 Excel 2010 中,所有公式都以等号"="开始。

例如,"学生成绩表"的数据如图 7-25 所示,总分的计算公式为:=平时 * 20%+机试 * 30%+笔试 * 50%,下面计算"赵 1"学生的总分,操作步骤如下:

图 7-25 编辑栏中输入公式

（1）选定要计算总分的单元格 G3。

（2）在编辑栏或直接在单元格中输入公式:=D3 * 20%+E3 * 30%+F3 * 50%。

（3）输入完毕直接按 Enter 键或者单击编辑栏中的"输入"按钮。

输入公式完成后,在单元格中显示公式的计算结果,而在编辑栏中显示公式本身。

编辑公式与编辑数据相同,可以在编辑栏中编辑,也可以在单元格中编辑。

2) 单元格地址的引用

在 Excel 2010 中,单元格地址的引用有三种方式:

① 相对引用是 Excel 中默认的单元格引用，用列号和行号表示，如 A1。

② 绝对引用是在单元格地址的列号和行号前均加上"＄"符号，如＄A＄1。

③ 混合引用是指在单元格的列号和行号中，一个使用绝对地址，而另一个使用相对地址，如＄A1 或 A＄1。

如果需要引用一个单元格区域，则用它的左上角和右下角的单元格地址来引用，如 A1:D3、＄A＄1:＄D＄3、＄A1:D＄3。

如果需要引用同一工作簿中不同工作表中的单元格或单元格区域，则在引用之前加上工作表名和感叹号，如 Sheet3!A1、Sheet3!A1:D3。

☞ 在输入或编辑公式中的单元格地址时，反复单击 F4 键可以变换上述三种单元格地址的引用方式。

3) 公式的复制填充

公式也可以像数据一样在工作表中进行复制。当多个单元格中具有类似的计算时，只须在一个单元格中输入公式，其他的单元格可以采用公式的复制填充。

公式复制与数据复制的操作方法相同，也是拖曳填充柄到目的位置完成公式的复制填充。但当公式中含有单元格地址时，会根据单元格地址的不同引用方式，得到不同的计算结果。

(1) 公式中单元格地址是相对引用。

当公式复制时，会根据移动的位置自动调整公式中引用单元格的地址，调整规则为：

$$新行地址＝原行地址＋行地址偏移量$$
$$新列地址＝原列地址＋列地址偏移量$$

例如，"学生成绩表"中 G3 单元格中输入公式：＝D3＊20％＋E3＊30％＋F3＊50％，复制到 G4 单元格中会自动调整为：＝D4＊20％＋E4＊30％＋F4＊50％，如图 7-26 所示。

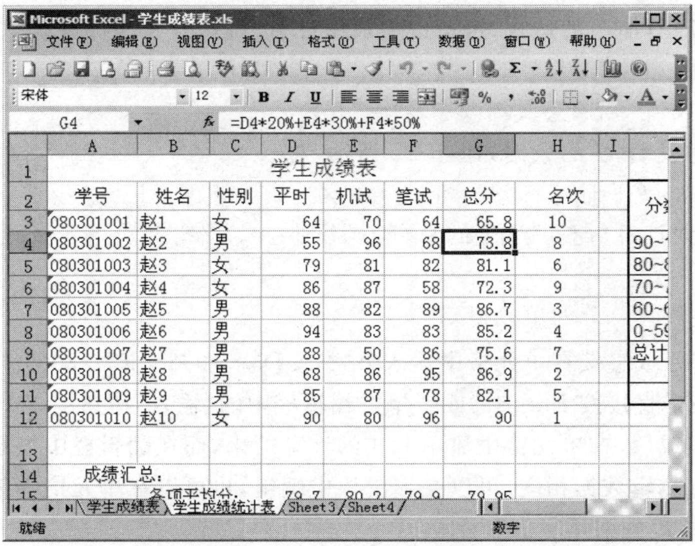

图 7-26　单元格地址的相对引用示例

(2) 公式中单元格地址是绝对引用。

当公式复制时,单元格的地址不会随公式位置变化而改变。

例如,“学生成绩表”中 G3 单元格中输入公式:=\$D\$3 * 20%+\$E\$3 * 30%+\$F\$3 * 50%,复制到 G4 单元格中仍然是:=\$D\$3 * 20%+\$E\$3 * 30%+\$F\$3 * 50%,如图 7-27 所示。

(3) 公式中单元格地址是混合引用。

当公式复制而引起行列变化时,其相对地址部分会随公式位置变化,而绝对地址部分仍保持不变。

例如,九九乘法表中 B3 单元格中输入公式:=\$A3 * B\$2,复制到 C3 单元格中调整为:=\$A3 * C\$2,复制到 B4 单元格中调整为:=\$A4 * B\$2,如图 7-28 所示。

G4 =$D$3*20%+$E$3*30%+$F$3*50%

	A	B	C	D	E	F	G
1	学生成绩表						
2	学号	姓名	性别	平时	机试	笔试	总分
3	080301001	赵1	女	64	70	64	65.8
4	080301002	赵2	男	55	96	68	65.8
5	080301003	赵3	女	79	81	82	65.8
6	080301004	赵4	女	86	87	58	65.8
7	080301005	赵5	男	88	82	89	65.8
8	080301006	赵6	男	94	83	83	65.8

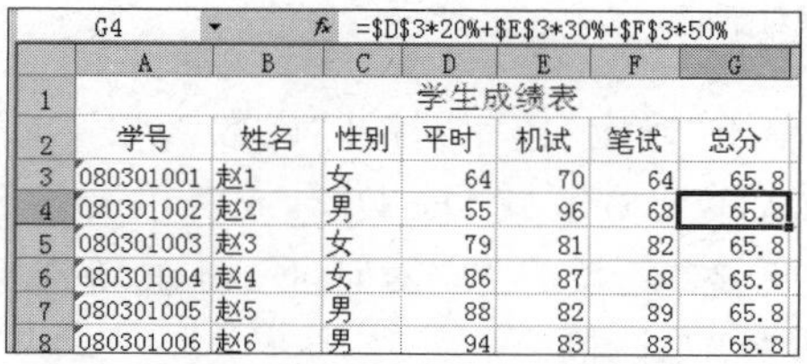

图 7-27 单元格地址的绝对引用示例

B3 =$A3*B$2

	A	B	C	D	E	F	G	H	I	J
1	九九乘法表									
2		1	2	3	4	5	6	7	8	9
3	1	1	2	3	4	5	6	7	8	9
4	2	2	4	6	8	10	12	14	16	18
5	3	3	6	9	12	15	18	21	24	27
6	4	4	8	12	16	20	24	28	32	36
7	5	5	10	15	20	25	30	35	40	45
8	6	6	12	18	24	30	36	42	48	54
9	7	7	14	21	28	35	42	49	56	63
10	8	8	16	24	32	40	48	56	64	72
11	9	9	18	27	36	45	54	63	72	81

图 7-28 单元格地址的混合引用示例

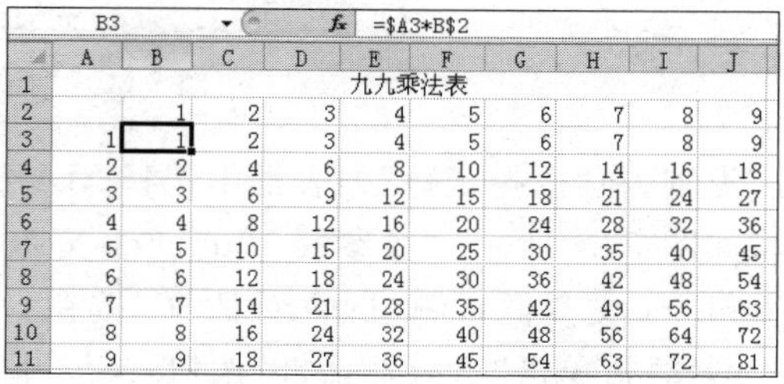

2. 使用函数

在公式中合理地使用函数,可以简化公式,节省输入时间。Excel 2010 提供了大量的内置函数,包括财务、日期与时间、数学与三角函数、统计等多种类型的函数。

1) 函数的输入与编辑

输入函数时可直接以公式的形式输入,也可单击 Excel 提供的“插入函数”按钮。

(1) 直接输入。

对于一些熟悉的函数,可以直接在单元格或者编辑栏中输入。例如,“学生成绩表”中计算区域 D3:D12 所有单元格值的平均值。先选定单元格 D15,在编辑栏上直接输入:=AVERAGE(D3:D12),再按 Enter 键即可,如图 7-29 所示。

(2) 使用“插入函数”按钮。

对于 Excel 提供的大量函数,尤其是一些不常使用的函数,很难记住它们的名称和参数,可单击编辑栏上的“fx”按钮或单击“公式”→“函数库”→“插入函数 fx”按钮来插入函数。

例如,“学生成绩表”中计算区域 D3:D12 所有单元格值的最大值。操作步骤如下:

① 选定需要输入公式的单元格 D16。

② 单击编辑栏上的“fx”按钮,打开“插入函数”对话框,如图 7-30 所示。

③ 在“或选择类别”下拉列表框中选择“常用函

D15 =AVERAGE(D3:D12)

	A	B	C	D	E	F	G
1	学生成绩表						
2	学号	姓名	性别	平时	机试	笔试	总分
3	080301001	赵1	女	64	70	64	65.8
4	080301002	赵2	男	55	96	68	73.8
5	080301003	赵3	女	79	81	82	81.1
6	080301004	赵4	女	86	87	58	72.3
7	080301005	赵5	男	88	82	89	86.7
8	080301006	赵6	男	94	83	83	85.2
9	080301007	赵7	男	88	50	86	75.6
10	080301008	赵8	男	68	86	95	86.9
11	080301009	赵9	男	85	87	78	82.1
12	080301010	赵10	女	90	80	96	90
13							
14	成绩汇总:						
15		各项平均分:		79.7	80.2	79.9	79.95
16		各项最高分:		94	96	96	90

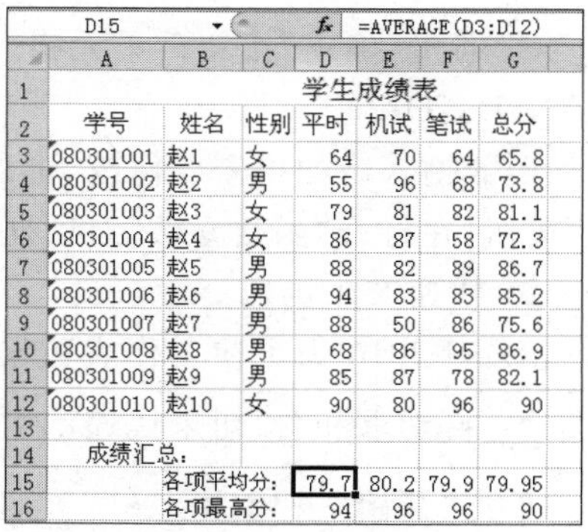

图 7-29 输入“求平均分”公式示例

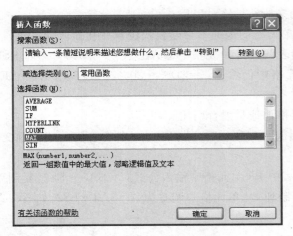

图 7-30 "插入函数"对话框

数"类别,在"选择函数"列表框中选择 MAX 函数,单击"确定"按钮,打开"函数参数"对话框,如图 7-31 所示。在参数 Number1 文本框中输入单元格区域 D3:D12,或者单击参数 Number1 文本框右侧"折叠对话框"按钮,会暂时折叠"函数参数"对话框,可重新选择 D3:D12,再单击"折叠对话框"按钮,又展开"函数参数"对话框。

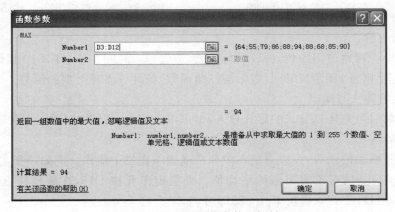

图 7-31 MAX"函数参数"对话框

④ 单击"确定"按钮后单元格 D16 中显示计算结果:94,同时编辑栏中显示公式:= MAX(D3:D12)。

函数输入后如果需要修改,可以在编辑栏中直接修改,也可单击编辑栏上的"插入函数"按钮,在打开"函数参数"对话框中进行修改。

2) 快速产生函数

Excel 2010 为了使工作表数据求和、求平均值、求最大值等基本运算更加方便,提供了"∑ 自动求和"按钮来快速产生这些常用函数。方法如下:

单击"开始"→"编辑"→"∑ 自动求和"按钮旁的下拉按钮(或单击"公式"→"函数

库"→"∑ 自动求和"按钮旁的下拉按钮），即可快速产生求和（SUM）、平均值（AVERAGE）、计数（COUNT）、最大值（MAX）、最小值（MIN）等常用函数，如图 7-32 所示。

7.4.2　案例 3：计算学生成绩

【例 7-3】　按下列要求完成"学生成绩表"的相关计算，计算结果如图 7-33 所示。

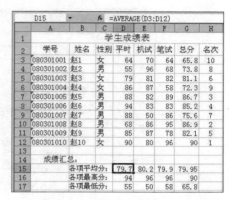

图 7-32　"自动求和"下拉列表　　　　图 7-33　"学生成绩表"计算结果示例

操作要求：

（1）利用公式计算总分，总分公式为：＝平时＊20％＋机试＊30％＋笔试＊50％。

（2）利用 AVERAGE()、MAX()和 MIN()函数求出各项平均分、最高分和最低分。

（3）利用 RANK()函数计算个人总分的名次。

操作步骤如下：

（1）新建工作簿，将"Sheet1"工作表更名为"学生成绩表"。

（2）输入数据。选择"学生成绩表"工作表，按图 7-33 所示输入相关文字内容以及"平时"、"机试"和"笔试"三项成绩。

（3）计算总分。选定 G3 单元格，在编辑栏上输入公式"＝ D3＊20％＋E3＊30％＋F3＊50％"后按 Enter 键，再拖曳该单元格的填充柄到目标单元格 G12，完成求总分运算。

（4）计算平均分。选定单元格 D15，单击"开始"→"编辑"→"∑ 自动求和"按钮旁的下拉按钮，选择"平均值"命令，编辑栏中自动出现公式"＝AVERAGE(D3:D14)"，重新选择数据区域为 D3:D12，按 Enter 键求得 D15 单元格的平均分，然后利用公式复制完成其他平均分的运算。

（5）计算最高分和最低分。选定单元格 D16，单击"开始"→"编辑"→"∑ 自动求和"按钮旁的下拉按钮，选择"最大值"命令，编辑栏中自动出现公式"＝MAX(D3:D14)"，重新选择数据区域为 D3:D12，按 Enter 键求得 D16 单元格的最高分，然后利用公式复制完成其他最高分的运算。同样操作完成最低分的运算。

（6）计算名次。

① 选定单元格 H3，单击编辑栏中的 fx 插入函数按钮，弹出"插入函数"对话框，在

"或选择类别"下拉列表框中选择"统计"类别,在"选择函数"列表框中选择 RANK 函数,单击"确定"按钮。

② 在打开的"函数参数"对话框的 Number 文本框中选定"总分"列的 G3 单元格,在"Ref"文本框中选定"总分"数据区域 G3:G12,按 F4 键将其改为绝对引用＄G＄3:＄G＄12,如图 7-34 所示,单击"确定"按钮,求得 H3 单元格的名次。使用公式复制完成其他名次的运算。

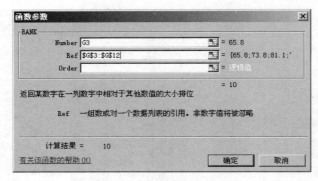

图 7-34　RANK"函数参数"对话框

(7) 保存工作簿文档为"学生成绩表.xlsx",关闭工作簿窗口。

7.4.3　案例 4：计算体育成绩

体育成绩与其他学科的课程成绩不同,测试以后不能直接得出分数,而是一项一项的测试数据,如 100 米跑了 12 秒、立定跳远跳了 2 米这样的数据,需要将这些数据按照《国家体育锻炼标准》折合成各项分数,再按一定比例累加起来得出最终的体育成绩。

例如,利用 LOOKUP()函数,将如图 7-35 所示的测试成绩按照"100 米评分标准"折合成分数。LOOKUP()函数的功能是在一个区域中查找值,然后返回另一个区域中相同位置处的值。设置好它的三个参数即可计算出结果：

	A	B	C	D	E	F	G	H
		成绩(秒)	分数		姓名	成绩(秒)	分数	
2								
3		14.0	7.0		赵1	14.0	7.0	
4		14.5	6.5		赵2	17.5	3.5	
5		15.0	6.0		赵3	17.0	4.0	
6		15.5	5.5		赵4	16.5	4.5	
7		16.0	5.0		赵5	16.0	5.0	
8		16.5	4.5		赵6	15.0	6.0	
9		17.0	4.0		赵7	14.5	6.5	
10		17.5	3.5		赵8	17.0	4.0	
11		18.0	3.0		赵9	17.5	3.5	
12		18.5	2.5		赵10	19.0	2.0	
13		19.0	2.0		赵11	18.5	2.5	
14		19.5	1.5		赵12	18.0	3.0	
15		20.0	1.0					
16		20.5	0.5					

G3　＝LOOKUP(F3, $B$3:$B$16, $C$3:$C$16)

图 7-35　"Lookup 函数"使用示例

(1) Lookup_value 参数是 LOOKUP 函数要查找的数值,此例中为 F3 单元格。

(2) Lookup_vector 参数是该项目评分标准中的成绩区域(该列数值必须按升序排

序)，此例中为$B$3:$B$16 区域，单元格区域地址必须是绝对引用。

(3) Result_vector 参数是与成绩数据所对应的分数区域。此例中为 $C$3:$C$16，单元格区域地址也必须是绝对引用。

【例 7-4】 参照如图 7-36 所示的评分标准统计出学生的各项体育成绩，如图 7-37 所示。

中考体育考试项目评分系统.xlsx

初中毕业生升学体育考试项目评分表											
男生						女生					
100米		俯卧撑		立定跳远		100米		仰卧起坐		立定跳远	
成绩(秒)	分数	成绩(个)	分数	成绩(米)	分数	成绩(秒)	分数	成绩(个)	分数	成绩(米)	分数
14.0	7.0	3	0.5	1.70	0.5	15.5	7.0	2	0.5	1.35	0.5
14.5	6.5	6	1.0	1.75	1.0	16.0	6.5	4	1.0	1.40	1.0
15.0	6.0	9	2.0	1.80	1.5	16.5	6.0	7	1.5	1.45	1.5
15.5	5.5	12	3.0	1.85	2.0	17.0	5.5	12	2.0	1.50	2.0
16.0	5.0	15	4.0	1.90	2.5	17.5	5.0	17	2.5	1.55	2.5
16.5	4.5	19	5.0	1.95	3.0	18.0	4.5	22	3.0	1.60	3.0
17.0	4.0	22	6.0	2.00	3.5	18.5	4.0	27	4.0	1.65	3.5
17.5	3.5	25	7.0	2.05	4.0	19.0	3.5	34	5.0	1.70	4.0
18.0	3.0			2.10	4.5	19.5	3.0	38	6.0	1.75	4.5
18.5	2.5			2.15	5.0	20.0	2.5	42	7.0	1.80	5.0
19.0	2.0			2.20	5.5	20.5	2.0			1.85	5.5
19.5	1.5			2.25	6.0	21.0	1.5			1.90	6.0
20.0	1.0			2.30	6.5	21.5	1.0			1.95	6.5
20.5	0.5			2.35	7.0	22.0	0.5			2.00	7.0

评分标准 / 初三(1)班 / Sheet3

图 7-36　中考体育考试各项目的评分标准

中考体育考试项目评分系统.xlsx

中考体育成绩统计表											
学号	姓名	性别	平时成绩(3分)	考试成绩(6分)	100米(7分)		仰卧起坐/俯卧撑(7分)		立定跳远(7分)		总 分(30分)
					成绩(秒)	分数	成绩(个)	分数	成绩(米)	分数	
070101	甲	女	3.0	5.5	16.5	6.0	42	7.0	1.90	6.0	27.5
070102	乙	女	2.5	5.0	18.0	4.5	38	6.0	1.85	5.5	23.5
070103	丙	女	2.5	5.5	17.5	5.0	38	6.0	1.80	5.0	24.0
070104	丁	女	2.0	4.5	20.0	2.5	22	3.0	1.60	3.0	15.0
070105	戊	女	2.5	5.0	19.0	3.5	34	5.0	1.75	4.5	20.5
070106	己	女	2.5	5.0	18.5	4.0	27	4.0	1.70	4.0	19.5
070107	庚	女	3.0	5.5	17.0	5.5	38	6.0	1.85	5.5	25.5
070108	辛	女	3.0	5.0	17.5	5.0	38	6.0	1.80	5.0	24.0
070109	壬	女	3.0	6.0	16.0	6.5	38	6.0	1.75	4.5	26.0
070110	癸	女	2.5	5.0	18.5	4.0	34	5.0	1.55	2.5	19.0
070111	赵1	男	3.0	6.0	14.0	7.0	25	7.0	2.30	6.5	29.5
070112	赵2	男	2.0	4.5	17.5	3.5	19	5.0	2.25	6.0	21.0
070113	赵3	男	2.5	5.0	17.0	4.0	22	6.0	2.15	5.0	22.5
070114	赵4	男	2.5	5.0	16.5	4.5	22	6.0	2.20	5.5	23.5
070115	赵5	男	2.5	5.0	16.0	5.0	19	5.0	2.05	4.0	21.5
070116	赵6	男	3.0	5.5	15.0	6.0	22	6.0	2.10	4.5	25.0
070117	赵7	男	3.0	6.0	14.5	6.5	22	6.0	2.30	6.5	28.0
070118	赵8	男	3.0	5.5	17.0	4.0	22	6.0	1.95	3.0	21.5
070119	赵9	男	3.0	5.0	17.5	3.5	19	5.0	2.10	4.5	21.0
070120	赵10	男	2.5	4.5	19.0	2.0	12	3.0	1.95	3.0	15.0
070121	赵11	男	2.5	5.0	18.5	2.5	15	4.0	2.05	4.0	18.0
070122	赵12	男	3.0	5.5	18.0	3.0	19	5.0	2.10	4.5	21.0

评分标准 / 初三(1)班 / Sheet3

图 7-37　"初三(1)班"中考体育成绩统计表

操作步骤如下：

(1) 建立与格式化工作表。

① 新建空白工作簿文档，在 Sheet1 工作表中输入如图 7-36 所示的内容，在 Sheet2 工作表中输入如图 7-37 所示(分数列和总分列数据除外)，并进行相应格式化操作。

② 将 Sheet1 表名改为"评分标准"，Sheet2 表名改为"初三(1)班"。

（2）计算女学生的"100米"项目成绩。

① 选定单元格 G4，单击编辑栏中的 fx 按钮，在"插入函数"对话框中选择"查找与引用"类别中的 LOOKUP 函数，单击"确定"按钮。选择"选定参数"对话框中的第一个列表选项后单击"确定"按钮，打开"函数参数"对话框。

② 在"函数参数"对话框中设置 3 个参数，即 Lookup_value：F4，Lookup_vector：评分标准!$G$5:$G$18，Result_vector：评分标准!$H$5:$H$18，如图 7-38 所示，然后单击"确定"按钮。

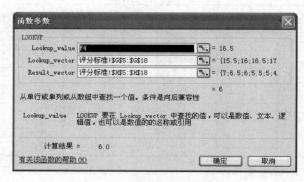

图 7-38　LOOKUP 函数参数

③ 拖曳 G4 单元格的填充柄到 G13，得出其他女学生的 100 米项目成绩。

（3）计算男学生的"100米"项目成绩。

选定 G14 单元格，按上面步骤（2）操作，G14 单元格的公式为：＝LOOKUP(F14,评分标准!$A$5:$A$18,评分标准!$B$5:$B$18)，使用公式复制得到其他成绩。

（4）计算"仰卧起坐/俯卧撑"和"立定跳远"项目的成绩。"仰卧起坐/俯卧撑"和"立定跳远"项目的成绩计算与"100米"项目成绩计算的步骤相似。

（5）计算总分成绩。选定"总分"列的单元格 L4，在编辑栏上输入公式：＝D4＋E4＋G4＋I4＋K4，再利用公式复制完成其他总分的运算。

（6）保存工作簿文档为"中考体育考试项目评分系统.xlsx"，关闭工作簿窗口。

7.5　数据图表的创建

图表是工作表数据的图形表示，与工作表中的数据密切相关，并随之同步改变。

7.5.1　预备知识

1. 创建图表

新创建的图表以工作表中的数据为基础，分为两种类型：

1）嵌入式图表

图表与数据在同一张工作表中，便于工作表中的数据与图表比较。

2）独立图表

在数据工作表之外建立一张新的图表，作为工作簿中的特殊工作表。

Excel 2010"插入"选项卡上"图表"组提供各种命令按钮帮助用户快速地完成图表的创建工作。

例如,创建如图 7-39 所示"簇状柱形图"图表的操作步骤如下:

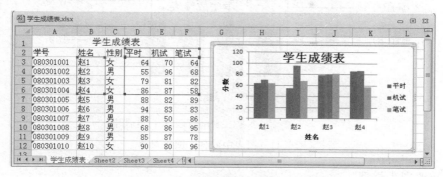

图 7-39　创建"簇状柱形图"图表示例

（1）选定数据区域。先选定数据区域 B2:B6,按住 Ctrl 键再选择数据区域 D2:F6。

（2）选择图表类型。单击"插入"→"图表"→"柱形图"按钮,在下拉列表中选择"簇状柱形图"子图表类型;或者单击"插入"→"图表"→"对话框启动器"按钮,在弹出的"插入图表"对话框中选择"柱形图"→"簇状柱形图"子图表类型。

（3）添加图项。选定刚创建的图表,单击"图表工具—布局"→"标签"→"图表标题"按钮,输入"学生成绩表",再单击"坐标轴标题"按钮,选择"主要横坐标轴标题"命令,输入"姓名";同理选择"主要纵坐标轴标题"命令,输入"分数"。

Excel 2010 提供的图表有柱形图、条形图、折线图、饼图、条形图、面积图等 11 种类型,每一种类型都有若干子类型。例如,对"成绩分析表"中的"分数段人数"列数据创建"饼图"图表,如图 7-40 所示。

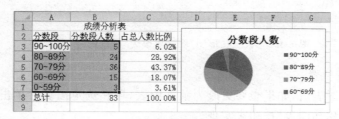

图 7-40　创建"饼图"示例

饼图的特点是它只能画出一个数据系列,所以绘制饼图时一般只选择两列数据区域,第一列数据作为图例,第二列数据用来画"饼",如果多选了,后面的数据列将无效。

2. 编辑图表

图表创建以后,可以对它进行编辑和格式化,这样可以突出某些数据。

1）图表对象

一个图表包括多个图表对象,如图表区、绘图区、图表标题、数据系列、垂直（值）轴、垂直（值）轴标题、水平（类别）轴、水平（类别）轴标题等对象,如图 7-41 所示,当鼠标指针停留在某个图表对象上时,屏幕会显示该图表对象的名称。

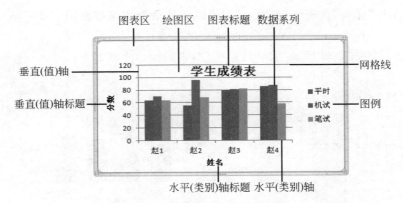

图 7-41　图表中的各个图表对象

2）更改图表类型

创建图表后，如果想更改图表类型，可在选定图表后单击"图表工具—设计"→"类型"→"更改图表类型"按钮来完成。例如将图 7-39 所示"簇状柱形图"图表更改为"折线图"图表，如图 7-42 所示。

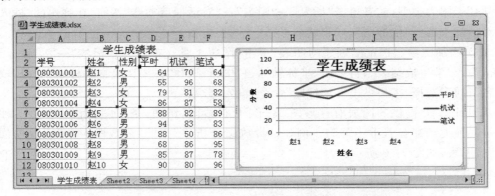

图 7-42　"簇状柱形图"图表更改为"折线图"图表示例

3）移动图表位置

创建嵌入式图表后，如果想要更改为独立图表，可在选定图表后单击"图表工具—设计"→"位置"→"移动图表"按钮来实现。

3．图表格式化

对各种图表对象，可使用不同的格式、字体、图案和颜色。对图表对象进行格式化，通常可以采用以下方法：

（1）选定图表对象，单击"图表工具—格式"→"当前所选内容"→"设置所选内容格式"按钮，打开相应对象的格式设置对话框，然后在对话框中进行设置。

（2）双击图表对象，打开相应的格式设置对话框，然后在对话框中进行设置。

（3）右击图表对象，在快捷菜单中选择相应的格式设置命令，打开相应的对话框，然后进行设置。

7.5.2 案例5：格式化图表

【例7-5】 对如图7-39所示的"簇状柱形图"图表按下列要求格式化,效果如图7-43所示。

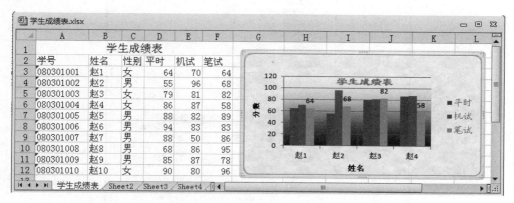

图7-43 图表格式化示例

操作要求:

(1) 图表标题格式设置为：隶书、加粗、14号、红色,图例文字格式设置为：楷体_GB2312、12号、绿色。

(2) 绘图区的格式设置为："黄色和紫色"渐变填充的效果。

(3) 图表区的格式设置为："羊皮纸"纹理填充效果,"圆角"边框。

(4) "笔试"数据系列上显示数据标签。

操作步骤如下:

(1) 打开"学生成绩表.xlsx",选定"学生成绩表"工作表。

(2) 选定"学生成绩表"图表标题对象,选择"开始"选项卡上"字体组"中的命令进行设置,选择字体：隶书,字形：加粗,字号：14,颜色：红色;选定图例对象,同样设置,字体：楷书_GB2312,字号：12,颜色：绿色。

(3) 右击绘图区对象,选择快捷菜单中"设置绘图区格式"命令,打开"设置绘图区格式"对话框,如图7-44所示,选定"填充"选项卡中的"渐变填充"单选按钮,将渐变光圈的左侧"停止点1"色标设为"黄色",将渐变光圈的右侧"停止点3"色标设为"紫色",选定中间"停止点2"色标,单击"删除渐变光圈"按钮删除"停止点2"色标,然后单击"关闭"按钮。

(4) 右击图表区对象,选择快捷菜单中的"设置图表区格式"命令,打开"设置图表区格式"对话框,如图7-45所示,选择"填充"选项卡中的"图片或纹理填充"单选按钮,在"纹理"下拉列表中选择"羊皮纸"命令,切换到"边框样式"选项卡,勾选"圆角"复选框,如图7-46所示,然后单击"关闭"按钮。

(5) 选择"笔试"数据系列,单击"图表工具—布局"→"标签"→"数据标签"按钮,在下拉列表中选择"数据标签外"命令即可。

(6) 保存工作簿为"学生成绩表.xlsx",关闭工作簿窗口。

图 7-44 "设置绘图区格式"对话框

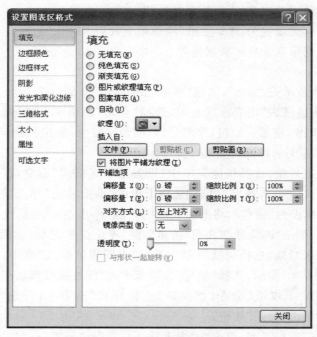

图 7-45 "设置图表区格式"对话框

图 7-46　"边框样式"选项卡

7.6　数据的管理与分析

Excel 2010 不仅具备简单的数据计算处理能力，而且在数据管理和分析方面具有数据库功能。利用 Excel 2010 提供的一些命令可以很容易地对数据进行排序、筛选及分类汇总操作。

7.6.1　预备知识

1. 数据清单

数据清单是包含相关数据的一系列工作表数据行，从形式上看是一个二维表。在实际使用中可以把数据清单看成一个工作表数据库，数据清单的列是数据库中的字段，第一行的列标题是数据库中的字段名称，其他各行对应数据库中的一条记录。例如，图 7-47 所示的"女子分组赛"工作表中的数据区域 A2：I18 就是一个数据清单，其中列标题"分赛区"、"球队"、"胜场"、"和场"等都是字段名，从第 3 行到第 18 行都是记录，共有 16 条记录。

数据清单既可以像工作表一样直接建立和编辑，也可以通过"记录单"命令进行编辑。若要使用"记录单"命令编辑数据清单时，需要先将"记录单"命令添加到"快速访问工具栏"上。具体方法是：单击"自定义快速访问工具栏"按钮，选择下拉列表中的"其他命令"选项，打开"Excel 选项"对话框，如图 7-48 所示，找到"记录单"命令将其添加到快速访问工具栏中。

图 7-47 "女子分组赛"工作表与"记录单"对话框

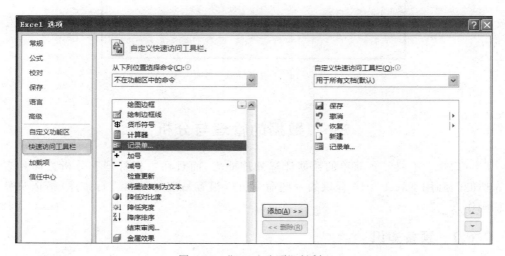

图 7-48 "Excel 选项"对话框

在数据清单中选定任何一个单元格,单击"快速访问工具栏"→"记录单"按钮,打开"记录单"对话框,如图 7-47 所示,从中可以进行查看、修改、增加和删除记录等编辑操作。

2. 数据排序

数据排序是指将数据清单中的记录按一定规则重新排列的操作。Excel 2010 中数据排序的方式有升序和降序。

1) 单字段排序

如果要针对数据清单中的某一列数据进行排序,则先要选定该数据列中的任意单元格,然后单击"数据"→"排序和筛选"→"升序"或"降序"按钮即可。

2) 多字段排序

在简单排序中,有时会出现该字段列中有多个数据相同的情况,此时就要选择多字段排序。所谓多字段排序是指根据多列数据(即多个字段)进行排序。

例如,在"女子分组赛"工作表中,先按"积分"字段降序排列,积分相同的再按照"净胜球"字段降序排列。操作步骤如下:

(1)选定 A2:I18 数据清单中的任意单元格。

(2)单击"数据"→"排序与筛选"→"排序"按钮,打开"排序"对话框,如图 7-49 所示。在"主要关键字"下拉列表中选择"积分"命令、"次序"下拉列表中选择"降序"命令。单击"添加条件"按钮,在"次要关键字"下拉列表中选择"净胜球"命令、"次序"下拉列表中选择"降序"命令,单击"确定"按钮。排序结果如图 7-50 所示。

图 7-49 "排序"对话框

	A	B	C	D	E	F	G	H	I
2	分赛区	球队	胜场	和场	负场	进球	失球	净胜球	积分
3	D组	巴西	3	0	0	10	0	10	9
4	A组	德国	2	1	0	13	0	13	7
5	C组	挪威	2	1	0	10	4	6	7
6	B组	美国	2	1	0	5	2	3	7
7	D组	中国	2	0	1	5	6	-1	6
8	A组	英格兰	1	2	0	8	3	5	5
9	C组	澳大利亚	1	2	0	7	4	3	5
10	C组	加拿大	1	1	1	7	4	3	4
11	B组	朝鲜	1	1	1	5	4	1	4
12	A组	日本	1	1	1	3	4	-1	4
13	B组	瑞典	1	1	1	3	4	-1	4
14	D组	丹麦	1	0	2	4	4	0	3
15	B组	尼日利亚	0	1	2	1	4	-3	1
16	B组	新西兰	0	0	3	0	9	-9	0
17	C组	加纳	0	0	3	3	15	-12	0
18	A组	阿根廷	0	0	3	1	18	-17	0

图 7-50 "女子分组赛"排序效果

3. 数据筛选

数据筛选是指从数据清单中查找并显示符合给定条件的记录数据的快捷方法。Excel 2010 提供了两种筛选方法:自动筛选和高级筛选。

1)自动筛选

对于一些比较简单的条件,可以采用自动筛选方式,直接在数据清单中设置。

例如,在"女子分组赛"工作表中显示积分在 5~7 分之间的球队。操作步骤如下:

(1)选定数据清单中的任意单元格,单击"数据"→"排序和筛选"→"筛选"按钮。此时数据清单进入自动筛选状态,每个字段名右侧出现一个下拉列表按钮(称为"筛选条件"按钮)。

(2)单击"积分"→"筛选条件"按钮,弹出"筛选条件"列表框,选择"数字筛选"→"介于"命令,打开"自定义自动筛选方式"对话框,在第 1 个下拉列表框中选择"大于或等于"命令,在其右侧的组合框中输入"5",第 2 个下拉列表框中选择"小于或等于"命令,在其右侧的组合框中输入"7",单击"确定"按钮,效果如图 7-51 所示。

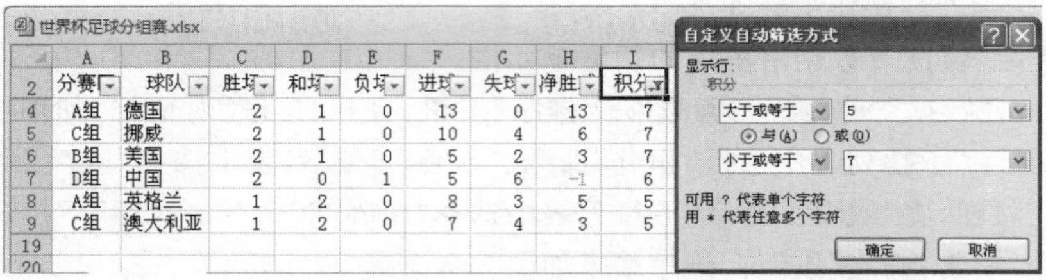

图 7-51 "女子分组赛"自动筛选效果与"自定义自动筛选方式"对话框

若只想显示 A 组球队,则可以进行二次筛选,单击"分赛区"→"筛选条件"按钮,在打开的"筛选条件"列表框中只勾选"A 组"复选框,结果如图 7-52 所示。

图 7-52 积分在 5～7 之间的 A 组球队

若要重新设置筛选条件,单击"数据"→"排序与筛选"→"清除"按钮,即可取消设置的筛选条件,显示所有记录以便重新筛选;若要结束自动筛选,可再次单击"筛选"按钮。

2) 高级筛选

对于一些较为复杂的筛选操作,可以使用高级筛选方式完成。使用高级筛选的关键是设置用户自定义条件,这些条件必须放在一个单元格区域(称为条件区域)中。

条件区域包括两部分:条件名行和条件行。

(1) 条件名行是条件区域的第一行,输入待筛选数据所在列的列标题(字段名)。

(2) 条件行从条件区域的第二行开始输入,可以有一行或多行。同一行的两个条件表示 AND("与")关系,即两个条件要同时成立,不同行的两个条件表示 OR("或")关系,即只须满足其中一个条件。

例如,在"女子分组赛"工作表中筛选出积分大于或等于 5 的 A 组或 B 组球队,操作步骤如下:

(1) 设置条件区域 B20:C22。其中,条件名行区域 B20:C20 分别输入"分赛区"和"积分"字段名,条件行区域 B21:C22 输入相应的筛选条件,如图 7-53 所示。

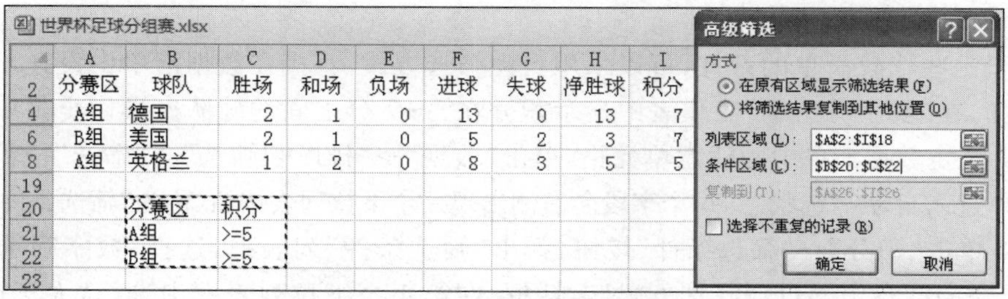

图 7-53 "女子分组赛"高级筛选效果与"高级筛选"对话框

（2）选定数据清单中的任意单元格，单击"数据"→"排序和筛选"→"高级"按钮，打开"高级筛选"对话框，如图 7-53 所示。其中：

①"方式"单选钮：若选择"在原有区域显示筛选结果"命令，则筛选后的数据显示在原工作表的位置处；若选择"将筛选结果复制到其他位置"命令，则筛选结果显示在指定的区域。本例选择"在原有区域显示筛选结果"命令。

②"列表区域"文本框：输入参加筛选的数据区域，本例为＄Ａ＄２：＄Ｉ＄18。

③"条件区域"文本框：输入条件区域，本例为＄Ｂ＄20：＄Ｃ＄22。

④"复制到"文本框：若在"方式"框中选择"将筛选结果复制到其他位置"命令，则要在此框中输入放置筛选结果区域的第一个单元格地址。本例不用输入。

（3）单击"确定"按钮，完成筛选，筛选结果如图 7-53 所示。

若要结束高级筛选，则单击"数据"→"排序与筛选"→"清除"按钮。

☞ 高级筛选中，条件区域与数据清单之间必须空出至少一行的距离。

4. 数据分类汇总

通过分类汇总命令对数据实现分类求和、均值等计算，并且将汇总结果分级显示。

1）创建分类汇总

在分类汇总前，先要对数据清单中需分类汇总的字段进行排序。以"女子分组赛"工作表为例，对每个小组的进球和失球进行汇总计算，操作步骤如下：

（1）对分类字段"分赛区"进行排序。选中 A2 单元格，单击"数据"→"排序和筛选"→"升序"按钮。

（2）单击"数据"→"分级显示"→"分类汇总"按钮，打开"分类汇总"对话框，如图 7-54 所示。其中：

①"分类字段"列表框：列出当前数据清单中的各字段名，从中可以选择作为分类汇总的字段。本例中选择"分赛区"命令。

②"汇总方式"列表框：列出各种汇总方式。本例中选择"求和"命令。

③"选定汇总项"列表框：列出当前数据清单中的各字段名，从中可以选择一个或多个进行汇总的数值字段。本例中勾选"进球"和"失球"字段。

④"替换当前分类汇总"复选框：表示本次分类汇总结果替换已存在的分类汇总结果，本例中默认勾选。

（3）单击"确定"按钮，显示分类汇总结果，如图 7-54 所示。

2）取消分类汇总

如果要取消分类汇总，恢复到数据清单的初始状态，只须在"分类汇总"对话框中单击"全部删除"按钮即可。

7.6.2 案例 6：工作表的数据管理

【例 7-6】 对如图 7-47 所示"女子分组赛"工作表按下列要求进行相关操作。

操作要求：

（1）依次按分赛区（升序）、积分（降序）、净胜球（降序）重新排列数据。

（2）筛选出积分大于或等于 5 分的球队。

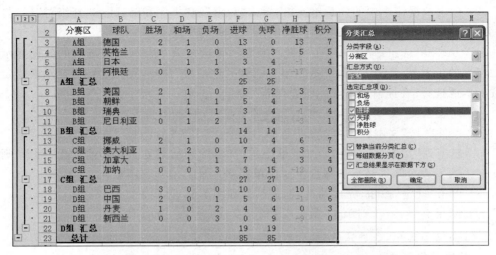

图 7-54　"女子分组赛"分类汇总效果与"分类汇总"对话框

（3）统计各分赛区的进球数。

操作步骤如下：

（1）建立数据清单。新建空白工作簿，将"Sheet1"工作表更名为"女子分组赛"，输入图 7-47 所示的数据，其中"净胜球"和"积分"列的数据使用公式计算（净胜球＝进球-失球，积分＝胜场×3＋和场×1）。

（2）数据排序。选定数据清单 A2:I18 区域，单击"数据"→"排序与筛选"→"排序"按钮，打开"排序"对话框，如图 7-55 所示。在"主要关键字"下拉列表中选择"分赛区"命令、"次序"下拉列表中选择"升序"命令。单击"添加条件"按钮，在"次要关键字"下拉列表中选择"积分"命令、"次序"下拉列表中选择"降序"命令，再单击"添加条件"按钮，在"次要关键字"下拉列表中选择"净胜球"命令、"次序"下拉列表中选择"降序"命令，单击"确定"按钮。排序效果如图 7-56 所示。

图 7-55　"排序"对话框

	A	B	C	D	E	F	G	H	I
1			女子世界杯足球分组赛						
2	分赛区	球队	胜场	和场	负场	进球	失球	净胜球	积分
3	A组	德国	2	1	0	13	0	13	7
4	A组	英格兰	1	2	0	8	3	5	5
5	A组	日本	1	1	1	3	4	-1	4
6	A组	阿根廷	0	0	3	1	18	-17	0
7	B组	美国	2	1	0	5	2	3	7
8	B组	朝鲜	1	1	1	5	4	1	4
9	B组	瑞典	1	1	1	3	4	-1	4
10	B组	尼日利亚	0	1	2	1	4	-3	1
11	C组	挪威	2	1	0	10	4	6	7
12	C组	澳大利亚	1	2	0	7	4	3	5
13	C组	加拿大	1	1	1	7	4	3	4
14	C组	加纳	0	0	3	3	15	-12	0
15	D组	巴西	3	0	0	10	0	10	9
16	D组	中国	2	0	1	5	6	-1	6
17	D组	丹麦	1	0	2	4	4	0	3
18	D组	新西兰	0	0	3	0	9	-9	0

图 7-56 排序效果

（3）数据筛选。单击数据清单中的任意单元格，单击"数据"→"排序和筛选"→"筛选"按钮。单击"积分"→"筛选条件"按钮，选择下拉列表中的"数字筛选"→"大于或等于"命令，打开"自定义自动筛选方式"对话框，在"积分"右侧的组合框中输入"5"，如图 7-57所示，单击"确定"按钮。数据筛选效果如图 7-58 所示。

图 7-57 "自定义自动筛选方式"对话框

图 7-58 自动筛选效果

（4）分类汇总。

① 取消自动筛选，显示全部记录。单击"数据"→"排序与筛选"→"筛选"按钮。

② 对"分赛区"分类字段排序。选中 A2 单元格，单击"数据"→"排序与筛选"→"升序"按钮。

③ 按分赛区统计进球数。单击"数据"→"分级显示"→"分类汇总"按钮，打开"分类汇总"对话框。在"分类字段"下拉列表框中选择"分赛区"命令，在"汇总方式"下拉列表框中选择"求和"命令，在"选定汇总项"列表框中勾选"进球"复选框，如图 7-59 所示。

④ 单击"确定"按钮，分类汇总效果如图 7-60 所示。

（5）保存文档为"世界杯足球分组赛.xlsx"，关闭工作簿窗口。

图 7-59 "分类汇总"对话框

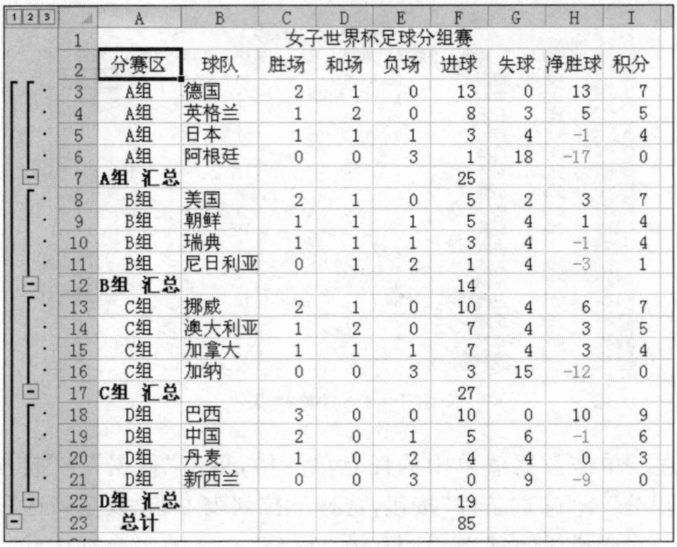

1 2 3		A	B	C	D	E	F	G	H	I
	1				女子世界杯足球分组赛					
	2	分赛区	球队	胜场	和场	负场	进球	失球	净胜球	积分
•	3	A组	德国	2	1	0	13	0	13	7
•	4	A组	英格兰	1	2	0	8	3	5	5
•	5	A组	日本	1	1	1	3	4	-1	4
•	6	A组	阿根廷	0	0	3	1	18	-17	0
⊟	7	A组 汇总					25			
•	8	B组	美国	2	1	0	5	2	3	7
•	9	B组	朝鲜	1	1	1	5	4	1	4
•	10	B组	瑞典	1	1	1	3	4	-1	4
•	11	B组	尼日利亚	0	1	2	1	4	-3	1
⊟	12	B组 汇总					14			
•	13	C组	挪威	2	1	0	10	4	6	7
•	14	C组	澳大利亚	1	2	0	7	4	3	5
•	15	C组	加拿大	1	1	1	7	4	3	4
•	16	C组	加纳	0	0	3	3	15	-12	0
⊟	17	C组 汇总					27			
•	18	D组	巴西	3	0	0	10	0	10	9
•	19	D组	中国	2	0	1	5	6	-1	6
•	20	D组	丹麦	1	0	2	4	4	0	3
•	21	D组	新西兰	0	0	3	0	9	-9	0
⊟	22	D组 汇总					19			
	23	总计					85			

图 7-60　分类汇总效果

7.7　工作表的打印

工作表创建后,为了提交或者留存查阅方便,一般需要将它打印出来。有时为了使打印出来的工作表更加准确和美观,通常要先对打印版面进行适当的设置,再进行打印预览,只有在一切都满意之后,最后才打印输出。

7.7.1　页面设置

利用"页面布局"选项卡上的"页面设置"组中的命令可以完成最常用的页面设置,单击"页面布局"→"页面设置"→"对话框启动器"按钮,打开"页面设置"对话框,然后在不同的选项卡中进行页面、页边距、页眉/页脚和工作表设置。

1. 设置页面

"页面"选项卡可以设置打印方向、缩放比例、纸张大小、打印质量、起始页码等,如图 7-61 所示。

2. 设置页边距

"页边距"选项卡可以设置页边距、页眉和页脚距纸张边缘的距离、打印数据在纸张的居中方式等,如图 7-62 所示。

3. 设置页眉/页脚

页眉位于页面的最顶端,通常用来标明工作表的标题等。页脚位于页面的最底端,通常用来指明工作表的页码和落款等。

"页眉/页脚"选项卡可以设置页眉和页脚的内容,如图 7-63 所示。单击"页眉"(或

"页脚")列表框右侧的下拉按钮,可以选择系统内置的页面或页脚。也可以单击"自定义页眉"(或"自定义页脚")按钮,打开"自定义页眉"对话框(或"自定义页脚"对话框),可以在"左"、"中"、"右"文本框中输入页眉(或页脚)内容,它们将出现在页眉(或页脚)的左、中、右位置。

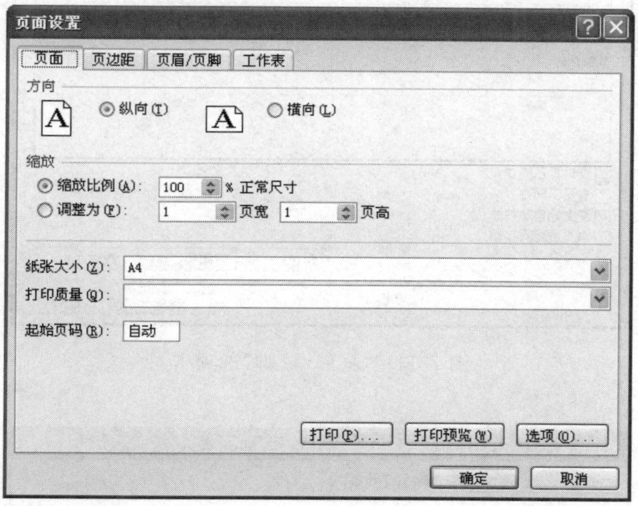

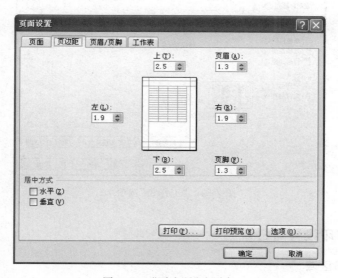

图 7-61 "页面"选项卡

图 7-62 "页边距"选项卡

4. 设置工作表

"工作表"选项卡可以设置工作表的打印区域、每页要打印的行和列标题、是否打印网格、打印顺序等,如图 7-64 所示。

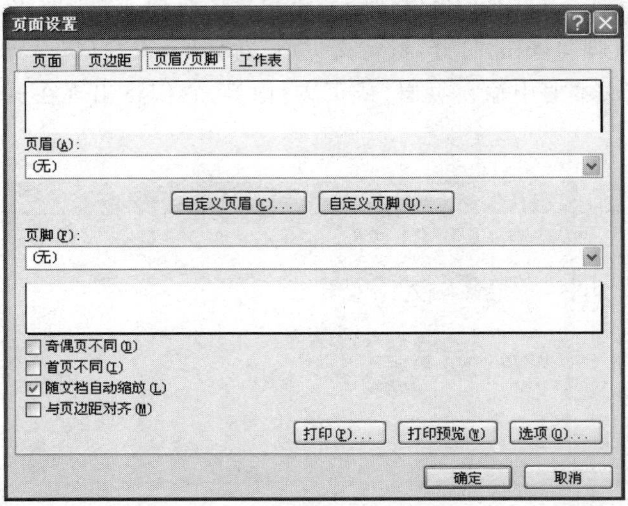

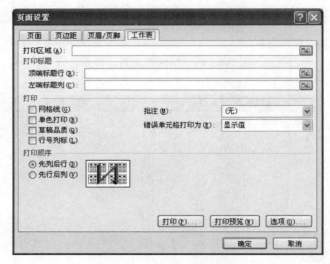

图 7-63 "页眉/页脚"选项卡

图 7-64 "工作表"选项卡

7.7.2 打印设置与打印

1. 设置打印区域

默认情况下,如果用户在工作表中执行打印操作的话,会打印当前工作表中所有非空单元格中的内容。而很多情况下,用户可能仅仅需要打印当前工作表中的部分内容。此时,用户就需要为当前工作表设置打印区域。操作步骤如下:

(1) 选择需要打印的单元格区域。

(2) 单击"页面布局"→"页面设置"→"打印区域"按钮,在弹出的下拉列表中选择"设置打印区域"命令,此时选定区域的边框上出现虚线,表明打印区域已设置好。

若要删除已设置好的打印区域,可选择"打印区域"→"取消打印区域"命令即可。

2. 设置分页符

当工作表中数据较多时,Excel 通常会对工作表自动分页,如果不满意的话,可以根据需要对工作表进行人工分页。分页包括水平分页和垂直分页,插入水平分页的操作步骤如下:

(1) 选择需要加分页的起始行行号(或单击该行最左边单元格)。

(2) 单击"页面布局"→"页面设置"→"分隔符"按钮,在弹出的下拉列表中选择"插入分页符"命令,则在起始行上端出现一条水平分页虚线。

若要删除分页符,可单击"分隔符"→"重设所有分页符"按钮,则可删除工作表中所有的人工分页符。

3. 打印预览

为确保页面设置准确无误,一般在打印工作表之前要预览一下实际打印的效果,以便纠正设置中的一些错误,从而避免纸张浪费。

单击"快速访问工具栏"→"打印预览和打印"按钮,或者单击"页面设置"对话框中的"打印预览"按钮,即可进入"打印预览和打印"窗口,如图 7-65 所示。

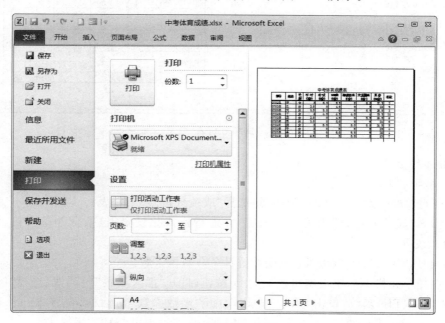

图 7-65 "打印预览和打印"窗口

4. 正式打印

如果对预览的效果感到满意,就可以正式打印工作表了。

1) 快速打印

单击"快速访问工具栏"→"快速打印"按钮,按默认的打印设置直接打印当前工作表。

2) 后台浏览打印

单击"文件"→"打印"按钮,或者单击"页面设置"对话框中的"打印"按钮,打开"打印预览和打印”窗口，从中可以设置打印工作表的范围、打印份数、打印纸张大小等，然后单击“打印”按钮。

7.8 综合案例

本节通过制作 3 个典型案例，进一步掌握 Excel 2010 在实际工作中的应用技巧。

7.8.1 案例 7：分析学生成绩

在实际工作中，经常需要对考试成绩进行一些分析与统计，比如统计各分数段人数，计算优秀率、不及格率等。

【例 7-7】 制作如图 7-66 所示的学生成绩分析表。

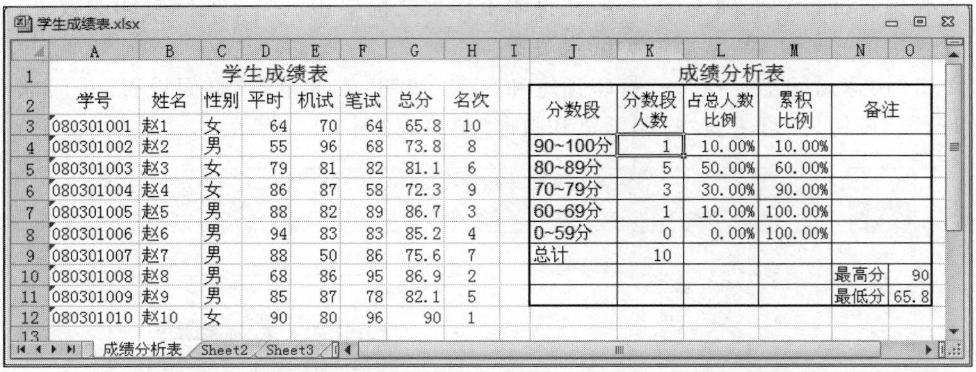
学生成绩表.xlsx

学生成绩表

学号	姓名	性别	平时	机试	笔试	总分	名次
080301001	赵1	女	64	70	64	65.8	10
080301002	赵2	男	55	96	68	73.8	8
080301003	赵3	女	79	81	82	81.1	6
080301004	赵4	女	86	87	58	72.3	9
080301005	赵5	男	88	82	89	86.7	3
080301006	赵6	男	94	83	83	85.2	4
080301007	赵7	男	88	50	86	75.6	7
080301008	赵8	男	68	86	95	86.9	2
080301009	赵9	男	85	87	78	82.1	5
080301010	赵10	女	90	80	96	90	1

成绩分析表

分数段	分数段人数	占总人数比例	累积比例	备注	
90~100分	1	10.00%	10.00%		
80~89分	5	50.00%	60.00%		
70~79分	3	30.00%	90.00%		
60~69分	1	10.00%	100.00%		
0~59分	0	0.00%	100.00%		
总计	10				
				最高分	90
				最低分	65.8

成绩分析表 Sheet2 Sheet3

图 7-66 “成绩分析表”效果示例

操作步骤如下：

(1) 编辑和格式化工作表。

① 打开“学生成绩表.xlsx”工作簿，选择“成绩分析表”工作表。

② 输入“成绩分析表”相关文字内容，并进行格式化设置，包括合并单元格、自动换行、加边框线等。

(2) 利用 COUNT、COUNTIF 函数统计各分数段人数。

① 选择单元格 K4，单击编辑栏上的 fx 按钮，打开“插入函数”对话框，选择“统计”类别中的 COUNTIF 函数，单击“确定”按钮，打开“函数参数”对话框，设置 Range 参数为 G3:G12，Criteria 参数为“>=90”，如图 7-67 所示，然后单击“确定”按钮。

② 选定单元格 K5，在编辑栏上直接输入下列公式后按 Enter 键。

K5:=COUNTIF(G3:G12,">=80")-COUNTIF(G3:G12,">=90")

③ 同理依次选定单元格 K6、K7 和 K8，在编辑栏上依次输入如下公式：

K6:=COUNTIF(G3:G12,">=70")-COUNTIF(G3:G12,">=80")

K7:=COUNTIF(G3:G12,">=60")-COUNTIF(G3:G12,">=70")

K8:=COUNTIF(G3:G12,"<60")

④ 选择单元格 K9，单击“开始”→“编辑”→“自动求和”按钮，选择数据区域为 K4:K8

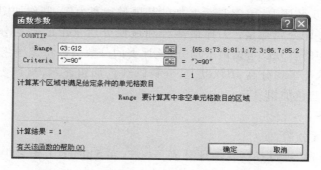

图 7-67 "函数参数"对话框中的两个参数值

后按 Enter 键。

（3）计算占总人数比例，按百分比显示。

① 选择单元格 L4，在编辑栏上输入公式：＝K4/＄K＄9，按 Enter 键。

② 鼠标拖动 L4 单元格的填充柄到目标单元格 L8，完成其他比例的计算。

③ 选定 L4:L8 区域并右击，选择快捷菜单中的"设置单元格格式"命令，打开"设置单元格格式"对话框，选择"数字"选项卡的"分类"列表框中的"百分比"选项，选择小数位数为 2，单击"确定"按钮。

（4）计算累计比例，按百分比显示。

① 选择单元格 M4，在编辑栏上输入公式：＝L4，按 Enter 键。

② 选定单元格 M5，单击"开始"→"编辑"→"自动求和"按钮，重新调整数据区域为 L4:L5 后按 Enter 键。

③ 同理，依次选择单元格 M6、M7 和 M8，单击"编辑组"→"自动求和"按钮，重新调整数据区域依次为 L4:L6、L4:L7 和 L4:L8，按 Enter 键。

④ 选择 M4:M8 区域并右击，选择快捷菜单中的"设置单元格格式"命令，打开"设置单元格格式"对话框，选择"数字"选项卡的"分类"列表框中的"百分比"选项，选择小数位数为 2，单击"确定"按钮。

（5）计算最高分和最低分。

① 选择单元格 O10，单击"开始"→"编辑"→"自动求和"按钮右侧的下拉按钮，选择"最大值"命令，重新选择数据区域为 G3:G12 后按 Enter 键。

② 选择单元格 O11，单击"开始"→"编辑"→"自动求和"按钮右侧的下拉按钮，选择"最小值"命令，重新选择数据区域为 G3:G12 后按 Enter 键。

（6）保存工作簿文档，关闭工作簿窗口。

7.8.2 案例 8：项目竞赛自动评分

评分表是各种竞赛中常用的一种统计和亮分办法。传统的评分表是用手工记录、手工或计算器计算，然后再人工排序，这样做不仅效率低下，而且容易出错。利用 Excel 制作的评分表，可自动计算总分，名次排列也变成一个动态的过程，这样就使统计过程有很强的现场感，结果也会更具刺激性。

【**例 7-8**】 以 5 名评委、10 名选手参加的某项目竞赛为例，制作如图 7-68 所示的项目竞赛自动评分表。评分规则是：去掉最高分和最低分后求出的平均分为选手的最后得分。如果某个评委的打分严重偏离平均分，该评委的分数会以特殊颜色显示，提示评委注意。当评委的分数比平均分高 10%以上，分数以红色加粗显示，当评委分数低于平均分 10%以上，分数以蓝色加粗显示。

操作步骤如下：

1）制作评委评分表

（1）新建工作簿“项目竞赛自动评分表.xlsx”，在 Sheet1 工作表中输入如图 7-68 所示的内容（除了“得分”列和“名次”列）。

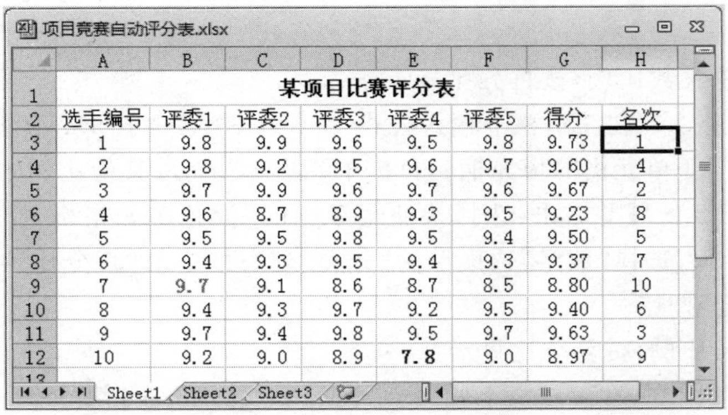

	A	B	C	D	E	F	G	H
1	某项目比赛评分表							
2	选手编号	评委1	评委2	评委3	评委4	评委5	得分	名次
3	1	9.8	9.9	9.6	9.5	9.8	9.73	1
4	2	9.8	9.2	9.5	9.6	9.7	9.60	4
5	3	9.7	9.9	9.6	9.7	9.6	9.67	2
6	4	9.6	8.7	8.9	9.3	9.5	9.23	8
7	5	9.5	9.5	9.8	9.5	9.4	9.50	5
8	6	9.4	9.3	9.5	9.4	9.3	9.37	7
9	7	9.7	9.1	8.6	8.7	8.5	8.80	10
10	8	9.4	9.3	9.7	9.2	9.5	9.40	6
11	9	9.7	9.4	9.8	9.5	9.7	9.63	3
12	10	9.2	9.0	8.9	**7.8**	9.0	8.97	9

图 7-68 项目竞赛自动评分表

（2）格式化工作表。单元格 A1:H1 设置为“合并及居中”，第 2 行的 A 列和 H 列设置为“居中”显示，B3:F12 单元格区域设置为“数值”格式，保留 1 位小数，G3:G12 单元格区域设置为“数值”格式，保留 2 位小数。

（3）设置条件格式。

选择 B3:F12 单元格区域，单击“开始”→“样式”→“条件格式”按钮，在下拉列表中选择“管理规则”命令，打开“条件格式规则管理器”对话框，单击“新建规则”按钮，打开“新建格式规则”对话框设置条件 1，如图 7-69 所示，在“选择规则类型”列表框中选择“使用公式确定要设置格式的单元格”命令，在“编辑规则说明”文本框中输入“＝B3＞＝＄G3＊1.1”，单击“格式”按钮，设置字形加粗，颜色为红色，单击“确定”按钮，返回“新建格式规则”对话框，单击“确定”按钮，返回“条件格式规则管理器”对话框。同理，再次单击“新建规则”按钮，设置条件 2，文本框中输入“＝B3＜＝＄G3＊0.9”，格式设置为蓝色加粗，如图 7-70 所示。设置完 2 个条件的“条件格式规则管理器”对话框如图 7-71 所示。

2）计算选手的得分和名次

（1）按评分规则，计算各选手的最后得分。在 G3 单元格输入以下公式：＝(SUM(B3:F3)－MAX(B3:F3)－MIN(B3:F3))/3，利用公式复制计算其他选手的得分。

（2）计算名次。在 H3 单元格输入公式：＝RANK(G3,＄G＄3:＄G＄12)，利用公式复制计算其他选手的名次。

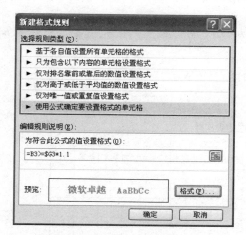
图 7-69 "新建格式规则"对话框设置条件 1

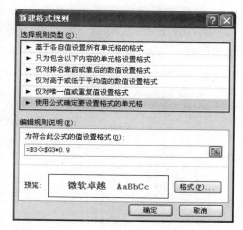
图 7-70 "新建格式规则"对话框设置条件 2

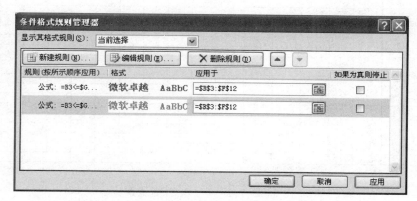
图 7-71 "条件格式规则管理器"对话框

7.8.3 案例 9：运动会比赛项目成绩统计

在举行运动会时，往往要求在较短的时间内计算出个人名次、团体名次等统计数据，如果手工计算，费时费力且容易出错。利用 Excel 来制作运动会成绩统计表，不仅数据正确，而且便于使用和修改。

【例 7-9】 某学校举行田径运动会，以初一年级组参加的 4 个比赛项目为例来制作运动会成绩统计表。比赛项目的成绩统计规则如下：

（1）以年级分组竞赛，同一年级组中各班级派出男女代表队参加各项目的比赛。

（2）个人项目取前六名为班级计分，计分方法是：第一名计 6 分，第二名计 5 分，……，第六名计 1 分。遇到并列名次则无下一名次。

（3）团体项目（如接力赛）取前四名，加分的方法是个人计分法的二倍。

（4）班级总分是其男女代表队各项目得分总和，同一年级各班按总分排名。

操作步骤如下：

1）制作项目成绩统计表

（1）打开 Excel 工作簿，建立"初一男子组"和"初一女子组"工作表，并输入各比赛项目记录情况。

下面以"初一男子组"为例进行成绩统计，如图 7-72 所示。

图 7-72 "初一男子组"项目记录

（2）计算各竞赛项目的名次。

某一项目的名次是根据该项目的成绩排列出来的，而个人项目只输入前八名的决赛成绩，所以部分单元格是空值。用 IF 函数判断单元格是否为空，为空时不参与排名次，不为空时用 RANK 函数求出名次。计算 100M 成绩的名次，选定 H4 单元格，在编辑栏中输入公式：＝IF(D4<>"",RANK(D4,$D$4：$D$29,1),"")，利用公式复制完成其他名次的计算。同理：

I4 单元格公式：＝IF(E4<>"",RANK(E4,$E$4：$E$29,1),"")

J4 单元格公式：＝IF(F4<>"",RANK(F4,$F$4：$F$29),"")

K4 单元格公式：＝IF(G4<>"",RANK(G4,$G$4：$G$29),"")

计算 4×100M 团体项目的名次，选定 I24 单元格，在编辑栏中输入公式：＝IF(E24<>"",RANK(E24,$E$4：$E$29,1),"")，利用公式复制完成其他名次的计算。

（3）计算各竞赛项目的得分。

按个人和团体项目的计分规则计算得分，先在工作表中输入计分规则，如图 7-73 所示，然后利用 IF 和 LOOKUP 函数计算。计算 100M 成绩的得分，选定 L4 单元格，输入公式：＝IF(H4<>"",LOOKUP(H4,$R$4：$R$11,$S$4：$S$11),"")，利用公式复制完成其他得分的运算。同理：

初一男子组项目成绩统计表

姓名	班级	编号	成绩				名次				得分					计分规则		
			100M(秒)	4X100M(秒)	跳高(米)	跳远(米)	100M	4X100M	跳高	跳远	100M	4X100M	跳高	跳远	合计	名次	个人	团体
李1	(1)班	021	12.7				5				2				2	1	6	12
李2	(1)班	025	12.3		1.48		1		3		6		4		10	2	5	10
李3	(1)班	023			1.45				7				0		0	3	4	8
李4	(1)班	024			1.46				6				1		1	4	3	6
李5	(1)班	022	13.1			5.25	8			5	0			2	2	5	2	0
李6	(2)班	026	12.8				6				1				1	6	1	0
李7	(2)班	027			1.52				1				6		6	7	0	
李8	(2)班	028			1.44				8				0		0	8	0	
李9	(3)班	035				5.18				7				0	0			
李10	(3)班	037				5.21				6				1	1			
李11	(3)班	038	12.6				4				3				3			
李12	(3)班	031	12.9		1.48		7		3		0		4		4			
李13	(4)班	032				5.27				3				4	4			
李14	(4)班	034			1.50				2				5		5			
李15	(5)班	042	12.5			5.15	3			8	4			0	4			
李16	(5)班	043				5.31				1				6	6			
李17	(6)班	041			1.47				5				2		2			
李18	(6)班	045	12.4				2				5				5			
李19	(6)班	047				5.26				4				3	3			
李20	(6)班	048				5.29				2				5	5			
团体1	(1)班	015		52.8				3				8			8			
团体2	(2)班	018		53.1				4				6			6			
团体3	(3)班	019		52.6				2				10			10			
团体4	(4)班	013		53.5				6				0			0			
团体5	(5)班	014		52.2				1				12			12			
团体6	(6)班	017		53.2				5				0						

工作表标签：初一男子组 | 初一女子组 | 成绩汇总

图 7-73 "初一男子组"成绩统计结果

M4 单元格公式：=IF(I4<>"",LOOKUP(I4,$R$4:$R$11,$T$4:$T$9),"")

N4 单元格公式：=IF(J4<>"",LOOKUP(J4,$R$4:$R$11,$S$4:$S$11),"")

O4 单元格公式：=IF(K4<>"",LOOKUP(K4,$R$4:$R$11,$S$4:$S$11),"")

计算 4×100M 团体项目的得分，选定 M24 单元格，在编辑栏中输入公式：=IF(I24<>"",LOOKUP(I24,$R$4:$R$11,$T$4:$T$9),"")，利用公式复制完成其他得分。

（4）计算合计分。

选定 P4 单元格，输入公式：=SUM(L4:O4)，利用公式复制完成其他合计分。

2）制作成绩汇总表，结果如图 7-74 所示。

（1）建立"成绩汇总"工作表，输入相关数据。

（2）计算女子成绩和男子成绩。利用 SUMIF 函数完成计算。

B3 单元格公式：=SUMIF(初一女子组!$B$4:$B$29,A3,初一女子组!$P$4:$P$29)

C3 单元格公式：=SUMIF(初一男子组!$B$4:$B$29,A3,初一男子组!$P$4:$P$29)

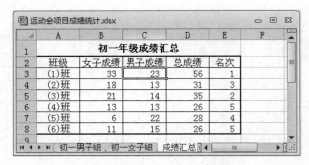

图 7-74 "成绩汇总"工作表

利用公式复制完成其他女子成绩和男子成绩的运算。

(3) 计算总成绩和名次。

D3 单元格公式：＝SUM(B3:C3)，利用公式复制完成其他总成绩的运算。

E3 单元格公式：＝RANK(D3,＄D＄3:＄D＄8)，利用公式复制完成其他名次的运算。

习　题　7

一、选择题

1. Excel 2010 是一种(　　)软件。

　　A. 文字处理　　　　　B. 数据库　　　　　C. 演示文档　　　　　D. 电子表格

2. 下面说法中，正确的是(　　)。

　　A. 工作簿就是工作表　　　　　　　　　　　B. 一个工作簿只能包含一个工作表

　　C. 一个工作表可以包含多个工作簿　　　　　D. 一个工作簿可以包含多个工作表

3. 在 Excel 2010 中，为了取消分类汇总的操作，必须(　　)。

　　A. 单击"开始"→"编辑组"→"清除"按钮

　　B. 按 Delete 键

　　C. 在"分类汇总"对话框中单击"全部删除"按钮

　　D. 以上都不可以

4. 在 Excel 2010 中，关于列宽的描述，不正确的是(　　)。

　　A. 可以用多种方法改变列宽

　　B. 不同列的列宽可以不相同

　　C. 同一列中不同单元格的列宽可以不相同

　　D. 默认的标准列宽为 8.38

5. 在 Excel 2010 中，如果某单元格显示为♯VALUE! 或♯DIV/0!，这表示(　　)。

　　A. 公式错误　　　　　B. 格式错误　　　　　C. 行高不够　　　　　D. 列宽不够

6. 在 Excel 2010 中，若选中一个单元格后按 Delete 键，这是(　　)。

　　A. 删除该单元格中的数据和格式　　　　　B. 删除该单元格

　　C. 仅删除该单元格中的数据　　　　　　　D. 仅删除该单元格中的格式

7. 在 Excel 2010 中,如果某单元格显示为若干个"＃"号(如＃＃＃＃＃＃＃),这表示( )。

    A. 公式错误　　　　B. 数据错误　　　　C. 行高不够　　　　D. 列宽不够

8. Excel 2010 工作表中,下列选项( )是单元格的混合引用。

    A. B10　　　　B. ＄B＄10　　　　C. B＄10　　　　D. 以上都不是

9. 在 Excel 2010 中,为了输入一批有规律的递减数据,在使用填充柄实现自动填充时,应先选中( )。

    A. 有关系的相邻区域　　　　　　　　B. 任意有值的一个单元格

    C. 不相邻的区域　　　　　　　　　　D. 不要选择任意区域

10. 在 Excel 2010 单元格中输入数字字符,例如学号"012222",下列正确的是( )。

    A. ％012222　　　　B. ＃012222　　　　C. ＆012222　　　　D. '012222

11. 在 Excel 2010 中,将 C1 单元格中的公式"＝A1＋B2"复制到 E5 单元格中,则 E5 单元格中的公式是( )。

    A. ＝C3＋A4　　　　B. ＝C5＋D6　　　　C. ＝C3＋D4　　　　D. ＝A3＋D4

12. 在 Excel 2010 中,将 C1 单元格中的公式"＝A＄1"复制到 D2 单元格时,则 D2 单元格的值将与( )单元格的值相等。

    A. A1　　　　B. A2　　　　C. B1　　　　D. B2

13. 在 Excel 2010 中,绝对地址前面应使用下列( )符号。

    A. ＊　　　　B. ＄　　　　C. ＃　　　　D. ＠

14. 在 Excel 2010 中,输入公式之前应先输入一个( )号。

    A. ＃　　　　B. ＊　　　　C. ＝　　　　D. ／

15. Excel 2010 中绘制柱形图表时,可以单击"柱形图"按钮,该按钮在( )选项卡上。

    A. 开始　　　　B. 数据　　　　C. 页面布局　　　　D. 插入

二、填空题

1. Excel 2010 中,一个工作簿中默认有_____张工作表,最多可有_____张工作表。

2. Excel 2010 中,一张工作表最大有_____列,最多有_____行,其中列号用_____表示,行号用_____表示。

3. Excel 2010 中,在单元格输入数据时,默认情况下,数值数据_____对齐存放,文本数据_____对齐存放;当输入内容超过列宽,而右边列有内容时,数值数据以_____形式显示,字符数据以_____形式显示。

4. Excel 2010 中,要选中不连续的多个区域,按住_____键配合鼠标操作。

5. Excel 2010 中输入数据时,如果输入的数据具有某种内在规律,则可利用它的_____功能进行自动输入。

6. Excel 2010 中,输入的数据类型分为_____、_____、_____三种基本类型。

7. Excel 2010 中,函数 Count(B2：D3)的返回值是_____。其中第 2 行的数据均

为数值,第3行的数据均为文字。

8. Excel 2010中,对数据清单进行分类汇总以前,必须先对作为分类依据的字段进行_____操作。

9. Excel 2010中通过工作表创建的图表有两种,分别为_____图表和_____图表。

10. Excel 2010中已输入的数据清单含有字段:学号、姓名和成绩,若希望只显示成绩不及格的学生信息,可以使用_____功能。

三、简答题

1. 简述工作簿、工作表和单元格的概念以及它们之间的关系。
2. Excel 2010中如何定义输入数据的有效性?
3. Excel 2010公式中的单元格引用包括哪几种方式?
4. 什么是数据筛选?它有哪两种筛选方法?
5. Excel 2010中的图表分为哪两种图表?如何创建图表?

四、实验操作题

1. 建立"学生成绩表"工作簿文件,输入"各科成绩表"工作表的相关数据,并按要求进行计算和格式化设置,效果如图7-75所示。

	学号	姓名	性别	大学英语	程序设计	高等数学	企业管理	总分	名次
					学生各科成绩表				
3	95314001	车 颖	女	64	70	64	76	274	17
4	95314002	毛伟斌	男	55	78	68	65	266	18
5	95314003	区家明	男	79	81	82	85	327	9
6	95314004	王 丹	女	86	87	58	90	321	10
7	95314005	王海涛	男	95	48	89	88	320	11
8	95314006	王佐兄	男	94	83	83	89	349	4
9	95314007	冯文辉	男	88	85	86	95	354	3
10	95314008	石俊玲	女	68	86	87	56	297	13
11	95314009	刘海云	女	85	87	78	69	319	12
12	95314010	刘 杰	女	90	94	96	81	361	1
13	95314011	刘 文	女	93	94	94	77	358	2
14	95314012	刘 瑜	女	67	87	45	88	287	14
15	95314013	吕浚之	男	95	83	78	82	338	5
16	95314014	曲晓东	男	82	83	80	90	335	7
17	95314015	庄耀华	男	83	89	90	74	336	6
18	95314016	陈 兵	男	45	86	56	90	277	15
19	95314017	陈 超	男	64	75	60	76	275	16
20	95314018	陈春生	男	78	88	87	79	332	8
21	平 均 分			78.4	82.4	76.7	80.6	318.1	

图7-75 "各科成绩表"工作表

操作要求如下:

(1)分别计算每个学生的总分和名次,再计算各科成绩的平均分(保留1位小数),其中名次使用RANK函数计算,如I3单元格公式:＝RANK(H3,＄H＄3:＄H＄20);

(2)标题文字格式设置为:黑体、加粗、14磅、合并及居中显示;

(3)第2行单元格设置:12磅、加粗、行高24、水平垂直都居中、淡绿色底纹;

(4)数据区域单元格设置:10磅、学号和姓名列左对齐,其他列居中;

(5)设置表格边框线,外框粗实线,内框细实线;

(6) 将工作表 Sheet1 更名为"各科成绩表"。

2. 参照"各科成绩表"工作表数据,建立"成绩统计表"工作表,效果如图 7-76 所示。

	A	B	C	D	E
1	成绩统计表				
2	课程	大学英语	程序设计	高等数学	企业管理
3	考试人数	18	18	18	18
4	最高分	95	94	96	95
5	最低分	45	48	45	56
6	平均分	78.4	82.4	76.7	80.6
7	90-100(人数)	5	2	3	4
8	80-89(人数)	5	12	7	6
9	70-79(人数)	2	3	2	5
10	60-69(人数)	4	0	3	2
11	59以下(人数)	2	1	3	1
12	及格率	88.89%	94.44%	83.33%	94.44%

图 7-76 "成绩统计表"工作表

操作要求如下:

(1) 利用 COUNT 函数分别计算 4 门课程参加考试的人数。

(2) 利用 MAX 函数与 MIN 函数分别计算 4 门课程中的最高分与最低分。

(3) 将"各科成绩表"工作表中 4 门课程的平均分值复制到本工作表的"平均分"行各单元格中(提示:复制后选择"选择性粘贴"命令并选择"数值"命令)。

(4) 用 COUNTIF 函数分别统计出 4 门课程中各分数段的人数。

提示:A7 单元格公式:=COUNTIF(各科成绩表!D3:D20,">=90")

A8 单元格公式:=COUNTIF(各科成绩表! D3:D20,">=80")-B7

(5) 计算 4 门课程的及格率,并按百分比显示。

(6) 将工作表 Sheet2 更名为"成绩统计表"。

3. 对 4 门课程的各分数段人数绘制"簇状柱形图"图表并进行图表格式化操作,效果如图 7-77 所示。

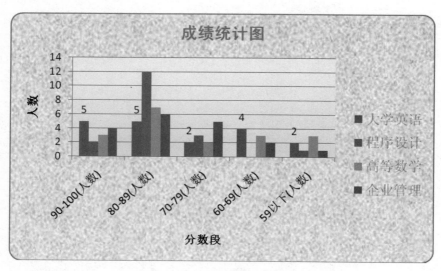

图 7-77 "簇状柱形图"图表

操作要求如下：

（1）图表数据源：成绩统计表！＄Ａ＄2：＄Ｅ＄2,成绩统计表！＄Ａ＄7：＄Ｅ＄11；

（2）添加图表标题：成绩统计图,纵坐标轴标题为分数段,横坐标轴标题为人数；

（3）图表标题格式为：黑体、14磅、红色。图例文字格式为,楷体_GB2312、12磅、绿色；

（4）图例显示在图表的右侧,"大学英语"数据列上显示数据标签；

（5）图表区格式设置为："圆角"边框,填充"新闻纸"纹理效果；

（6）绘图区格式设置为：填充"黄色和浅绿"渐变效果；

（7）将工作表 Sheet3 更名为"成绩统计表"。

4．将"各科成绩表"中的数据区域 A1：I20 复制到"Sheet4"工作表中,然后按要求进行数据管理操作。

操作要求如下：

（1）依次按性别（升序）、总分（降序）重新排列数据。

（2）筛选出总分大于或等于330分的男同学。

（3）按性别统计总分的平均值。

第 8 章　绘谱软件 Overture 4.1

Overture 系列软件是 Geniesoft 公司出品的专业绘谱软件,它能提供五线谱上的各种记号、整理谱面以及输出打印,在写谱的时候还可以边听边修改,而且打印效果远强于图片格式。从最初的 Overture 1 到现在的 Overture 4.1,软件的功能不断完善壮大,是目前最流行的绘谱软件之一。在最新版的 Overture 4.1 中增加了可以打开 Finale、Sibelius 或扫描程序创建的 musicXML 文件功能,此外还具有将 VST 乐器输出成 wave 文件的强大功能。

本章主要内容:

- 计算机绘谱概述
- Overture 基本操作
- 乐谱的编辑
- 乐谱的设置与试听
- 插件功能
- 综合案例应用

8.1　计算机绘谱概述

8.1.1　计算机与音乐

计算机音乐(Computer Music)是音乐完全被电脑创造出来的一种普遍种类。到目前为止,学术界的普遍共识是:计算机音乐只是一种工具的利用,而非一种音乐风格。计算机音乐简单来说是指依托于计算机技术的不断发展、计算机技术充分地运用于音乐领域,从而改善原有的一些落后的固定模式,使音乐学科的发展更好地适应社会和人们生活的需求,跟上时代的发展。

计算机音乐对音乐的作用主要表现在三个方面:服务于社会音乐生活、服务于教育体系、服务于音乐研究。计算机音乐包括音乐材料的获取、音乐本体的各个参数的设定和构建以及音乐的放送和传播等。

8.1.2　常用绘谱软件

古今中外使用过和正在使用中的绘谱法有很多。拿我国来说,古今使用过的绘谱法就有多种。据文字记载,我国早在战国时代,卫灵公手下的音乐师师涓就能用某种绘谱方法绘谱;隋唐时期就产生了工尺谱、减字谱(古琴用);宋代又产生了俗字谱。工尺谱几经演变,至今仍有一些民间艺人使用。不过近、现代在我国使用比较普遍的是简谱和五线谱,尤其以使用简谱的人最多。从世界范围来看,使用最普遍的是五线谱。

绘谱软件是专为打印乐谱而设计的,通过这些年软件的发展与壮大,关于乐谱、五线谱的编辑软件已经非常丰富,不论是国外的还是国产的软件种类都很多,如国外的Sibelius、Finale、Encore、Overture、Notewothy 和国产的作曲大师、TT 作曲家等。当然这些软件都可以完成乐谱的编辑、制作以及编译输出等基本功能,但是各个软件之间会有一些功能和使用上的区别和差异。在这些乐谱专业排版软件中,评价较高、使用人数较多的有 Overture、Sibelius、Finale、Encore、Notewothy 等软件。

Overture 4.1 是大名鼎鼎的 Cakewalk 公司(现被 GenieSoft 公司收购)出品的专业绘谱软件,它能提供各种五线谱上的记号、整理谱面及输出打印、试听,而且打印效果远强于图片格式。

Overture 4.1 在国内由流行钢琴网首先推出并迅速发展壮大,目前被钢琴爱好者乃至出版社广泛使用。它上手容易,功能十分强大,可以制作各种难度偏大的谱面和 MIDI效果,如双手拍号不同、分叉符干式和弦、特殊谱号(如倍低音、低八度高音)等;具有一般绘谱软件所没有的强大 MIDI 效果制作器——图解窗口,且十分简单直观,可以方便地导出为各种格式。目前在许多钢琴网上有大量 Overture 格式的琴谱或由 Overture 导出的图片格式琴谱。

Overture 4.1 能制作包括单声部五线谱、钢琴谱、重奏谱、管弦乐队总谱、吉他六线谱、鼓谱等任何曲谱,它还能将曲谱直接转化为实际的音响。它拥有丰富的音色、自如的音强、速度等的变化及一些特殊音响的运用。

Overture 4.1 不但可以支持 GM 音色库,而且支持所有 VST 插件和效果器插件,使人能在这款软件里实时编曲,能听到整体处理后的效果。它同时可以支持导出、导入MIDI,并支持输出图片格式,是一款非常强大的编曲软件。人们可以通过曲谱直观了解,也可以打开钢琴窗查看。它支持歌词输入,支持文字、图形注释,大部分的演奏记号可以通过它实时演奏出来。

8.2 Overture 4.1 的基本操作

8.2.1 Overture 4.1 的工作界面

打开 Overture 的主窗口,最上面一行是标题栏,显示 Overture 的图标和标题,下一行是工具栏,包括"文件(F)","编辑(E)","乐谱(S)","小节(M)","音符(N)","选项(O)","窗口(W)","帮助(H)"等菜单。从 Overture 4.0 版本开始增加了"VST 插件(V)"菜单。单击每一项会出现一排"子菜单"。第三行是"浮动工具条",主要分为标准工具栏、主工具栏、输出工具栏三种。接下来的大窗口就是"五线谱编辑窗",最底下是视图、音轨、声部、页码以及 MIDI 动态窗,通过它们可以对乐谱进行相应的设置。启动 Overture 之后,屏幕将出现 Overture 的工作界面,如图 8-1 所示。工具栏的内容如下:

(1) 标准工具栏包括进行窗口操作必需的新建、打开、存盘、打印、复制等按钮,如图 8-2 所示。

(2) 主工具栏包括 Overture 所特有的乐谱输入按钮,如图 8-3 所示。

图 8-1 Overture 的工作界面

图 8-2 标准工具栏

图 8-3 主工具栏

（3）输出工具栏包括声音输出按钮，如图 8-4 所示。

图 8-4 输出工具栏

浮动工具条中的大多按钮都有很多子按钮的组群，为方便输入，可以把常用的按钮组单独拖出，以快捷地完成对乐谱的各项工作。方法是用鼠标左键按住按钮将其拖出至便于操作的空闲位置。

8.2.2 乐谱的创建与保存

1. 乐谱的创建

将 Overture 打开后，如果没有自动弹出"新建琴谱"窗口的话，可选择菜单中"文件"→"新建"命令，也可直接单击"新建"按钮 ，这时就会弹出"新建乐谱"窗口，如图 8-5 所示。

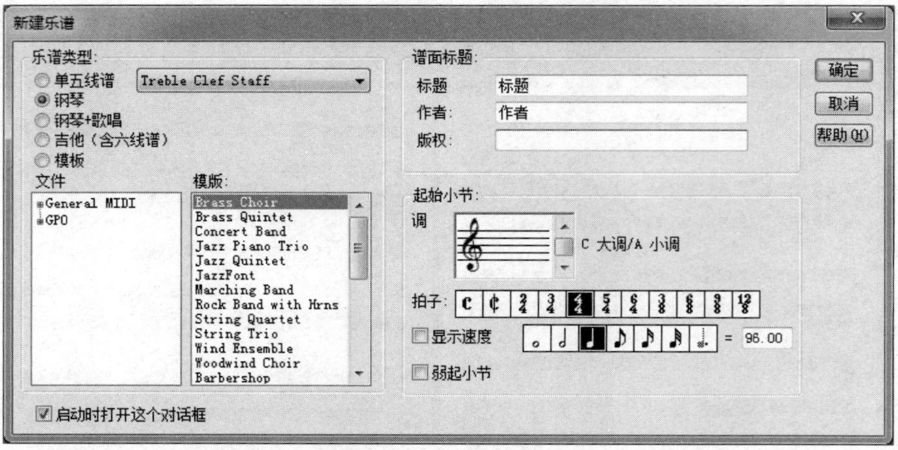

图 8-5 "新建乐谱"对话框

在该对话框中选择需要的各种谱表,Overture 具备单谱表、钢琴大谱表、吉他六线谱以及重奏、交响乐总谱等多种模板,可根据需要选择与音乐类似的模板做增删修改。还可以直接选择调号、节拍、速度(可选择是否显示速度),可注明作品的标题、作者、版权。

如果谱子是弱起,则选择"不完全小节"命令。如果要使每次打开此软件都自动弹出此窗口,选择"启动时打开此对话框"命令,最后单击"确定"按钮。

☞ 如何制模板中没有的谱表(如四手连弹谱表):

(1) 自己做个模板,再起个文件名保存起来。步骤如下:

① 打开钢琴模板;

② 分别加一行高音谱表和低音谱表;

③ 将新加的谱表的小节线用工具连接起来;

④ 保存。

(2) 套用已有曲谱:

① 下载一首四手联弹的曲子,打开;

② 删除所有乐谱内容;

③ 将空的谱表作为模板保存。

2. 乐谱的保存

Overture 4.1 有自动保存功能,可选择"选项"→"参数设置"→"常规"→"每隔 X 分钟备份一次乐谱"命令,并设置备份周期。琴谱将在每隔该时间段后自动将琴谱备份到 Overture 的安装目录的 auto save 子目录下(比如 C:\Program Files\Overture 4.1\Auto Save 目录下),如图 8-6 所示。

若要把 Overture 保存为图片格式,可用抓图软件红蜻蜓抓图精灵(也可使用其他抓图软件)按以下步骤来完成,如图 8-7 所示。

具体步骤如下:

(1) 用 Overture 打开要转换的琴谱。

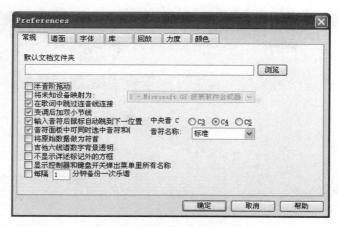

图 8-6　保存参数设置

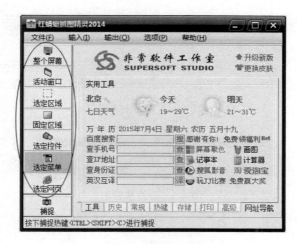

图 8-7　截图工具

（2）打开红蜻蜓抓图精灵，在菜单快捷中单击"活动窗口"按钮，然后回到 Overture 中，缩小琴谱页面，让琴谱充分填充那个窗口，单击"捕捉"按钮，再在左上角单击"完成"按钮即可，如图 8-8 所示。

（3）将图片存盘输出。

☞ 怎么保存为黑白的 bmp 格式？

保存前先选一下文件框左下方的文件格式为"单色位图"即可。

8.2.3　音符的输入

1. 输入五线谱音符

单击"音符"按钮 ♩ 并将其拖出，会出现它的子按钮组，如图 8-9 所示。

音符按钮中包含了各种时值的音符休止符以及临时变音记号。在需要的音符上点一下，然后在五线谱相应的位置上点一下，就完成了此音的输入，音箱这时也会发出相应的

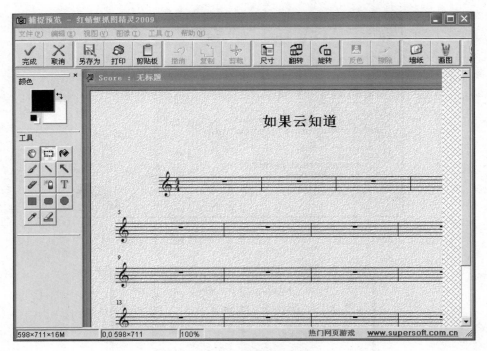

图 8-8　截图过程

图 8-9　音符按钮组

声音效果。

（1）输入附点音符。以四分附点音符为例，先点四分音符![四分音符]，再点虚的符点音符图标![符点音符]，就可以输入了。

（2）输入倚音。用上面的方法，先选几分音符，确定倚音时值，再点倚音图标，然后输入即可。

☞　熟练使用快捷键能大幅提高制谱速度，建议多用。

1→—全音符；2→—二分音符；3→—三连音；4→—四分音符；5→—三十二分音符；6→—十六分音符；8→—八分音符；句号→—附点；

1+r—全休止符；2+r—二分休止符；4+r—四分休止符；5+r→—三十二分休止符；6+r—十六分休止符；8+r—八分休止符；s→—升号；f→—降号；n→—还原号。

（3）输入临时变化音，只要将变音记号在符头上单击即可。

☞　怎么把五线谱缩小一点：

① 选择"乐谱"（Score）（或双击谱号）→"音轨设置"（Setup Track）命令，将 100％ 改小，再按"Next"按钮将下一个音轨的显示比例设为相同的值即可。

② 选中比例工具（在箭头的右数第二个）。然后用鼠标圈中要更改的谱面元素（包括音符，五线谱等），自动弹出比例对话框，填入所需要的比例（从 25％到 250％），就会自动修改大小。

（4）输完一个小节后，可以选择"小节"→"添加休止符"命令在这个小节内添加休止符，也可以选择"小节"→"自动调整"命令调整各个音符的距离，让它更整齐整洁。当然，这些工作也可以在后期选择"编辑"→"全选"→"小节"→"添加休止符"或是选择"小节"→"自动调整"命令一次性完成。在输完一页后，选择"乐谱"→"插入页"命令可以在后面添加自定义页数。

2. 音值组合

音值组合是个较复杂的问题，复杂在音值组合的多样性。一般的音值组合可以选择"选项"→"自动调整符尾"命令，这样系统就会按常规自动为组合音符。下面介绍一些特别的组合方法。

☞ 如何只保留每页第一行的谱号，下面几行只保留调号不要谱号：

双击第二行谱号，选中 Hide Staff Clef（隐藏乐谱谱号）即可。

（1）2/4 节拍中八分音符组合。2/4 节拍一个小节中如是四个八分音符，如设置的是"自动调整符尾"，系统会自动组合成四个音的符尾相连，如果想组合成两个单位，有两个方法：

第一种方法是单击"选择"按钮 ，拖左键把需要的音符框住，音符变成红色，再从菜单中选择"音符"→"符尾"→"根据节拍"命令，即可实现两音的组合，这种方法适合小范围的调整；

第二种方法需提前设置，选择菜单"小节"→"设置节拍"命令，这时系统弹出"设置节拍"对话框，选择"符尾"→"初级"命令中填入"2＋2"即可，初级的意思是四分音符的第一层拆分即八分音符。用此方法还可把 3/8 的整小节组合变为三个单独的八分音符，只需填入"1＋1＋1"。在谱表开头拍号处右击也会弹出此对话框（在此对话框"符尾"中还可以对次级十六分音符和三十二分音符的组合方式进行特别组合）。

（2）人工组合。拖左键把需要组合的音符框住，选择"音符"→"符尾"→"手工指定"命令，就可以完成组合。

（3）连音的组合。三连音的组合很简单，以三个八分音符的三连音为例：在音符工具中点八分音符 和三连音图标 ，输入即可。五、七、九……连音要先输入音符，并用选择按钮定义，再从菜单中选择"音符"→"组"→"连音"命令，如图 8-10 所示。

图 8-10 连音组合对话框

第一行为两个文本框，第一个为连音数目，第二个为连音代替的时值，根据需要填写，然后选择输入风格后单击"确定"按钮即可（比如想写五个八分音符的五连音，需要代替四个八分音符的时值，可填入"5/4"）。

3. 演奏记号

演奏记号包含常用记号、装饰音记号、力度记号、表情记号等。"记号"图标 **>**、"装饰音记号"图标 **tr**、"力度"记号图标 **pppp**、"表情记号"图标 **Expr**，它们中各包含了一些常用的演奏记号，前两类可选择后单击"音符"符头，后两类只须选中后加入乐谱的合适位置即可。

4. 反复记号

一般的反复记号（双纵线）只要在"小节线"图标中选反复记号，在乐谱相应位置单击就行，反复的遍数可任意设定：在设置好的反复记号上双击，弹出对话框，填充需要的遍数即可。

"跳房子"式的反复记号（即类似 1～2 段结尾不同的反复）要从"小节线"图标 **|** 中选择。"跳房子"的反复次数（如 1～3 段反复后接 4 结尾），可双击段落数字处，弹出对话框，在空格中分别填"1～3"和"4"即可。"跳房子"的符号默认是两头堵住的，要想把尾部的堵头去掉，可把鼠标移至尾部，变为星花时按住向上拖，直至尾巴消失。

其他的反复记号要选择"小节"→"反复记号"命令。

5. 文字输入

1）标题选项

标题选项中包含题目、注解、作者、版权、页眉、页脚选项。单击"乐谱"→"标题属性页"按钮，在标题选项中可以输入题目、注解、作者、版权、页眉、页脚等相应文字并调整字体和字号。

2）歌词输入

（1）用插入文字工具：单击"文本框"→"文本"按钮，选有"r"（或"i"）字的方框，然后到需要填歌词的位置点一下，就出现一个方框，此时可以输入单个（或多个）文字。能用箭头随意拖动到任何位置。为了便于调整歌词位置，最好在 1 个文本框只输入 1 个字，这样在调整时只需要使鼠标箭头在文字上变成花十字标志，就可以按下左键拖到需要的位置了。文字的字体、字号可以从自动弹出的操作窗口设置、调整。

（2）用歌词窗口：可先整段打好，然后按添加，歌词就自动加上了，只是可能歌词位置和希望的位置不一致。这里有一个小窍门：就是打字时，要每打一个字加一个空格键，这样就可用鼠标将任何一个字拖到任何一个位置，如图 8-11 所示。

图 8-11　"歌词窗口"对话框

6. 吉他六线谱、鼓谱的输入

吉他六线谱、鼓谱的输入方法和五线谱类似，只须单击它们的对应选项即可。鼓谱打击乐的音色很多，在线谱上的位置或很高或很低，这样写谱会很不美观，而且很多音色的符头标记也有各自的习惯用法，若要按照自己的意愿修改各种鼓的线谱位置和符头标记，例如安排低音鼓在一线，军鼓在三线，低音鼓用黑符头，踩镲用叉号，则可按以下步骤操作：

选单谱表 Bass Drum 或 Drums，如果是插入鼓谱，要选择"乐谱"→"插入音轨"命令，弹出对话框，单击第三项"打击乐"按钮插入即可，如图 8-12 所示。

图 8-12 "插入音轨"对话框

在鼓谱的专用谱号"‖"上右击，出现"音轨设置"对话框，右边的白窗就是需要设置的选项。Name 与 Pitch 是软件原来设置的打击乐音色与线谱的对应位置，注意下加一线为C4，Head 是各音色的符头标记，Pos 是指需要指定的音色的目标位置。

☞ 最好将输入一行谱表的各种音色分成几个声部，这样可使谱面清洁、美观、易于输入、修改。比如可设置低音鼓在声部"1"，符干向下，踩镲在声部"2"，符干向上……（多声部的输入法见下一项内容中的多声部输入）。

若要把低音鼓设置在一线，可用左键按住某一行的 Name 或 Pitch 选项，面前即出现所有打击乐的音色，选 B1 或 C2（它们都是低音鼓音色），松开，此选项即变成了选中的音色，然后选择 Head 命令，选择需要的符头，选择 Pos 命令，拉动黑方块至需要的一线位置，单击"确定"按钮即可。同样的方法可设置其他打击乐音色。

8.2.4 案例1：创建乐谱《天空之城》

【例 8-1】 根据本节前面所讲的知识，创建并保存乐谱《天空之城》。
操作步骤如下：

（1）打开 Overture 后，自动弹出"新建琴谱"对话框，选择"乐谱类型"→"钢琴"琴谱风格。

（2）在"页面标题"栏中修改歌曲名称及作曲者。

（3）在"起始小节"栏处选择《天空之城》的调号节拍及速度等。

（4）设置好这些曲谱的基本的操作后左键单击"确定"按钮进入绘谱界面，如图 8-13 所示。

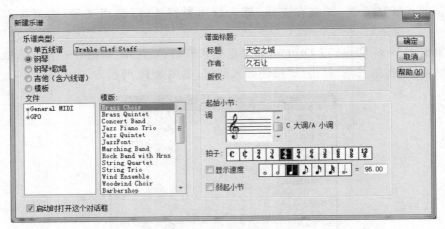

图 8-13　设置基本情况

（5）利用主工具栏的"音符"按钮等制作完整的《天空之城》钢琴乐谱，如图 8-14 所示。

图 8-14　《天空之城》乐谱效果图

（6）单击"文件"→"保存"按钮，将创建好的乐谱保存到桌面。

☞　如何制作模板中没有的谱表（如四手连弹谱表）：

（1）自己做个模板，再起个文件名保存起来。步骤如下：

① 打开钢琴模板；

② 分别加一行高音谱表和低音谱表；

③ 将新加的谱表的小节线用工具连接起来；

④ 单击"保存"按钮即可。

(2) 套用已有曲谱：

① 下载一首四手联弹的曲子，打开；

② 删除所有乐谱内容；

③ 将空的谱表作为模板保存。

再绘四手联弹的曲谱就可以模板调用，绘好曲谱单击"另存为"按钮保存。

8.3　乐谱的编辑

8.3.1　预备知识

乐谱的编辑在 Overture 软件的学习中是一个极其重要的内容。在编辑过程中小箭头"选择"图标![icon]的用法如下：

(1) 光标移动；

(2) 按住左键拖拉定义操作目标；

(3) 移至目标处变为十字星花时可将目标移至谱面任意位置。

"剪切"、"复制"、"粘贴"在标准工具栏，操作方法与一般 Windows 窗口的操作一样。

合并的方法：如想将 B 合到 A，先将 B 剪切，再定义 A，选择"编辑"→"合并"命令。

"清除"可先定义，再选择"编辑"→"清除"命令，也可用"清除"图标![icon]单击目标清除。

1. 音高、音轨和节拍的设置

光标移至该音变成星花后单击定义，然后按住鼠标左键上下移动至目标高度。

大段音符音高的移高、移低有两种方法：一是先定义音符，再将鼠标指针移至音符上变成星花后，拉动所有音符上下移动至目标处即可；二是先定义音符，再选择"音符"→"移调"命令，出现对话框，上面是移动的类型（全、半音）和移动的方向，下面是移动多大的音程，可从小白窗中选择。

音轨的设置可选择"乐谱"→"设置音轨"命令，弹出对话框，在"正式"和"缩写"中写入或选入名称（从右边"乐器"栏点第一个条形框选择），设置合适的字体，设定需要显示的对象及格式，如图 8-15 所示。

选择"小节"→"设置拍号"命令，弹出"设置拍号"对话框，如图 8-16 所示，可改变节拍。如果上行提供的拍号没有需要的，可在"主要"栏中改变数值。如果是混合拍子，想以组合的形式出现，比如"3/8＋2/8＋2/8"，先在"主要"栏标示"7/8"，把此栏"显示"的"√"去掉，再把组合栏中的"显示"标为"√"，并在此栏的三、四行分别填"3＋2＋2"和"8＋8＋8"，即"3/8＋2/8＋2/8"，如果想显示"7/8(3/8＋2/8＋2/8)"，只需把"主要""组合"栏的"显示"都选中，同时选择组合中的"显示"命令即可。散板的拍号可先在拍号位置拉出文字框，再从软键盘中选择日文片假名中的"サ"即可。

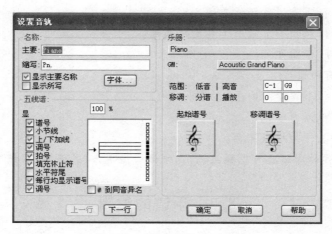

图 8-15 "设置音轨"对话框

☞（1）怎样扩大小节的长度？

将箭头光标对准小节线上端，会变成十字形，按住鼠标左右拖动就可调整小节的宽度。

（2）怎样使某一行的小节数减少（增加）？

将光标置于该行，单击"小节"→"扩排"（"缩排"）按钮即可。

2. 谱号的修改和设置

谱号的修改可选择工具栏"谱号" 命令，选中后在相应的位置单击即可，也可选择"乐谱"→"音轨设置"命令，如图 8-19 所示为设置音轨对话框。

调号的设置可选择"小节"→"设置调号"命令选择并加入谱中相应的位置。如果想将输好的乐谱移调，也可选择"设置调号"→"移调"命令，再调整新调设置即可，如图 8-17 所示。

图 8-16 "设置拍号"对话框

图 8-17 "设置调号"对话框

3. 谱表的插入

输完一页乐谱,选择"乐谱"→"插入页"命令,弹出对话框后设置插入的页数即可。音轨的插入选择"乐谱"→"插入音轨"命令,弹出对话框后选择合适的音轨谱表,并选择插入当前音轨的位置。小节的插入选择"小节"→"插入"命令,如图 8-18 所示。谱表的插入选择"谱表"图标 ，注意,要想插入在当前谱表的上面,则单击当前谱表的三线以上位置,反之则点三线以下。(比如在钢琴大谱表中插入一张钢琴谱表制成四手联弹谱表,只需从"谱表"图标中选择钢琴大谱表,在原谱表上行的三线以上或下行的三线以下单击即可。)

单行谱表。单行谱表头端有一多余的小节线,可用工具栏的"小节线"按钮单击第一小节前端部分,每行前端多余小线即被删除。

4. 多声部输入

有的乐谱一行谱表中就有多个声部,如图 8-19 所示,如果是小范围的,先录入第一声部,定义后选择"音符"→"符干"→"符干向上"命令,再选视窗下面 声部: 全部 ,单击"全部"按钮,选"2",这时先前打的乐谱变虚,打上第二声部,设成"符干向下",如还有声部,选"3",方法同上,类推……最后单击"All"按钮,所有声部即正常显示。如果是大段落的多声部,可选择"窗口"→"音轨窗口"命令,弹出对话框,单击第一栏 中需要改动的音轨的三角号,再将 Voice 1(声部 1)、Voice 2(声部 2)……等选项的"Stem"(符干)标记为向上或向下。

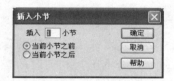

图 8-18 "插入小节"对话框

图 8-19 一张谱表中的多声部

☞ (1)临时性的分声部

在钢琴作品中,经常会出现仅某小节的分声部,可这样做:

① 打好第一声部,调整好符干朝向(向上)。可用鼠标拖动符干,也可选中后用 Notes→—Stem→—Stem Up(快捷键:Ctrl＋U);

② 按 Ctrl＋2,可看到原来打的音变虚了(快捷键:第一声部:Ctrl＋1;第二声部:Ctrl＋2……以此类推,所有声部:Ctrl＋0);

③ 打上第二声部,调整好符干朝向(向下)(快捷键:Ctrl＋D);

④ 在下方状态栏中选 Voice→All(快捷键:Ctrl＋0)。

(2)段落性的分声部

如果曲子是整段或整首都是分声部的,可先在音轨窗中预先设好符干的朝向,方法是:

① 打开 Tracks Window,(快捷键:Ctrl＋Shift＋T)单击左边的三角形;

② 将 Voice1(快捷键:Ctrl＋1)和 Voice2(快捷键:Ctrl＋2)中的 stem(符干)分别设为朝上(快捷键:Ctrl＋U)和朝下(快捷键:Ctrl＋D);

③ 关闭 Tracks Window。

接着便可绘谱，方法如上。

5. 琶音的输入和连线的标记

在一行谱表中，可先定义音符，再选择"音符"→"标记为琶音"命令，如果是贯穿上下两行谱表的琶音，可先标记上行的记号，再点琶音记号下端下拉即可，如图 8-20 所示。

图 8-20　琶音的设置

连线标记可选图标中的不同连线将音符框住标记，也可先定义需要连接的音符，再选择"音符"→"组"→"同音高连线"或"不同音高连线"命令。跨上下行相连时的音符，应按 Ctrl 键两次定义，再加连线。钢琴大谱表左右手相连的情况，可先在一个音轨打好音，将左手音定义，选择"音符"→"移至（上）下一音轨"命令，再将需要连接的音定义，并加连线，如图 8-21 所示。

图 8-21　连线的设置

6. 显示修改及谱面和纸张的设置

若要对五线谱的显示比例进行修改，可选择"乐谱"→"音轨设置"命令，再改变"五线谱"栏的显示百分比即可，也可先点 ％ 图标，再用鼠标框住需修改部分，弹出对话框后修改数据即可（见图 8-15 设置音轨对话框）。

谱面设置可选择"乐谱"→"重设谱距"命令，让系统自动设置谱面，也可选择"乐谱"→"谱面布局"或"乐谱"→"调整谱表"或"乐谱"→"谱面设置"中进行相关数据的调整。小节的宽窄可选择"小节"→"缩排"或"扩排"来调整。此外，可将鼠标移至任何能变成星花的地方进行上下左右的随意调节，如图 8-22 所示。

图 8-22 "调整谱表"对话框

纸张的大小可选择"乐谱"→"页面定义"→"纸张定义"命令对话框来调整，如果里面是以"in."为单位，可单击它改为"cm."。

Overture 4.1 全新的纸张定义的界面如图 8-23 所示，当选择"当琴谱大小改变时重新布局"命令后，调整尺寸后琴谱的位置也会自动调整。

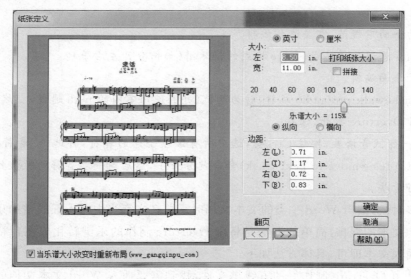

图 8-23 "纸张定义"对话框

7. MIDI 编辑

在 Overture 4.1 中，按 Ctrl＋Shift＋D 键进入 MIDI 数据模式，选择控制器后，每个小节上方都会显示钢琴卷帘窗，可以直接在上面修改音符速度、时值、音色、力度等，如图 8-24 所示。

图 8-24 MIDI 控制器

选择"编辑"→"修改控制器"命令,可以重新指定控制器,或者重新设定它的值或比例。这在使用不同库的文件进行转换的时候是非常有用的,如图 8-25 所示。

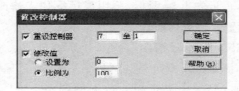

图 8-25　"修改控制器"对话框

8. 与 Word 文档混排

☞ (1) 如何用 midi 直接转成的 ove 格式的乐谱?

① 打开 Overture 软件;

② 打开一个 midi 文件,这时会出现一个对话框(导入文件)在它的左上角,有两个选项:map channels to stav 和 optimize stave,任选一个;

③ 单击"打开"按钮,即有记录好的五线谱展现在屏幕上,此刻按播放键可听到记录的音轨。

此时的谱面不规范,需要略作编辑。

(2) midi 总谱如何转成的 ove 格式的钢琴谱(如何分开左右手)?

这属于谱面编辑。

① 用 cakewalk pro audio 编辑,转为两轨(并且使用不同的 midi 通道)。然后保存为 midi。再用 Overture 打开、保存。

② 加一行低音谱表,按住 Ctrl 键,选中所有该左手弹的音符,再选择"音符"→"移至下一音轨"(notes→move to next track)命令就分开了,然后对一些音符的时值作些修改,使谱面更好看些。

在很多时候,编辑 Word 一类的文本文档时需要在文字当中插入五线谱的乐谱,要做到五线谱和文本的混排,简单的办法是将由 Overture 制作的乐谱转化成图片格式,用贴图的方式插入文本即可,具体方法如下:

调出已由 Overture 制作好的五线谱文件,找到需要插入 Word 文本文档的部分,按键盘上的"Print Screen"键复制屏幕;打开一个绘图软件或者 Windows 自带的画图程序,新建一个文件,按 Ctrl + V 键或鼠标右击选择"粘贴"命令即可将复制的屏幕图片粘贴上去。在这里剪去不需要的部分,对图片进行一些简单的修整,还可以通过画图软件在图片中加入一些文字或符号等等;将图片保存为.JPB 格式以备使用,或者直接将剪切好的图片复制(或剪切)粘贴到 Word 文本文档所需要的位置,就完成了五线谱和文本文档的混排。

在 Overture 的操作过程中,可以用到不少快捷键,具体见表 8-1。

表 8-1　Overture 中常用的快捷键

快 捷 键	功　能	快 捷 键	功　能
Ctrl+N	文件/新建	Ctrl+M	小节/设置节拍
Ctrl+O	文件/打开	Alt+′	小节/设置速度
Ctrl+S	文件/保存	Ctrl+J	小节/自动调整
Ctrl+P	文件/打印	Ctrl+T	音符/移调
Alt+F4	文件/退出	Ctrl+Y	音符/修改
Ctrl+X	编辑/剪切	Ctrl+Shift+Q	音符/量化
Ctrl+C	编辑/复制	Ctrl+B	音符/符尾/根据节拍
Ctrl+V	编辑/粘贴	Ctrl+Shift+B	音符/符尾/手工指定
Shift+Del	编辑/剪切	Alt+；	音符/组/同音高连线
Ctrl+Ins	编辑/复制	Ctrl+L	音符/组/不同音高连线
Shift+Ins	编辑/粘贴	Ctrl+F	音符/翻转/方向
Del	编辑/删除	Ctrl+H	音符/翻转/等音高
Ctrl+A	编辑/全选	Ctrl+U	音符/符干/符干朝上
Alt+Backspace	编辑/撤销	Ctrl+D	音符/符干/符干朝下
Ctrl+Z	编辑/撤销	Ctrl+R	音符/转录
Ctrl+Shift +Z	编辑/重复	Ctrl+0	选择所有声部
Ctrl+\	乐谱/重设谱距	Ctrl+Shift+T	窗口/音轨窗口
Alt+\	乐谱/重绘页面	Ctrl+Shift+G	窗口/图解窗口
Alt+/	选项/节拍点	Ctrl+Shift+C	窗口/和弦窗口
Ctrl+I	小节/插入	Ctrl+Shift+L	窗口/歌词窗口
Alt+=	小节/扩排	Ctrl+Shift+E	窗口/单步输入
Alt+−	小节/缩排	Ctrl+F6	窗口/图解窗口
Ctrl+K	小节/设置调号		

8.3.2　案例 2：编辑乐谱《欢乐颂》

【例 8-2】　编辑《欢乐颂》乐谱。

1. 绘谱前的准备工作

（1）在琴谱风格栏中确定钢琴谱，如图 8-26 所示。

（2）在标题属性页中修改歌曲名称、作者等，如图 8-27 所示。

（3）在起始小节栏处选择《欢乐颂》的调号节拍及速度等，如图 8-28 所示。

（4）设置好这些曲谱的基本操作后单击 确定 按钮进入绘谱界面，如图 8-29 所示。

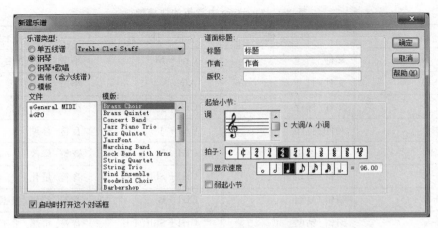

图 8-26　"新建乐谱"对话框

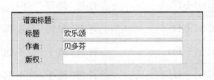

图 8-27　标题设置

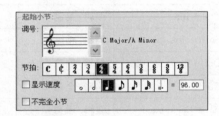

图 8-28　起始小节设置

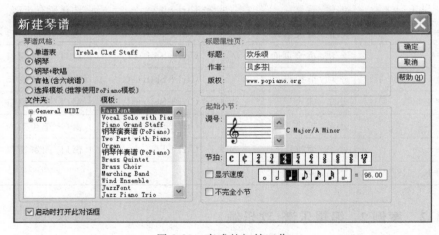

图 8-29　完成的初始工作

2. 编辑乐谱

（1）选择标题栏 中的 {"音符"}，也可将"音符"工具栏拖动出来，如图 8-30 所示，以便使用，在其选项中选择与原乐谱相匹配时值的音符或休止符。

（2）在编辑音程时，上下光标在同一位置；编辑四分附点音符时选择四分音符 后再

单击附点音符  即可,如图 8-31 所示。

图 8-30　音符工具栏　　　　　　　　图 8-31　附点音符工具栏

这首曲子的编辑过程很简单,如果遇到较为复杂的乐谱时主要的东西都在"音符"中,如果中间涉及变节拍、调号、小节线类型、节拍时,则在小节线处鼠标右击选择"修改"命令即可找到。

下面是编辑好的"欢乐颂"示例,如图 8-32 所示。

图 8-32　"欢乐颂"谱曲

8.4　乐谱的设置与试听

8.4.1　预备知识

1. 力度的调整

"力度"图标  内有从 pppp→ffff 以及 sf→fz 等力度标记,如图 8-33 所示,这些符号输入要调整好对应位置,但按住鼠标拖动时要注意把自动产生的指向虚线对准目标音,所以,音强的变化就从目标音开始。关于这些力度的参数可自由设置,选择"选项"→"参数设置"命令,弹出对话框选"力度",然后改变相应数值即可。

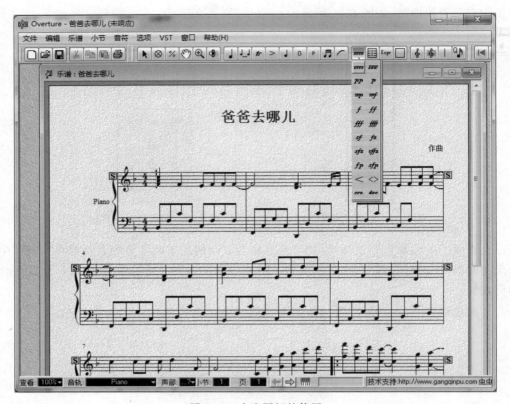

图 8-33　力度图标的使用

　　"力度"图标中还有渐强、渐弱符号,包括字母标记的和拉线标记的,要选好按钮,字母标记的直接把符号点在相应位置;拉线标记的从力度变化起始点按住拉向终点即可,但都要注意把指向虚线对准起始音。

　　以上两种方法虽能有变化效果,但变化太死板,不能更灵活细致的变化,而且谱面上也不允许有烦琐的力度记号,还有一种更好的方法做出力度的细致变化,那就是选择"图解窗口"命令。

　　选择"窗口"→"图解窗口"命令,即会展现出一个分上下两个区域的图形窗口,如图 8-34 所示,从左上的小白窗口选择"力度"命令,右上的小白窗选择修改的音轨,鼠标从左上工具栏选小画笔 ,然后在下面的区域就可以自由划出力度变化曲线,上面对应的数字是小节数,左面对应的数字是力度范围(0~127)。也可以边播放着边紧跟着光标划线,划完后再边播放边修改。

　　假如采用的是持续发音的音色,可以选择"图解窗口"→"控制变换"命令,第二个下拉框内 11 号控制器后,在窗口画线来控制单个音的音量变化。

2. 速度的调整

　　要想改变乐曲的速度,首先把光标移到需要改变处,选择"小节"→"设置速度"命令,然后修改相应选项中的数值即可,如图 8-35 所示。

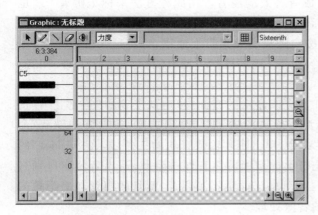

图 8-34　图解窗口

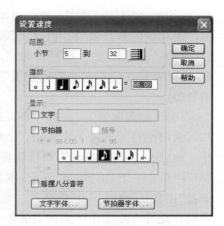

图 8-35　"设置速度"对话框

☞　绘制钢琴谱时常用到跳音记号,但却听不到希望出现的效果,其实 Overture 是可以做出效果来的:

(1) 选中要处理成跳音的音符;

(2) 选择"音符(notes)"→"修改(modify)"命令,出现"改音符"对话框;

(3) 在左边的下拉列表框中选择"scale"命令,中间的下拉式列表框中选择"时值(duration)"命令,在右边的文本框中写上跳音与原时值的百分比(如:25%)。

这种方法适合大段落的速度改变,如果要做出更细微的灵活多变的速度调整,还得靠"图解窗口"。打开"图解窗口",从左上小白窗选择"tempo"命令,选择好要修改的音轨,然后用小画笔在下面的编辑区域划线,变化范围是(0~150)。

3. 音色的调整

音色的调整可从"音轨窗口"中调整。选择"窗口"→"音轨窗口"命令,鼠标按住要修改的音轨的"Patch"选项,再从自动出现的音色库中选择即可,音色库是英文的,如图 8-36 所示。

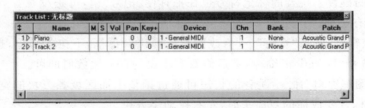

图 8-36　音轨窗口

4. 装饰音的设置

虽然可从"装饰音记号"的图标里选择各种装饰音符号标记在谱面中,但它们只是作为谱面的视觉呈现,大多没有相应的音效,要想得到完美的音响效果,必须进行特别的设置。

1) 常见设置法

常见的设置方法有:

(1)"单击符头"法。以震音为例,在工具栏"记号"图标组,选择震动次数合适的"震音"按钮后,单击该音符头,便会自动生成有音效的震音。用此种方法来标记颤音"tr"也会产生相应的颤音效果。但对于其他标记用此法,只能生成谱面,不能产生音效。

(2)"标记为"法。以琶音为例,先按实际演奏效果打上曲谱,再将这些音符定义,然后选择"音符"→"标记为"→"琶音"命令即可。用同样的方法,还可标记颤音(tr)、回音、倚音等。

(3)"隐藏曲谱"法。第一步:先打上应该显示的谱面,然后从下窗口"声部:"栏选"2",这时刚打上的谱子变虚,打上实际演奏效果的谱子并定义,选择"编辑"→"隐藏"命令。第二步:选择"窗口"→"音轨窗口"命令,单击刚才输入音轨的三角号,在"Voice1"的"M"栏单击一下,出现"M"标记,刚才先打上的谱面的声音即被隐藏,退出音轨窗口别忘了把"声部:"改回"All(全部)"。现在是看到的谱面听不到声音,听到的声音却是隐藏的谱面。此种方法适用于大多数装饰音的音效处理。

(4)"图解窗口"调节法。图解窗口的上面编辑区域为音高、音长、及音符始、终的位置调整窗口,黑色的方块代表音符,方块的高度对应左窗的键盘,C4为中央C,方块的长度代表时值,每一个方格代表一拍,可以自由的调节它的高度、长度以及左右位置。方法是将鼠标移至目标音,当光标变为横的双箭头时,上下移动可改变音高,曲谱内的音高标记位置相应改变;当其变成竖的双箭头时,可拉宽、缩窄黑方块改变音的演奏时值,也可左右移动方块改变发音的起始、结束位置,曲谱的标记不会产生变化。琶音、倚音、跳音等都可用此法(具体方法见下面介绍)。

2)音效的设置

下面是某些装饰音音效的设置方法。

(1)震音的设置。产生音效的震音设置方法有三种:

① 单击符头法。

② 隐藏曲谱法。

③ 定义目标音,选择"音符"→"符尾"→"八分(十六、三十二、六十四分)音符震音"命令,该音便被标记为有音效的震音。

(2)跳音的设置。跳音的标记符号也在工具栏"记号"组,可是没有音效,让它产生断音效果的方法有三种:

① 选中该音符,选择"音符"→"修改"命令,弹出对话框,下拉左小窗,选择"Scale"命令,中间小窗选择"Duration"命令,然后修改右小窗的百分比数值即可。

② 选择"图解窗口"命令,跳音的长短可通过调整上面区域黑方块的宽窄实现,方法是鼠标移到目标音变成横的双箭头时,左右拉动黑方块。

③ "标记为"的方法,先打出音符实际演奏的时值,别忘了把剩余的时值用休止符补上,然后将音符休止符共同定义,再选择"音符"→"标记为"→"断音"命令。此外,也可用"隐藏曲谱"法。

(3)琶音的设置。除了用上面介绍的"标记为"法、"隐藏曲谱"法,还可以用"图解窗口"调节法,将窗口上区域要标记为琶音的黑方块位置左右调一下,听听效果就知道了。

(4)倚音的设置。用"标记为"法、"隐藏曲谱"法及"图解窗口"调节法都可以,但Overture把倚音算在前面音的时值内,要想调节出理想的效果,最好使用后两种方法。

（5）刮奏的设置。用"隐藏曲谱"法，记录实际音响效果时，要先选择一些音符，把它们定义成连音，并设置好连音选项（比如总时值的数据设置），再把它隐藏。

3）特殊效果的设置

还有一些特殊效果，也有特别的设置：

（1）钢琴踏板的设置。如果用"单击符头"法标记踏板，则只有谱面，没有音效，如果想做出效果，有两种方法。

① 将记号放在目标音的下方，注意调节位置时让自动产生的指向虚线对准目标音即可。

② 用图解窗口，从左上的白小窗选择 Control 命令，紧挨着的小白窗选择"64-pedal（sustain）"命令，然后用小画笔在下面的编辑区域单击，单击"0"以上的地方出现竖线，单击"0"以下的地方则出现小点，竖线表示踩踏板，小点表示松踏板。

（2）波浪式颤音。用图解窗口，左小白窗选择 Control 命令，紧挨着的小白窗选择"1-Modulation"命令，然后用画笔在下面编辑区画即可。这种音响适用于小提琴等乐器拖长音时的修饰。

（3）弯音的设置。也用图解窗口，从左上小白窗选择 Wheel 命令，然后用画笔在下面编辑区画即可。这种音响适用于模仿电吉他推弦技巧。

4）回放效果的设置

（1）在 Overture 4 中，演奏记号、标记记号、装饰音、渐强（弱）等记号可以直接回放出效果，并且可以通过参数设置修改每种音效的不同效果。

输入音符后，单击工具栏上的演奏记号图标选中一个演奏记号，用鼠标圈中要处理的音符，则音符会自动添加一个演奏记号，然后双击该演奏记号，会弹出对话框，可以通过该对话框设置演奏记号的音效、时值、力度等，如图 8-37 所示，为添加琶音记号的对话框。

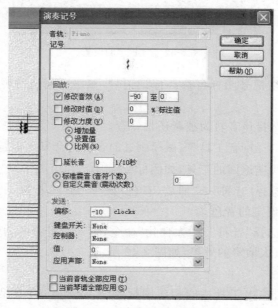

图 8-37 "演奏记号"对话框

选中音符后选择"音符"→"组"→"滑音记号"命令添加一个滑音记号，双击滑音记号弹出对话框，如图 8-38 所示。

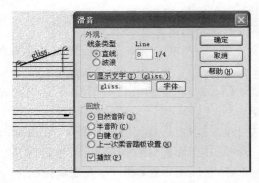

图 8-38 "滑音"的设置

选中音符后选择"音符"→"标记为"→"颤音"添加一个颤音记号，双击颤音记号弹出对话框，如图 8-39 所示。

图 8-39 "颤音"的设置

通过工具栏中表情记号图标可选择标记记号，双击表情记号弹出对话框，如图 8-40所示。

（2）鼠标右击可选择该音轨为独奏还是静音。

（3）在工具栏中选择刷音工具，鼠标刷过的音符将会发出声音，如图 8-41 所示。

（4）工具栏增加快速返回的工具，如图标所示。

（5）选中音符后选择"音符"→"回放（音色）设为"命令，将选中音符的音色设置为音轨窗口中为每个声部设定的音色。

（6）选中音符后选择"音符"→"人性化"命令，将选中音符的力度、速度、偏移进行随机化调整，达到模拟真人演奏的效果，如图 8-42 所示。

5．乐谱的试听

初步完成，可单击输出工具栏的相应图标按钮试听，检查是否有错误、疏漏。当然，由于还没对音响效果予以设置（比如力度、速度、特殊效果等），声音可能过于机械，但

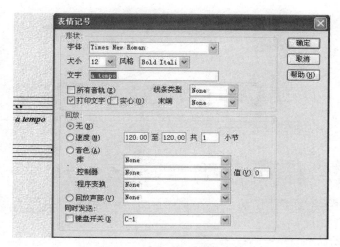

图 8-40 "表情记号"的设置

如果只是需要打印曲谱,则无须设置。

图 8-41 刷音

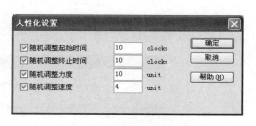

图 8-42 "人性化设置"对话框

8.4.2 案例 3:设置乐谱《栀子花开》的音色速度、装饰音等

【例 8-3】 乐谱的音色速度属于音乐后期制作,请设置《栀子花开》乐谱的音色速度、装饰音等。

操作步骤如下:

(1) 打开已经打谱完成的文件,如图 8-43 所示。

(2) 设置音色。

在所需要设置音色的音轨上鼠标右击,弹出选项,选择音轨属性,弹出对话框,如图 8-44 所示。

选择设备,如没有安装插件则默认为 Microsoft 波表软件合成器。

选择"音色/乐器"命令,声部一和二设置为钢琴单击"确定"按钮即可。

(3) 速度的设置有两种形式,一种是总体速度,第二种是局部速度。

① 总体速度的设置较为简单,直接鼠标右击需要设置速度的起始小节,在弹出的选项栏中选择"修改"→"速度"命令直接在回放中调节速度,如图 8-45 所示。

② 局部速度的设置。

单击"窗口"按钮,选择"图解窗口"命令,弹出如图 8-46 所示窗口。

图 8-43 《栀子花开》谱表

图 8-44 "音轨属性"对话框

图 8-45 "设置速度"对话框

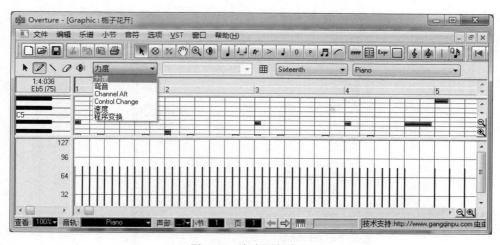

图 8-46　力度图解窗口

鼠标左键单击图中"力度"按钮，更改为"速度"。

图片变成如图 8-47 所示。

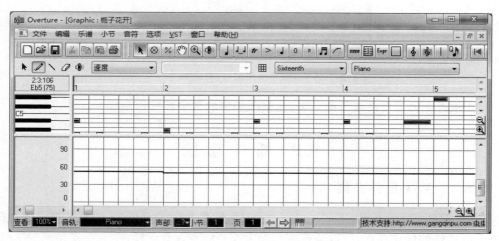

图 8-47　速度图解窗口

在图解窗口的上面一排熟读表示小节，下面直线左边的数字表示速度，中间的黄线代表现所处的小节，接下来只需要在需要改变速度的小节上进行调整，如图 8-48 所示。

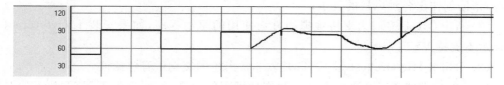

图 8-48　速度小节

完成后关闭图解窗口，操作完成。

（4）装饰音一般按照默认时值，如需要改变则需要另外做处理。

最简单的方法是在一个装饰音上双击,弹出对话框,如图 8-49 所示。这里用琶音举例子。

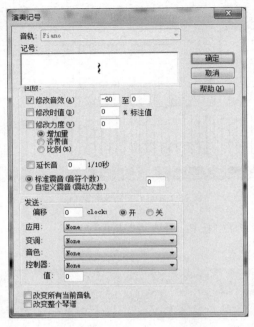

图 8-49 "演奏记号"对话框

(5) 根据个人需要改变各种效果,达到所需要的效果后操作完成。

8.5 插 件 功 能

8.5.1 VST 插件介绍

VST 是 Virtual Studio Technology 的缩写,它是基于 Steinberg 的软件效果器技术,基本上以插件的形式存在,可以运行在当今大部分的专业音乐软件上,在支持 ASIO 驱动的硬件平台下能够以较低的延迟提供非常高品质的效果处理。

以下是几种常用的插件:

(1) Edirol Hyper Canvas,Edirol 公司出品的软件音源,包括 256 种音源和 9 种鼓乐音源,帮助创作出各种风格的音乐;

(2) AsioDve 是专门为支持虚拟插件而使用的驱动程序,如果安装了 Overture 4.1 后提示不支持 VST;

(3) Edirol HQ Orchestral VSTi 是款非常出色的交响乐音色插件。

VST 效果器覆盖了几乎所有音乐制作里用到的效果器,而且由于 VST 技术的开放性,很多大厂商,小厂商,甚至是个人开发了数不清的 VST 效果器,有些是相当成功相当实用的效果器,连好莱坞的电影制作中都用到了这些 VST 插件提供的顶级效果。

能够使用这些 VST 插件的音乐软件称为 VST 宿主,常用的有 Samplitude(7.0 以后的版本），Cubase VST32、Cubase SX、Wave Lab、FruityLoops、Orion、Project5 等。VST
效果器都是来处理音频的，所以都要加载在音频轨中使用，MIDI 轨不能使用 VST 效
果器。

8.5.2 Overture 中 VST 插件的安装

1. 插件 VST 的安装

在安装完 Overture 4.1 以后可以再安装一些 VST 插件来丰富自己的乐谱的音效。
VST 插件的安装方法如下步骤。

（1）下载一个 VST 插件，这里以 HQ Orchestral 交响乐音色库为例。打开，单独安
装到电脑，并记住它的安装地址。

（2）安装完后，打开 Overture4.1，如果是初始设置，系统会自动弹出对话框显示找不
到 VST 插件并出现是否以后禁用。这时单击"否"按钮。

（3）进入到主界面后单击"VST 插件"命令选择设置文件夹。弹出文件夹选项，如
图 8-50 所示。

图 8-50　VST 插件文件夹选项

（4）VST 安装路径，单击 Select 按钮设置完成，然后关闭对话框。单击"选项"→"保
存设置"按钮即可。

（5）关闭 Overture 4.1。重新点开，系统就会自动找到所安装的 VST 插件。

2. VST 插件的使用

安装完 Vst 插件后，以 HQ Orchestral 交响乐音色库为例了解它的使用方法。操作
步骤如下：

（1）打开或创建一份 OVE 乐谱，然后根据自己的需要，在该乐谱的音轨中加载 VST
音色。单击 VST插件(V) 按钮，在弹出的选项中左单击 乐器架(I) 。

（2）在对话框中加载音色， 静音 乐器 加载乐器 。未加载乐器音色前，此框为虚的。
左键单击"加载乐器"按钮，将安装的 VST 设备添加到该框中 Edirol 。单击扩展菜单中
的音色，如 Orchestral。此时被加载的虚拟乐器已经显示在"乐器"项中，正确加载后原来
的虚框将变成 M 1 Orchestral 。但此时并不表示乐器已经被正确加载。在默认情况下，该
乐器插件的音轨排序，是按照交响乐总谱的顺序，由上而下为"木管组、铜管组、打击乐组、
弦乐组"。再次左键单击 M 1 Orchestral (Orchestral)按钮，选择"打开"命令。

（3）假设需要在一份钢琴乐谱中加载钢琴音色，那么需要依照上述步骤。然后接下来在插件乐器中指定音轨。如将钢琴音色加载到 MIDI 通道的第一音轨上。插件默认第一轨为长笛 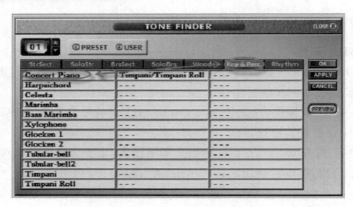，重新设置乐器，如图 8-51 所示。

图 8-51　"乐器设置"对话框

（4）单击 key&perc 按钮，然后选择 Concert Piano 命令，单击 OK 按钮退出对话框。此时 MIDI 通道的第一音轨已经由长笛变成钢琴 。

按照这样的方法，遇到多乐器的乐谱，可以根据需要任意进行设置。但是一定要注意：不要更改第十号音轨的默认项，这是专门指派给打击乐器专用的通道。

注意：按照上述添加 VST 插件的方法，可以为 Overture 增加更多乐器设备。如图 8-52 所示。

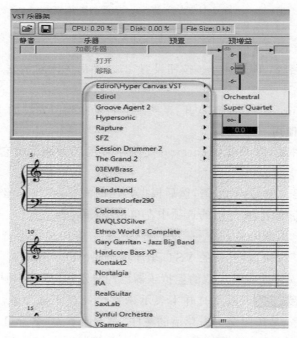

图 8-52　多乐器的选择

（5）在 OVE 的菜单栏左键单击 窗口(W) 按钮并打开，单击 音轨窗口(I)　Ctrl+Shift+T 按钮，在弹出的对话框中，需要进一步设置输出音轨的步骤。由于已经将第一音轨指定给了钢琴，那么，在音轨窗口中，仍然要将乐谱中的音轨输出指定为 Orchestral 的第一音轨。在对应的窗口中将 Device ｜ Chn 指定为 ◎ Orchestral 1 ｜ 1 。（Device 为输出驱动器设备，Chn 为 MIDI 通道）。

（6）单击 ▶ 按钮，聆听 VST 音色所带来的更加高质量的音色。比起原来系统中自带的 Microsoft GS 波表软件合成器，或者 PCI 声卡自带的软音源，VST 的音色更加出色。

8.6　综合案例应用：《梦中的婚礼》乐谱综合设计

【例 8-4】　通过前几节的学习，我们已经对 Overture4.1 绘谱软件的操作有了一定的了解，现在以《梦中的婚礼》为例介绍乐谱的完整制作过程。

操作步骤如下：

1. 绘谱前的准备操作

（1）打开 Overture 4.1，桌面出现如下一个对话框，如图 8-53 所示。

图 8-53　"新建乐谱"对话框

（2）在"乐谱类型"栏中确定钢琴谱，在"谱面标题"栏中修改歌曲名称、作者等，如图 8-54 所示。

（3）在"起始小节"栏处选择《梦中的婚礼》的调号节拍及速度等，如图 8-55 所示。

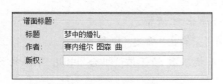

图 8-54　标题属性设置

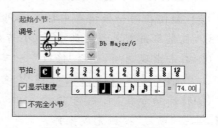

图 8-55　"起始小节"设置

（4）设置好这些曲谱的基本操作后左键单击 确定 按钮进入绘谱界面，如图 8-56 所示。

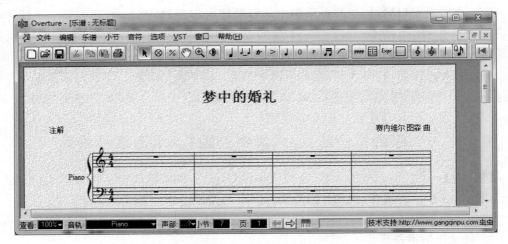

图 8-56 绘谱界面

（5）在正式绘谱之前，先在主工具栏选择"表情记号 Expr"命令中选择该乐谱所需要的表情记号 Andantino，并把该记号放置到的最前端，如图 8-57 所示。

完成该操作后就可以开始正式绘谱了。

2. 正式绘谱

（1）在主工具栏中单击音符键 ♪按钮，在其选项中选择与原乐谱相匹配时值的音符或休止符，如图 8-58 所示。

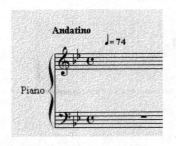

图 8-57 表情记号设置

图 8-58 "音符"工具栏

（2）在音符栏中选出匹配的音符并将其一一打在空白的五线谱上，如图 8-59 所示。

☞ 如何在同一张谱表中插入不同节拍。

① 首先单击需要设置的小节，小节处出现闪动光标。

② 右击出现选项，选择"修改"→"节拍"命令，弹出对话框。

③ 在 𝄴 𝄵 选择常用拍号，单击"确定"按钮即可。

④ 特殊拍号在"主要"中选择，如 3 / 4 为四三拍。复拍子在"组合"中用同样的方法设置，单击"确定"按钮完成操作。

（3）使用输出工具栏 进行试听。

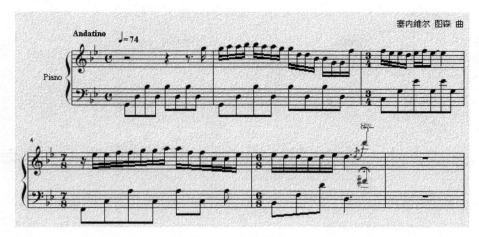

图 8-59　音符的输入

3. 装饰音，表情记号，力度记号等各种记号的设置

初步操作完成以后，开始设置装饰音、表情记号及力度记号等各种记号的设置。

（1）在主工具栏中选择"组" 来设置连音线。例如，如图 8-60 所示，需要设置不同音高的连音线 时，先单击 然后选择"不同音高连线"。单击"确定"按钮后，鼠标成十字形，在需要连接连音线的范围之前长按鼠标左键并拖到结束的那个音为止，放开鼠标标记成功。

图 8-60　连音的设置

（2）选择"演奏记号" →"自由延长"记号 和"踏板"记号 命令，并把它标记在需要标记的音符上。方法与标记"组"大致相同，不同的是"自由延长"只可标记一个音。

（3）力度记号的设置即在主工具栏中选择"力度" 命令，在力度栏中选择相应的力度记号标记谱表的相应的位置即可。渐强记号和渐弱记号的标记方法跟其他的有所不同，首先选择"渐强"记号命令 ，在开始渐强处长按鼠标左键，往渐强的方向拖动到渐强结束音为止即可。（渐弱跟渐强相反）。

（4）反复记号 的设置方法，如图 8-61 所示。

① 用鼠标选择需要添加反复记号的小节，小节开头出现闪动光标。

② 选择"小节"→"反复记号"命令，出现下面对话框。

③ 选择曲谱所需要的反复记号 ，确定后在所处小节上方出现反复记号 ，调整其位置，完成操作。

（5）曲谱中指法的设置，在主工具栏中选择"装饰音" 命令，在里面选择 1-5 的指法键,按照设置"无线延长"记号的方法标记在各个需要标记指法的音符下面,如图 8-62 所示。

图 8-61 "反复记号"对话框

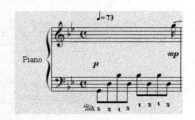

图 8-62 装饰音的设置

4. 乐器与演奏效果的设置

当完成以上的所有步骤以后,曲谱已经算是完成了。但是为了让曲子用 Overture 4.1 的播放器出色的播放出来,就需要进一步进行设置。

首先,设置乐器。乐器的设置根据不同的 VST 插件有不同的乐器可供选择,为了适应初学者的需要,这里用的是 Overture 4.1 自带的乐器插件。

(1) 将鼠标光标移到曲谱第一小节,单击鼠标左键,出现闪动光标,鼠标右击,从弹出的快捷菜单中选择"音轨属性"命令,弹出"音轨属性"对话框,如图 8-63 所示。

(2) 单击"音色/乐器"声部一的空白区域,如图 8-64 所示。

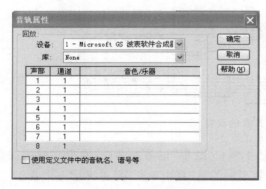

图 8-63 音轨的设置

图 8-64 乐器的选择

(3) 出现选项栏,选择钢琴 keyboards,再选择需要的钢琴音色,确定后完成。同样的方法修改低声部的乐器音色。

(4) 演奏效果的设置则在图解窗口完成。选择"窗口"→"图解窗口"命令,显示如图 8-65 所示。

(5) 力度的设置。初始为力度设置窗口。首先选择音轨,如图 8-66 所示。

选择 中的选择力度的调整在最下面一栏,如图 8-67 所示。

设置方法,调整下方黑色柱式线条,每一根黑色线条映射一个音,按照曲子的发展调整力度,越长的表示力度越强,反之越短的越弱。调整时鼠标在白色方格区域呈笔状,在

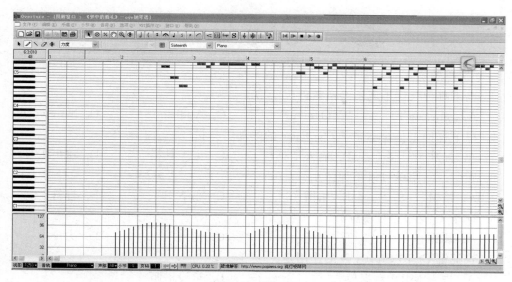

图 8-65 图解窗口

图 8-66 音轨选择

图 8-67 力度选择

所需调整力度的音符上伸长或缩短即可。

☞ 如何整段音乐设置力度

移动鼠标到调整区域,长按鼠标左键,拖动鼠标,出现绿色区域,将绿色区域呈波浪状覆盖所选段或小节。到终点处放开鼠标左键,设置完毕。

(6)力度完成后,就该设置速度了。速度的设置和力度的设置大相径庭。

在 ▶ ✎ ＼ ◢ ◉ 力度 ▼ 更改为速度 速度 ▼ ,屏幕下面变成如图 8-68 所示。出现一条直线,表示速度,用鼠标调整起伏度,方法和力度调节相似。

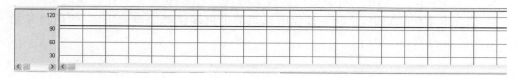

图 8-68 速度图示

(7)单击"保存"按钮,制谱结束。

习　　题　　8

一、选择题

1. 以下哪种软件不属于绘谱软件（　　）。
   A. Sibelius　　　　　B. Overture　　　　　C. Audition　　　　　D. Notewothy

2. 以下哪种工具栏不属于 Overture 的浮动工具栏（　　）。
   A. 标准工具栏　　　B. 输入工具栏　　　C. 主工具栏　　　D. 输出工具栏

3. 在（　　）菜单可以添加休止符。
   A. 编辑　　　　　　B. 乐谱　　　　　　C. 小节　　　　　　D. 音符

4. ▦是（　　）记号图标。
   A. 装饰音　　　　　B. 表情　　　　　　C. 常用　　　　　　D. 力度

5. 快捷键 Ctrl＋Shift＋D 的作用是（　　）。
   A. 进入 MIDI 数据模式　　　　　　B. 重设谱距
   C. 重绘页面　　　　　　　　　　　D. 打开音轨窗口

二、填空题

1. Overture 的工具栏分为_____、_____、_____三种。

2. Overture 具备_____、_____、_____以及重奏、交响乐总谱等多种模板，可根据需要选择与音乐类似的模板后做增删修改。

3. 连音设置的操作通过_____菜单来完成。

4. 演奏记号包含_____、_____、_____、_____等。

5. 音色的调整可从_____的_____中调整。

三、简答题

1. 装饰音的常用设置有哪些？

2. 什么是 VST 插件？

3. 如何将乐谱保存为图片格式？

4. 如何改变 Overture 乐谱的演奏速度？

5. 怎样设置复合节拍如 3/8＋3/8＋4/8？

四、操作题

1. 使用 Overture 分别创作《中华人民共和国国歌》的单曲、钢琴曲。

2. 将第一题你制作好的乐谱谱上歌词，并进行各种插件功能的练习。

3. 使用 Overture 创作一首自己的吉他谱曲，输入吉他指定弦的弹奏标记和音效。

4. 结合本章所学知识，绘制一首你所熟悉的带钢琴伴奏的声乐乐谱，然后将其插入到介绍该谱曲的 Word 文档中。